国家林业局职业教育"十三五"规划教材

观赏园艺概论

罗长维　唐宇翀　主编

中国林业出版社

内 容 简 介

本教材是按照高等职业院校培养高技术应用型人才的目标和要求，以培养观赏植物生产和应用能力为重点，在总结编者多年观赏园艺教学和生产实践经验的基础上组织编写的。教材依据花卉园艺师、园林绿化工等职业岗位的典型工作任务确定内容，全书包括总论和各论两大部分17个单元，内容涵盖观赏植物形态与分类、生长与环境、育苗与栽培、采收与应用等基本知识和技能及常见的一、二年生花卉、宿根花卉、球根花卉、水生花卉、兰科花卉、木本观赏植物、室内观叶植物、仙人掌及多浆植物、草坪草等观赏植物的形态识别特征和应用。理论上注重职业性与系统性的有机结合，在实践上突出生产性和应用性，内容编排上强调直观性和适用性。为方便学生学习，每个单元还包括学习目标、案例导入、技能训练、练习与思考以及自主学习资源库。

本教材可作为农林高等职业院校的通识课教材，也可以作为非园林类、园艺专业的选修课教材，还可作为中等职业学校相关专业学生或从事植物生产工作人员的培训教材和参考用书。

图书在版编目（CIP）数据

观赏园艺概论／罗长维，唐宇翀主编．—北京：中国林业出版社，2017.8
国家林业局职业教育"十三五"规划教材
ISBN 978-7-5038-9170-0

Ⅰ.①观… Ⅱ.①罗… ②唐… Ⅲ.①观赏园艺－职业教育－教材 Ⅳ.①S68

中国版本图书馆 CIP 数据核字（2017）第 158571 号

国家林业局生态文明教材及林业高校教材建设项目

中国林业出版社·教育出版分社

策划、责任编辑：田 苗
电话：(010)83143557　　　　　　　传真：(010)83143516

出版发行	中国林业出版社(100009　北京市西城区德内大街刘海胡同7号)
	E-mail：jiaocaipublic@163.com　电话：(010)83143500
	http：//lycb.forestry.gov.cn
经　销	新华书店
印　刷	三河市祥达印刷包装有限公司
版　次	2017年8月第1版
印　次	2017年8月第1次印刷
开　本	787mm×1092mm　1/16
印　张	16.25
字　数	360千字
定　价	35.00元

凡本书出现缺页、倒页、脱页等质量问题，请向出版社图书营销中心调换。

版权所有　侵权必究

《观赏园艺概论》编写人员

主　编

　　罗长维　唐宇翀

副　主　编

　　张学文　聂青玉

编写人员（按姓氏拼音排序）

　　陈　友（重庆城市管理职业学院）
　　陈　霞（云南林业职业技术学院）
　　罗长维（重庆城市管理职业学院）
　　聂青玉（重庆三峡职业学院）
　　唐宇翀（广安职业技术学院）
　　张学文（达州职业技术学院）
　　赵小婧（达州职业技术学院）

前　言

随着我国经济建设的迅猛发展与城市化建设和新农村建设的不断推进，人们对环境的要求越来越高，大力建设美丽家园已成为大家的共同追求。而观赏植物在改变城乡面貌、改善城乡生态环境等方面发挥着十分重要的作用，此外，观赏植物还具有美化室内家居环境的功能，还能吸收二氧化碳、甲醛等有害气体，起到净化室内空气的作用。为此，观赏植物生产与应用作为一个产业得到蓬勃发展，已经成为国民经济的重要组成部分。为了培养高职学生在观赏植物栽培管理和生产应用方面的基本素质，我们根据多年的教学经验和从事观赏园艺的生产实践，结合国内外观赏园艺的最新技术、规范和研究成果，编写了本教材。本书破除了传统教材的编写体例，从内容到形式力求体现高等职业教育的发展方向，从"花卉园艺师"和"园林绿化工"的国家职业标准和典型工作任务入手，进行教材内容的选取与设计。以项目教学为导向构建教学框架，组织编排教学内容，切实体现职业岗位能力发展的逻辑关系，增强教材的职业性与生产应用性。

本教材由总论和各论两大部分17个单元组成，每个单元由学习目标、案例导入、理论知识、技能训练、思考练习、自主学习资源库六部分组成，理论知识与技能操作高度融合，体现了"以项目教学为中心整合教学内容"的特征。同时，由于观赏园艺涵盖的知识面很广，为方便同学们深入学习，在教学模块中编辑有"自主学习资源库"。

教材的特色与创新主要表现在以下几方面：

（1）任务引领。将教学内容细分成不同的教学项目，每个教学单元将需要解决的问题或需要完成的任务以案例的形式导入，然后围绕问题和任务将理论知识逐一呈现，随后结合问题和任务开展技能训练，并用思考与练习来检验教学效果。

（2）学做合一。即内容的取舍、重构和组合上体现了"学即用""用即学"，强调教材的实用性。比如，教学项目的内容编排上，把技能训练与理论知识同步编排，实现理论和实践的有机架构；概述具体观赏植物时，舍弃植物的"生物生态学特性及繁育和栽培管理要点"，把重点放在"形态特征和观赏应用"上，原因就是在生产和生活中"观赏植物识别和应用"才是最常用的核心能力。

（3）强调应用。学习内容的整合和学习资源的排序都体现了"花卉园艺师"的典型工作过程和植物生产应用的逻辑关系。比如，以观赏植物的形态与分类→生长与环境→育苗与栽培→采收与应用的逻辑顺序为主线统领全书内容；在"常见观赏植物概述"教学模块中，以不同观赏部位编排一级目录，以生产应用形式编排二级目录，目的就是方便查询和应用。

前 言

本教材的编写工作由罗长维牵头组织开展。教材的前言、课程导入、各论部分（单元9至单元17）由罗长维执笔，单元1、2、8由陈友执笔，单元3由陈霞执笔，单元4由唐宇翀，单元5由张学文执笔，单元6由聂青玉，单元7由赵小婧执笔。最后，由罗长维完成全书的统稿工作。

本教材中部分插图引自《园林花卉》《园林技术专业综合实训指导书——园林植物识别》《草坪建植与养护》《园林树木学》（第2版），在此对以上图书的作者表示诚挚的感谢。

本教材编写过程中得到了中国林业出版社教育出版分社和各参编单位的大力支持，并参考了大量资料和图片，在此一并表示衷心的感谢！

由于编者水平有限，错漏和不当之处在所难免，敬请读者批评指正。

编　者

2017年4月

目 录

前 言

"观赏园艺概论"课程导入 ·· (1)

总 论

单元1 观赏植物的分类 ·· (8)
1.1 观赏植物系统分类 ·· (8)
1.1.1 系统分类阶元 ·· (8)
1.1.2 植物命名法规 ·· (9)
1.1.3 植物自然分类系统 ·· (10)
1.1.4 观赏植物常见大类 ·· (11)
1.2 观赏植物常见分类 ·· (12)
1.2.1 依生活型与生物学特性分类 ·· (12)
1.2.2 依观赏部位和特性分类 ·· (13)
1.2.3 依园林应用分类 ·· (14)

单元2 观赏植物的形态 ·· (17)
2.1 根 ·· (17)
2.1.1 根的种类 ·· (17)
2.1.2 根系的类型 ·· (18)
2.1.3 根的变态 ·· (18)
2.2 茎 ·· (19)
2.2.1 芽的类型 ·· (19)
2.2.2 茎的类型 ·· (20)
2.2.3 茎的变态 ·· (21)
2.3 叶 ·· (21)
2.3.1 叶的形态 ·· (22)
2.3.2 叶的着生方式 ·· (26)

i

目 录

- 2.3.3 叶脉 …… (27)
- 2.3.4 叶的变态 …… (28)
- 2.4 花 …… (28)
  - 2.4.1 花的结构 …… (28)
  - 2.4.2 花序 …… (31)
- 2.5 果 …… (32)
  - 2.5.1 单果 …… (32)
  - 2.5.2 聚合果 …… (34)
  - 2.5.3 聚花果 …… (35)
- 2.6 种子 …… (35)
  - 2.6.1 种子的结构 …… (35)
  - 2.6.2 种子的类别 …… (35)

单元 3 观赏植物的生长发育特性 …… (38)

- 3.1 植物生长发育规律 …… (38)
  - 3.1.1 植物生长的周期性 …… (38)
  - 3.1.2 植物生长的相关性 …… (39)
  - 3.1.3 向性运动 …… (40)
  - 3.1.4 感性运动 …… (40)
- 3.2 植物生长物质 …… (40)
  - 3.2.1 生长素 …… (41)
  - 3.2.2 赤霉素 …… (41)
  - 3.2.3 细胞分裂素 …… (42)
  - 3.2.4 脱落酸 …… (43)
  - 3.2.5 乙烯 …… (43)
  - 3.2.6 其他常见的植物生长物质 …… (44)

单元 4 环境对观赏植物生长发育的影响 …… (49)

- 4.1 水分 …… (49)
  - 4.1.1 水分在植物生命活动中的主要作用 …… (50)
  - 4.1.2 植物根系对水分的吸收 …… (50)
  - 4.1.3 观赏植物对水分的适应类型 …… (51)
- 4.2 光 …… (52)
  - 4.2.1 光合作用 …… (52)
  - 4.2.2 植物与光照强度 …… (52)
  - 4.2.3 植物与光质 …… (53)
  - 4.2.4 植物与光周期 …… (53)

4.3 温度 (53)
4.3.1 温度与植物分布的关系 (54)
4.3.2 温度对植物生长发育的作用 (54)
4.3.3 极端温度对植物的影响 (55)
4.3.4 观赏植物对温度的适应类型 (56)

4.4 土壤 (57)
4.4.1 土壤的物理性状 (57)
4.4.2 土壤的化学特性 (57)
4.4.3 土壤污染对观赏植物的影响 (59)

4.5 矿质营养 (59)
4.5.1 大量元素 (60)
4.5.2 微量元素 (61)

4.6 大气 (62)
4.6.1 呼吸作用 (62)
4.6.2 大气成分与观赏植物 (62)
4.6.3 大气污染对观赏植物的危害 (62)
4.6.4 植物对大气的净化作用 (63)

4.7 病虫害 (64)
4.7.1 病害 (64)
4.7.2 虫害 (64)
4.7.3 病虫害防治 (65)

单元5 观赏植物育苗 (68)
5.1 有性繁殖 (68)
5.1.1 种子的采收与处理 (68)
5.1.2 种子寿命与贮藏 (69)
5.1.3 播种育苗 (70)

5.2 无性繁殖 (71)
5.2.1 分生繁殖 (71)
5.2.2 扦插繁殖 (73)
5.2.3 嫁接繁殖 (74)
5.2.4 压条繁殖 (79)
5.2.5 组织培养 (80)

单元6 观赏植物栽培 (84)
6.1 观赏植物露地栽培 (84)
6.1.1 整地作畦 (84)

目录

- 6.1.2 定植 …………………………………… (85)
- 6.1.3 灌水 …………………………………… (85)
- 6.1.4 施肥 …………………………………… (86)
- 6.1.5 覆盖 …………………………………… (86)
- 6.1.6 松土除草 ………………………………… (86)
- 6.1.7 整形修剪 ………………………………… (87)
- 6.1.8 防寒越冬 ………………………………… (88)
- 6.2 观赏植物设施栽培 …………………………… (88)
  - 6.2.1 栽培设施 ………………………………… (88)
  - 6.2.2 环境调控设备 …………………………… (89)
  - 6.2.3 切花的栽培管理 ………………………… (90)
  - 6.2.4 盆花的栽培管理 ………………………… (91)
  - 6.2.5 观赏植物无土栽培 ……………………… (92)
- 6.3 观赏植物花期调控 …………………………… (94)
  - 6.3.1 温度处理 ………………………………… (94)
  - 6.3.2 光照处理 ………………………………… (95)
  - 6.3.3 植物生长调节剂处理 …………………… (96)
  - 6.3.4 栽培措施处理 …………………………… (97)

单元7 观赏植物产后技术 ………………………… (103)

- 7.1 观赏植物的采收及包装 ……………………… (103)
  - 7.1.1 采收 …………………………………… (103)
  - 7.1.2 包装 …………………………………… (104)
- 7.2 切花贮藏与保鲜 ……………………………… (105)
  - 7.2.1 冷藏保鲜 ………………………………… (105)
  - 7.2.2 气体调节保鲜 …………………………… (105)
  - 7.2.3 低压贮藏保鲜 …………………………… (105)
  - 7.2.4 化学保鲜 ………………………………… (106)
  - 7.2.5 瓶插切花的保鲜处理 …………………… (106)
- 7.3 观赏植物的运输 ……………………………… (107)
  - 7.3.1 苗木的运输 ……………………………… (107)
  - 7.3.2 切花的运输 ……………………………… (108)

单元8 观赏植物应用 ……………………………… (111)

- 8.1 观赏盆栽室内装饰 …………………………… (111)
  - 8.1.1 室内装饰植物的功能 …………………… (111)
  - 8.1.2 室内观赏植物的选择 …………………… (113)

  8.1.3 室内植物景观布置 ··· (113)

8.2　插花装饰与设计 ··· (114)
  8.2.1 插花的类别 ··· (115)
  8.2.2 插花艺术设计 ·· (115)
  8.2.3 插花创作过程及操作技艺 ··· (117)

8.3　树木盆景制作与鉴赏 ·· (119)
  8.3.1 树木盆景分类 ·· (120)
  8.3.2 树木盆景制作技艺 ··· (120)
  8.3.3 树木盆景鉴赏 ·· (123)

8.4　观赏植物室外造景 ··· (124)
  8.4.1 乔木 ·· (124)
  8.4.2 灌木 ·· (126)
  8.4.3 园林花卉 ·· (126)
  8.4.4 草坪 ·· (128)

各　论

单元 9　一、二年生花卉 ·· (134)

9.1　概述 ··· (134)
  9.1.1 生态习性 ·· (134)
  9.1.2 繁殖方法 ·· (135)
  9.1.3 栽培管理 ·· (135)
  9.1.4 应用特点 ·· (135)

9.2　常见一、二年生花卉 ·· (136)

1. 鸡冠花(136)	2. 雁来红(136)	3. 千日红(137)	4. 凤仙花(137)
5. 半支莲(138)	6. 福禄考(138)	7. 醉蝶花(138)	8. 万寿菊(139)
9. 向日葵(139)	10. 麦秆菊(139)	11. 波斯菊(140)	12. 翠菊(140)
13. 百日草(141)	14. 羽衣甘蓝(141)	15. 三色堇(141)	16. 风铃草(142)
17. 紫罗兰(142)	18. 古代稀(142)	19. 金盏菊(143)	20. 矢车菊(143)
21. 虞美人(144)	22. 一串红(144)	23. 蒲包花(144)	24. 满天星(145)
25. 石竹(145)	26. 美女樱(146)	27. 翠雀花(146)	28. 金鱼草(146)
29. 紫茉莉(147)	30. 长春花(147)	31. 羽扇豆(148)	32. 四季报春(148)
33. 矮牵牛(148)	34. 四季秋海棠(148)	35. 瓜叶菊(149)	36. 花菱草(149)

单元 10　宿根花卉 ·· (151)

10.1　概述 ··· (151)
  10.1.1 生态习性 ·· (151)

- 10.1.2 繁殖方法 (152)
- 10.1.3 栽培管理 (152)
- 10.1.4 应用特点 (152)

10.2 常见宿根花卉 (153)

1. 芍药(153)　2. 耧斗菜(153)　3. 桔梗(154)　4. 菊花(154)
5. 非洲菊(155)　6. 松果菊(155)　7. 蜀葵(155)　8. 君子兰(156)
9. 红掌(156)　10. 鹤望兰(156)　11. 香石竹(157)　12. 柳叶马鞭草(157)

单元 11 球根花卉 (159)

11.1 概述 (159)
- 11.1.1 生态习性 (160)
- 11.1.2 繁殖方法 (161)
- 11.1.3 栽培管理 (161)
- 11.1.4 应用特点 (161)

11.2 常见花卉 (162)

1. 郁金香(162)　2. 风信子(162)　3. 中国水仙(162)　4. 朱顶红(163)
5. 百合(163)　6. 唐菖蒲(164)　7. 香雪兰(164)　8. 番红花(165)
9. 马蹄莲(165)　10. 晚香玉(165)　11. 仙客来(166)　12. 大岩桐(166)
13. 铃兰(167)　14. 鸢尾(167)　15. 美人蕉(168)　16. 红花酢浆草(168)
17. 花毛茛(169)　18. 欧洲银莲花(169)　19. 大丽菊(169)

单元 12 水生花卉 (171)

12.1 概述 (171)
- 12.1.1 生态习性 (171)
- 12.1.2 繁殖方法 (172)
- 12.1.3 栽培管理 (172)
- 12.1.4 应用特点 (173)

12.2 常见水生花卉 (173)

1. 荷花(173)　2. 水生美人蕉(173)　3. 香蒲(174)　4. 再力花(174)
5. 千屈菜(174)　6. 睡莲(175)　7. 王莲(176)　8. 荇菜(176)
9. 水罂粟(176)　10. 凤眼莲(177)

单元 13 兰科花卉 (179)

13.1 概述 (179)
- 13.1.1 类别 (179)
- 13.1.2 生态习性 (180)
- 13.1.3 繁殖方法 (181)
- 13.1.4 栽培管理 (181)

13.2 **常见兰科花卉种** ·· (182)

1. 春兰(182) 　2. 建兰(182) 　3. 虎头兰(183) 　4. 墨兰(183)
5. 蝴蝶兰(183) 　6. 石斛兰(184) 　7. 文心兰(184) 　8. 卡特兰(185)
9. 大花蕙兰(186)

单元 14　木本观赏植物 ·· (188)

14.1　概述 ·· (188)

14.1.1　形木类 ··· (189)
14.1.2　花木类 ··· (189)
14.1.3　叶木类 ··· (189)
14.1.4　果木类 ··· (190)
14.1.5　干枝类 ··· (191)
14.1.6　根木类 ··· (191)

14.2　常见木本观赏植物 ·· (192)

1. 山茶(192) 　　　2. 樱花(192) 　　　3. 梅花(193) 　　　4. 桂花(193)
5. 玉兰(194) 　　　6. 桃花(194) 　　　7. 牡丹(195) 　　　8. 贴梗海棠(195)
9. 茉莉花(196) 　　10. 杜鹃花(196) 　 11. 栀子(197) 　　 12. 月季花(197)
13. 紫藤(198) 　　 14. 叶子花(198) 　 15. 凌霄(198) 　　 16. 金银花(199)
17. 紫珠(200) 　　 18. 金橘(200) 　　 19. 石榴(200) 　　 20. 柿树(201)
21. 火棘(201) 　　 22. 枸骨(202) 　　 23. 杨梅(202) 　　 24. 南天竹(202)
25. 八角金盘(203) 　26. 棕榈(204) 　　27. 银杏(204) 　　 28. 黄栌(204)
29. 枫香(205) 　　 30. '红枫'(205) 　 31. 紫叶李(205) 　 32. 鹅掌楸(206)
33. 七叶树(206) 　 34. 雪松(206) 　　 35. 龙爪槐(207) 　 36. 红瑞木(207)
37. 法国梧桐(208) 　38. 落羽杉(208) 　39. 高山榕(208) 　 40. 紫竹(209)
41. 孝顺竹(209) 　 42. 佛肚竹(210) 　 43. 箬竹(210) 　　 44. 金竹(210)

单元 15　室内观叶植物 ·· (213)

15.1　概述 ·· (214)

15.1.1　室内光照与室内观叶植物 ·· (214)
15.1.2　室内温度与室内观叶植物 ·· (215)
15.1.3　室内湿度(水分)与室内观叶植物 ·· (215)

15.2　常见室内观叶植物 ·· (215)

1. 铁线蕨(215) 　　2. 肾蕨(216) 　　 3. 合果芋(216) 　　4. 白鹤芋(217)
5. 绿萝(217) 　　　6. 金钱树(217) 　 7. 绒叶肖竹芋(218) 　8. 富贵竹(218)
9. 香龙血树(218) 　10. 马拉巴栗(218) 　11. 菜豆树(219) 　 12. 文竹(219)
13. 吊兰(220) 　　 14. 散尾葵(220) 　 15. 袖珍椰子(220) 　16. 吊竹梅(221)
17. 印度橡皮树(221)

单元 16 仙人掌及多浆植物 (223)

16.1 概述 (223)
- 16.1.1 类别 (223)
- 16.1.2 生态习性 (224)
- 16.1.3 繁殖方法 (225)

16.2 常见仙人掌及多浆植物 (226)
1. 仙人掌(226)
2. 令箭荷花(226)
3. 蟹爪兰(227)
4. 长寿花(227)
5. 沙漠玫瑰(227)
6. 翡翠珠(228)
7. 拟石莲花属(228)
8. 青锁龙属(228)
9. 瓦松属(229)
10. 十二卷属(229)
11. 生石花属(229)

单元 17 草坪草 (232)

17.1 概述 (232)
- 17.1.1 草坪草的一般特点 (232)
- 17.1.2 草坪草的分类 (233)
- 17.1.3 草坪的建植方法 (234)
- 17.1.4 草坪的养护管理 (235)

17.2 常见草坪草 (236)
1. 草地早熟禾(236)
2. 匍匐剪股颖(237)
3. 多年生黑麦草(238)
4. 高羊茅(238)
5. 结缕草(239)
6. 狗牙根(239)
7. 地毯草(239)
8. 马蹄金(240)

参考文献 (242)

"观赏园艺概论"课程导入

1. "观赏园艺概论"的课程性质和目标

"观赏园艺概论"是非园林类、园艺技术专业的公共素质选修课程，本课程以观赏植物为对象，系统阐述观赏植物的生物学特性及其生产应用技术。内容涵盖观赏植物形态与分类、生长与环境、育苗与栽培、采收与应用等方面的基本知识和技能。

"观赏园艺概论"是一门高度综合的应用课程，其理论体系建立在生命科学、环境科学和造型艺术的基础上，涉及园林植物、植物生理生态、植物遗传育种、植物营养、土壤肥料、农业气象、设施栽培、植物保护等知识，同时又与园林美学、插花艺术、盆景艺术等相互渗透并密切配合。其宗旨是不断提高观赏植物的栽培水平和综合应用水平，以观赏植物为主体材料营造高质量、可持续发展的环境和文化氛围。

通过对该课程的学习，使学生从理论方面，能够全面掌握观赏植物的一般形态及分类，观赏植物的生长发育与环境因子，观赏植物的繁殖技术、栽培技术、应用与装饰和观赏植物采后技术的基本原理和相关技术要领。实践方面，能够识别观赏植物常见类群，能运用常规繁殖方法和栽培措施繁殖和培育观赏植物，能进行观赏植物的采收、保鲜、包装和贮运，会运用观赏植物及其材料设计室内外景观和营造装饰环境。

2. 观赏植物

观赏植物是具有一定观赏价值，应用于园林及室内植物装饰和配置，改善与美化生活环境的草本和木本植物的总称。我国具有丰富的观赏植物资源，且具有悠久的栽培应用历史和丰富的花文化传统，是世界上观赏植物原产地八大分布中心之一，也是世界观赏植物栽培种和品种的3个起源中心之一，被誉为"世界园林之母"。观赏植物与花卉是同义词，就字面意思而言，"花"表示有花植物，"卉"是草的总称。狭义上的花卉指具有观赏价值的草本植物；而广义上的花卉与观赏植物一样，泛指具有观赏和应用价值的所有植物。观赏植物的观赏性十分广泛，包括观花、观果、观叶、观芽、观茎、观根、观姿、观韵、观色、观趣及品其芳香等。

3. 我国花卉产业发展概况

(1) 我国花卉产业的发展历程

我国花卉植物种质资源丰富，花文化源远流长、博大精深。但是，文化发达并不等于产业发达。我国花卉产业起步较晚，如果从改革开放初期算起，至今不到 40 年的历史。期间我国花卉产业经历了从无到有、从小到大的过程，目前已成为"花卉生产大国"，正在向"花卉产业强国"迈进。大体可以划分为 3 个阶段，即恢复发展阶段、巩固提高阶段和调整转型阶段。

①恢复发展阶段（1978—1990 年）　1978 年，我国开启了改革开放的大门，花卉产业也开始恢复发展之路。随着农村家庭联产承包责任制的全面确立，特别是中国花卉协会和各地花卉协会的相继成立，花卉业这个新兴产业焕发出无限生机和活力。1984 年，农业部首次对花卉产业进行了摸底调查，全国花卉生产面积 $1.4 \times 10^4 hm^2$，产值 6 亿元，出口额近 200 万美元。到 1990 年，花卉产业已初具规模，生产面积 $3.3 \times 10^4 hm^2$，销售额 18 亿元，出口额逾 2200 万美元，分别是开展花卉统计以来我国花卉生产面积、销售额和出口额的 2.4 倍、3 倍和 11 倍。但是，这个阶段的花卉产业是在农民自己的责任田上发展起来的，花卉生产规模小，品种杂，种植分散，产品质量不高，花卉产业链不健全，花卉市场规模小，供需信息不对称，价格波动较大。最典型的例子就是"龙柏烧狗肉"，即在浙江杭州萧山等地，大家听说栽龙柏能赚钱，一时间在房前屋后都种上龙柏，为防小偷，许多人还养狗看苗，但后来由于龙柏太多，没有销路，农民被迫杀狗砍树。

②巩固提高阶段（1991—2000 年）　这一阶段的重大事件，就是我国逐步建立和完善了社会主义市场经济体制。随着经济的快速发展，对城市绿化与美化要求不断提高，人民生活水平不断改善，花卉产品需求旺盛，很多地方政府把发展花卉产业作为农民增收、农业增效、农村发展的有效手段，作为大力发展"高产、优质、高效"农业的重要途径，花卉产业因此迎来了新的发展机遇。在这期间，花卉生产快速发展，产品质量明显提高，区域化布局初步形成，科研教育发展迅速，对外交流合作日益广泛，花卉业已经成为一项前景广阔的新兴产业。到 2000 年，全国花卉生产面积达 $14.8 \times 10^4 hm^2$，销售额 158.2 亿元，花卉出口额 2.8 亿美元。这一阶段，我国花卉产业的发展模式是规模扩张型的，企业经营水平低下，产品质量效益不高，花卉出口比重不大。根本原因在于花卉产业创新不足，尽管花卉消费市场也在不断扩大，但由于生产扩张速度明显大于消费扩张速度，花卉产品出现结构性过剩，花卉产业被迫进行调整转型。

③调整转型阶段（2001 年至今）　在我国经济社会不断发展、花卉需求不断增加的新形势下，花卉生产面积大幅增长，但质量效益不高、产业结构单一、产品结构同质化、从业人员素质低和创新能力较弱等问题更加突出。处理好速度、结构、质量和效益的关系，调整产业结构，转变产业发展方式，实现产业又好又快地发展，成为这一阶段的主旋律。2005 年 5 月，在第二届中国花卉产业论坛主旨报告中提出了产业转型的问题，要求通过调

整实现产业和谐发展。2007年1月,在中国花卉协会五届二次常务理事会上提出了发展现代花卉产业的战略构想,花卉产业调整转型有了目标和方向。2013年2月,国家林业局和中国花卉协会印发了《全国花卉产业发展规划(2011—2020年)》,它以发展现代花卉业为主题,以加快转变花卉产业发展方式、提升花卉产业质量效益为主线,着力构建花卉产业品种创新、技术研发、生产经营、市场流通、社会化服务和花文化六大体系,使发展现代花卉产业的战略构想有了可操作性的构架和具体措施。至此,我国花卉产业规模稳步提升,生产格局基本形成,科技创新得到加强,市场建设初具规模,对外合作不断扩大,形成了较为完整的现代化花卉产业链。

(2)我国花卉产业发展的总体状况

花卉产业是集经济效益、社会效益和生态效益于一体,集劳动密集、资金密集和技术密集于一体的绿色朝阳产业。花卉产业对于调整农业种植结构、提高农民收入、满足人民生活需要具有重要的意义。近年来,花卉产业快速发展,花卉种植面积、销售额和出口额均持续上升,已成为世界最大的花卉生产基地,在世界花卉生产贸易格局中也占据重要地位。

据农业部统计数据显示,2015年,我国花卉生产总面积为 $130.55\times10^4 hm^2$,销售总额为1302.57亿元,出口总额6.20亿美元。在 $130.55\times10^4 hm^2$ 花卉生产总面积中,观赏苗木 $76.87\times10^4 hm^2$,盆栽植物类 $10.48\times10^4 hm^2$,鲜切花类 $6.29\times10^4 hm^2$,食用与药用花卉 $25.79\times10^4 hm^2$,工业及其他用途花卉 $4.58\times10^4 hm^2$,草坪 $4.58\times10^4 hm^2$,种子用花卉 $5430.55 hm^2$,种苗用花卉 $7327.52 hm^2$,种球用花卉 $6069.88 hm^2$,干燥花 $704.9 hm^2$;在1302.57亿元花卉生产销售总额中,观赏苗木为646.94亿元,盆栽植物类为307.37亿元,鲜切花类为127.10亿元,食用与药用花卉为139.74亿元,工业及其他用途花卉为22.36亿元,草坪为26.74亿元,种子用花卉为4.61亿元,种苗用花卉为18.98亿元,种球用花卉为7.53亿元,干燥花为1.19亿元;在6.20亿美元出口总额中,鲜切花类出口总额为3.04亿美元,盆栽植物类为1.25亿美元,观赏苗木为3240.1万美元,食用与药用花卉为1731.9万美元,工业及其他用途花卉为8404.7万美元,种子用花卉为220万美元,种苗用花卉为4644.55万美元,种球用花卉为423万美元,干燥花为418万美元,草坪草无出口。

(3)我国花卉产业发展的特点

①花卉种植面积大幅扩大,花卉销售额逐年增加 花卉种植总面积从2000年的 $14.8\times10^4 hm^2$ 增长到2015年的 $130.55\times10^4 hm^2$;销售总额从2000年的158.2亿元增长到2015年的1302.57亿元。其中,盆栽植物内销增势明显,2015年盆栽类植物的销售额307.37亿元,比2014年增加了约27.70亿元,盆栽类植物包括盆栽植物、盆景和花坛植物3类,数据增长主要来自盆栽植物的贡献,市政消费为主的花坛植物以及高端消费产品盆景的销售有所下滑,说明个人花卉消费市场正在被逐渐打开。

②花卉国际贸易逐年扩大 据海关统计,我国花卉进口总额从2005年的6860万美元增长到2015年的2.14亿美元,其中,种球进口9134万美元,盆栽植物4731万美元,种

苗 4267 万美元, 鲜切花 2622 万美元, 干切花 398 万美元, 鲜切枝叶 138 万美元, 干切枝叶 138 万美元。荷兰是我国花卉产品最主要的进口国, 2015 年进口金额为 1.1 亿美元, 进口类别以种苗和种球为主, 其他重要的花卉进口国家和地区依次是日本、泰国、智利、厄瓜多尔、美国、新西兰、南非、中国台湾、哥斯达黎加。我国花卉出口总额从 2000 年的 2.8 亿美元增长到 2015 年的 6.2 亿美元, 其中, 出口的主要类别为: 鲜切花类(3.04 亿美元)、盆栽植物类(1.25 亿美元)、工业及其他用途花卉(8404.7 万美元)和种苗用花卉(4644.55 万美元)。2015 年我国花卉出口至 129 个国家和地区, 出口市场前十名依次为日本、韩国、荷兰、美国、新加坡、越南、泰国、德国、中国香港、中国澳门, 上述出口市场的出口额占到我花卉出口总额的 78.8%。

③花卉生产逐步向专业化、规模化迈进　花卉进入商品生产以后, 特别是随着市场经济的不断深入, 花卉生产者逐步放弃了"小而全、小而散"的传统生产方式, 开始向专业化和规模化方向发展。主要花卉产品的生产已初步形成规模, 并显示出区域优势和企业优势。目前已形成了以上海、昆明为重点的鲜花生产基地, 以广东、福建为中心的观叶植物生产基地, 以四川、辽宁、上海为主的种球、种苗繁殖基地。此外, 规模企业数量逐年增加。种植面积在 $3hm^2$ 以上或年营业额在 500 万元以上的大中型花卉企业由 2001 年的 3343 家增加到 2015 年的 15 592 家。

④花卉市场数量先增后减, 呈现区域分化趋势　2001 年, 中国拥有花卉市场 2052 个, 2005 年花卉市场达到 2586 个, 2014 年达到 3286 家, 2015 年达到 3220 家, 较 2014 年减少了 66 家。其中, 减幅最大的区域是北京, 共减少 18 家; 但与之对应的是, 江西、湖北、四川等省增加了不少花卉市场, 尤其是江西, 比 2014 年增加了 38 家。随着花卉物流水平的进步, 尤其是在诸如北京这样的一线大城市, 花卉配送已经相对容易, 而且互联网花卉销量的持续提升以及园艺中心的出现, 势必要冲击传统花卉市场。另外, 有越来越多的花店开始经营盆花, 相比花卉市场, 花店更贴近社区, 自然更受欢迎。而在以前花卉消费不发达的区域, 随着居民花卉消费意愿的逐渐提升, 新的花卉市场自然应运而生。因此, 传统花卉消费地的花卉市场减少、新兴花卉消费区的花卉市场增加是自然更替的结果。

⑤花卉产品由季节供应向周年供应转化　随着市场竞争的日趋激烈, 花卉开始向大生产、大流通方向发展, 生产者充分利用我国地域辽阔、生产区域广、南北海拔生态条件各异的有利条件, 有效地调节了不同花卉产品的上市时间。另外, 生产者更加注重生产设施条件的改善, 以此保障主要的鲜切花产品和商品盆花盆景的周年供应。如 2015 年节能日光温室的面积比 2014 年增加了 $2222.6 \times 10^4 m^2$; 与之相对应的是, 简易大棚的面积相比 2014 年减少了 14.04%, 这说明花卉企业愈发重视设施建设, 花卉生产效率还有极大的提升空间。

(4) 我国花卉产业发展面临的突出问题

党的十八大后, 随着全球经济环境的变化, 我国社会经济发展面临新形势, 我国花卉产业进入深度转型期, 产业转型进入了关键阶段。尤其重要的是, 我国经济社会发展进入了新常态, 深刻地影响着我国花卉产业调整转向纵深发展。目前, 我国花卉产业面临以下主要问题:

①规模小，专业化程度低　尽管国内花卉生产逐年扩大，规模企业逐年增多，但大中型企业仍不到20%。总体来看，生产规模普遍较小，专业化水平较低，造成国内市场上较缺乏优质的花卉产品，从而导致国内市场对于需求紧缺的花卉种球、种苗、盆栽植物、鲜切花和优质草花种、草种主要依赖进口，进口额逐年上升。特别是加入世界贸易组织后，关税下调，进口花卉的优质优价，具有很强的市场竞争力，这给国内花卉产业带来了巨大冲击。

②专业技术人员短缺　花卉产业规模和专业化水平的提高，需要大量的专业技术人员的参与。从目前调查的情况看，专业技术人员在从业人员中所占比例较低，一定程度上造成了花卉产业技术创新和科技推广困难，产品质量不高，缺乏市场竞争力。当前要实现我国花卉产业的规模化和专业化，迫切需要提高从业人员的素质。

③产业结构不合理　据世贸组织统计，鲜切花是全球花卉贸易中花卉产业发展的主体。世界上许多花卉产业大国，鲜切花生产占产业的60%以上。近10年来，国内鲜切花和盆花生产虽然受到重视，但产业结构调整力度还不够。国内花卉生产面积是世界总生产面积的13%，而鲜切花生产总量仅为国际市场的3%，这与当前国际花卉贸易的产品结构形成很大反差。

④产品流通体系不健全　我国花卉生产和需求存在着地区不平衡的特点，花卉流通体系建设对产业发展影响巨大。目前，花卉流通体系尚不健全，花卉产品的主要流通渠道单一，流通环节多，流通费用高，加之缺乏先进的花卉采后贮运、保鲜技术及花卉流通过程的质量监督，产品质量评估难，难实现优质优价，影响花卉的国内外贸易。

⑤新品种开发和保护工作力度不够　新品种、新技术是花卉产业发展的基础，新的科研成果能否迅速转化为生产力直接影响着花卉产业的发展。目前，中国花卉科研力量分散，多集中于高等院校和科研院所，而高等院校和科研机构则多以研究为主，与实际生产应用还有一定的距离，同行业单位之间缺乏交流与合作，缺少专业化的系统研究，科研成果转化率低、速度慢，低水平重复研究现象也很严重，如组培快繁及重复引种等。对植物资源系统研究不够，没有突破性品种，技术含量高、商品性好的科技成果较少，注重引进国外品种，忽略了国内资源的开发利用。

4. "观赏园艺概论"的学习方法

①善于联系生产生活实际　"观赏园艺"是一门实践性较强的课程，学习本课程一定要养成随时将课本知识与我们熟知的事物联系起来的习惯。一是联系生活实际，在我们的生活环境中，随处都有观赏植物存在，应当及时到生活环境中去印证学到的知识点，有助于强化认识，加深印象；二是联系生产实际，要做一个观赏园艺的有心人，关注观赏植物生产应用的相关信息和事件，并结合书本知识，认真思考，充分讨论，举一反三，融汇贯通。

②勤于观察记录和总结思考　观赏植物的生长与立地条件息息相关，由于不同地区的

气候、土壤等生态环境条件不尽相同，再加上观赏植物种类繁多、品种多样，书本上的知识很难具体细述到当地当时的情况，这就要求我们一定要养成勤于观察记录的习惯，并在此基础上结合网络资源进行认真思考和分析总结，形成自己的实践经验，建立在实际观察基础上得到规律才是我们科学开展工作的最好指导。

　　③勇于实践，敢于创新　"实践出真知"，只有通过实践检验，才能获得对理论知识更加牢固的认识；同时，勇于实践也是获得生产经验的重要途径，并在此基础上敢于创新，才能推动观赏园艺事业不断向前发展。本课程对技能训练有明确的要求，每一个单元都有具体的技能训练任务，这就要求学生要以技能训练和技术应用为主，积极参加观赏植物识别、育苗、栽培管理和采收应用的实践活动，着力训练实践操作技能，实现"能够识别观赏植物常见类群，能运用常规繁殖方法和栽培措施繁殖和培育观赏植物，能进行观赏植物采收、保鲜、包装和贮运，会运用观赏植物及其材料设计室内外景观和营造装饰环境"的课程目标。

总论

单元 1
观赏植物的分类

【学习目标】

知识目标：
(1) 了解植物系统分类阶元和自然分类系统。
(2) 熟悉植物的命名法则。
(3) 掌握植物系统分类中四大类群的主要特征。
(4) 掌握观赏植物人为分类各个类别的区分要点。

技能目标：
(1) 能熟练区分苔藓植物、蕨类植物、裸子植物、单子叶和双子叶植物。
(2) 能根据不同分类方法区分观赏植物。

【案例导入】

在植物园或公园里，我们经常看见植物的标识牌上除了写有植物的中文名称之外，往往还有"××科××属"和由英文字母组成的"学名"，而且这"学名"又不是英文单词。

请思考，为何要在标识牌上增加这些内容，它有什么意义？

1.1 观赏植物系统分类

1.1.1 系统分类阶元

达尔文的《物种起源》发表以后，就出现了以植物性状的相似程度来决定植物亲缘关系和系统排列的分类系统，这样的分类方法称为自然分类，或称为系统分类。系统分类是指将数量庞杂的植物种类按其相似程度和亲缘关系做合理安排，即将植物界中的相近植物分成若干大群，大群之中再分中群，中群中分小群，以此类推，直至分类的最小阶元。人们根据植物类群范围大小和等级高低对其命名，这就是分类的等级单位，又叫分类阶元（阶层），分类学的主要等级有界、门、纲、目、科、属、种。

分类学把"种"作为植物分类的基层单位，然后将彼此近似的种组合成属，相似的属组合成科，然后按照同样的原则依次组合成目、纲、门，最后统归于植物界。在每一等级内，如果种类繁多，也可根据一定的差异再分为亚门、亚纲、亚目、亚科和亚属。这些由大到小的等级排列，不仅便于识别不同植物，而且可以辨别出物种之间的亲缘关系和系统地位。

例如，麝香百合 *Lilium longiflorum* Thunb. 的分类地位如下：

 界 植物界 Plantae
  门 被子植物门 Angiospermae
   纲 单子叶植物纲 Monocotyledoneae
    目 百合目 Liliales
     科 百合科 Liliaceae
      属 百合属 *Lilium*
       种 麝香百合 *Lilium longiflorum* Thunb.

"种"是分类研究的基本单位和核心。遗传学和生物学认为同一物种的个体之间可以自由交配、交换基因，并产生可育后代。换言之，不同种间存在生殖隔离。归纳起来，种具有以下特点：

(1) 具有相似的形态，并在特征、特性上易与其他种区别。
(2) 有一定的分布范围，要求相似的生存条件和分布地区。
(3) 具有相对稳定的遗传性状。
(4) 种内可以自由交配，并能产生具有生育能力且与亲代相似的正常后代。

1.1.2 植物命名法规

植物与人们的生活关系十分密切，人类的发展史中也包括了人类开发利用植物的历史。由于语言和文字的差异，不同地区和不同国家的人民在开发利用植物的经验交流方面存在许多困难和障碍，出现了"同物异名"和"同名异物"的现象，这对于科学普及与经验交流极为不利。为了便于国际交流，消除语言和文字障碍，根据国际植物学会议(International Botanical Congress，IBC)制定的《国际植物命名法规》(International Code of Botanical Nomenclature，ICBN)，植物的学名都使用拉丁文或拉丁化的词来命名。

瑞典植物学家林奈(Carl Linnaeus)于 1753 年出版的《植物种志》中倡议用"双名法"作为国际统一的植物物种命名法。双名法规定，每种植物的学名由 2 个拉丁词组合而成，第一个词为植物的"属名"；第二个词是"种加词"，起着标志某一属植物物种的作用。通常在学名后面还须附命名者姓名，以示负责和便于考查。所以一个完整的植物学名包括属名、种加词和命名人，如麝香百合 *Lilium longiflorum* Thunb.。命名规则包括：

(1) 属名和命名人的第一个拉丁字母必须大写，其余字母小写。排版印刷时，属名和种加词采用斜体，命名人用正体。
(2) 命名人除原词短少或单音字外，通常采用缩写形式，命名人姓氏经缩写后必须附以缩写符号"."，不可省略。
(3) 合法的学名必须用拉丁文描述，并经正式刊物发表，且永久不可更改。

(4）每种植物只有1个合法正确的学名，其他名称均作为异名或废弃。

(5）两种植物不能使用同1个学名，同属植物必须用同1个属名，历史上造成的重复现象以最先发表并符合命名法规者为有效学名。

(6）在罗列同属许多不同种时，除第一个种的属名必须拼写完整外，其余种的属名可以简写，即将属名首字母大写，并在其右下角加缩写符号"."即可。例如，麝香百合 *Lilium longiflorum* Thunb.，美丽百合 *L. speciosum* Thunb.，双苞百合 *L. ninae* Vrishcz.。

1.1.3　植物自然分类系统

长期以来，分类学家以进化论为依据，根据植物的形态、结构、生理、生态等方面的论证，结合古植物研究的证据，对植物进行分类，并力图建立一个能说明植物间亲缘关系和演化顺序的自然分类系统。迄今为止，各国科学家已建立20多个分类系统，由于有关植物演化的知识和证据不足，目前还没有一个公认的完整的自然分类系统，其中影响较广的学派有恩格勒系统、哈钦松系统和克朗奎斯特系统。

(1）恩格勒系统

该系统是由德国分类学家恩格勒(A. Engler)和柏兰特(K. Prantl)于1897年在其《植物自然分科志》中所使用的系统，它是分类学史上第一个比较完整的系统，它将植物界分为13门，第十三门为种子植物门，再分为裸子植物和被子植物2个亚门，被子植物亚门包括单子叶植物和双子叶植物2个纲，并将双子叶植物纲分为离瓣花亚纲(古生花被亚纲)和合瓣花亚纲(后生花被亚纲)。恩格勒系统几经修订，在1964年出版的《植物分科志要》第十二版中，共有62目344科，其中双子叶植物48目290科，单子叶植物14目54科。

(2）哈钦松系统

该系统是由英国植物学家哈钦松(J. Hutchinson)于1925年和1934年在其《有花植物科志》I、II中所建立的系统。该系统把多心皮类作为演化的起点，在不少方面阐明了被子植物的演化关系，有了很大进步。但是，由于其坚持将木本和草本作为第一级区分，导致许多亲缘关系很近的科被远远分开，如草本的伞形科和木本的五加科、山茱萸科分开。这个系统在中国受到了相当的重视，一些科研单位的植物标本馆都采用了这个系统进行标本排列。哈钦松系统在1973年修订版中，共有111目411科，其中双子叶植物82目348科，单子叶植物29目69科。

(3）克朗奎斯特系统

该系统由美国植物学家阿瑟·约翰·克朗奎斯特(Arthur John Cronquist)于1958年发表的一种对有花植物进行分类的体系。该系统采用真花学说及单元起源的观点，认为有花植物起源于一类已经绝灭的种子蕨，木兰亚纲是有花植物基础的复合群，木兰目是被子植物的原始类型，柔荑花序类各目起源于金缕梅目，单子叶植物来源类似现代睡莲目的祖先，并认为泽泻亚纲是百合亚纲进化线上近基部的一个侧枝。1981年，在他的著作《有花植物的综合分类系统》中最终完善，书中把被子植物划分为2纲11亚纲，共有83目383科。其中双子叶植物纲(木兰纲)64目318科；单子叶植物纲(百合纲)19目65科。

1.1.4 观赏植物常见大类

(1) 苔藓植物门 Bryophyta

苔藓植物是一种小形的绿色植物，结构简单，仅包含茎和叶两部分，有时只有扁平的叶状体，没有真正的根和维管束。苔藓植物喜阴暗潮湿的环境，一般生长在裸露的石壁上，或潮湿的森林和沼泽地。全世界约 23 000 种，中国约 2200 种，分角苔纲、苔纲和藓纲 3 纲。植物体吸水能力强，可蓄积大量水分于体内；其生长速度快，抗寒能力强，不易受病虫害侵袭；苔藓植物体表面具有独特的光泽，细腻的质感，其娇小如绒、青翠常绿，给人以古朴典雅、清纯宁静、自然和谐的感觉，在园林中具有独特的美学价值，可用作花卉苗木根部的包扎物、花卉栽培的土壤添加物、盆景材料或建造苔藓公园等。常见的有泥炭藓科，提灯藓科，羽藓科，真藓科等。

(2) 蕨类植物门 Pteridophyta

蕨类植物是高等植物中较低级的一大类群。植物体已有真正的根、茎、叶和维管组织的分化，属维管植物的范畴。不开花、不产生种子，主要靠孢子进行繁殖，属孢子植物。现存蕨类植物约 12 000 种，喜阴湿温暖的环境，大多为土生、石生或附生，少数为湿生或水生。高山、平原、森林、草地、溪沟、岩隙和沼泽中，都有蕨类植物生活，尤以热带、亚热带地区种类繁多。我国约有 2400 种，主要分布在长江以南地区。对蕨类植物的系统分类，分类学家的观点尚不一致。我国植物学家秦仁昌 1978 年提出的观点，被认为是更接近真正系统发育的较新的分类体系。据此，将蕨类植物分成 5 个亚门，即松叶蕨亚门、楔叶蕨亚门、石松亚门、水韭亚门和真蕨亚门。常见的有桫椤科、铁线蕨科、肾蕨科、铁角蕨科等。

(3) 裸子植物门 Gymnospermae

裸子植物是原始的种子植物，其发生和发展的历史悠久。裸子植物是地球上最早用种子进行有性繁殖的。它们有胚珠(不同于蕨类植物门)，但心皮不包成子房，且胚珠裸露，胚乳在受精前已形成(不同于被子植物门)。现代裸子植物的种类分属于银杏纲、苏铁纲、红豆杉纲、松柏纲、买麻藤纲 5 纲 9 目 12 科 71 属近 800 种。我国有 5 纲 8 目 11 科 41 属 230 余种。裸子植物广布于南北半球，尤以北半球更为广泛，从低海拔至高海拔、从低纬度至高纬度几乎都有分布。裸子植物的科、属、种数虽远比被子植物的少，但森林覆盖面积却大致相等。在高纬度及高海拔气候温凉至寒冷的地区，几乎都是某些裸子植物形成的单纯林或组成的混交林。常见的有苏铁科、银杏科、罗汉松科、松科、杉科、柏科和南洋杉科等。

(4) 被子植物门 Gymnospermae

被子植物是植物界最大和最高级的一类。在形态上具有不同于裸子植物所具有的孢子叶球的花；胚珠包藏于闭合的子房内，由子房发育成果实；子叶 1~2 枚(很少 3~4 枚)；维管束主要由导管构成；在生态上适应于广泛的各式各样的生存条件；在生理功能上具有比裸子植物和蕨类植物大得多的利用光能的适应性。被子植物在阶层系统中的地位和名称至今意见不一，除了少数分类系统外，被子植物通常被分成双子叶植物纲和单子叶植物纲两大部分。

① 单子叶植物纲　又称为百合纲，单子叶植物种子内的胚只有 1 片顶生子叶，主根不发达，因此多为须根；茎内维管束散生，没有排列成形成层，因此不能依靠形成层发育逐渐加粗；叶脉都是平行脉或弧形脉，因此叶子较长；花蕊和花瓣数一般是 3 的倍数（如 3 瓣、6 瓣等），也有极少数为 4 的倍数。绝大多数为草本，极少数为木本。常见的有禾本科、棕榈科、百合科、兰科、美人蕉科、鸢尾科、石蒜科、天南星科、竹芋科等。

② 双子叶植物纲　又称为木兰纲，种子的胚通常具 2 枚子叶，胚根伸长成发达的主根，少数也有须根状的，叶脉多为网状脉。茎内维管束排列成圆筒形（环状排列），具形成层，保持分裂能力，故茎能加粗。花部（即萼片、花瓣、雄蕊）常为 5 数或 4 数，少部分为多数。花被由辐射对称至两侧对称，果实有开裂或不开裂的各种类型。双子叶植物种类丰富，从纤细的草本到粗壮的木本，用于观赏的种类繁多。

1.2　观赏植物常见分类

1.2.1　依生活型与生物学特性分类

生活型是指植物对生态环境条件长期适应而在形态、生理、适应方式上表现出来的生长类型。生物学特性是指花卉植物固有的特性，包括花卉的生长发育、繁殖特点、对环境条件的要求等。

(1) 一、二年生花卉

一、二年生花卉是指整个生活史在 1 或 2 个年度完成的草本观花植物。其中包括春季播种、夏秋季开花的一年生花卉和秋季播种成苗、翌年春夏季开花的二年生花卉。

(2) 宿根花卉

植株地下部分宿存越冬，且地下部分的形态正常，为直根系或须根系，不发生变态现象；地上部分表现出一年生或多年生性状。

(3) 球根花卉

植株地下部分宿存越冬，且地下部分的根或茎发生变态，肥大呈球状或块状等，因其形态不同，可分为鳞茎类、球茎类、块茎类、根茎类、块根类。

(4) 水生花卉

水生花卉泛指生长于水中或沼泽地的观赏植物，因形态、生理、生态都具有共性和特殊性而单独成为一类花卉，与其他花卉明显不同的习性是，水生植物对水分的要求和依赖远远大于其他各类。

(5) 兰科花卉

兰科是单子叶植物中最大的科，根无节，近等粗，根毛不发达，具有菌根，因形态、生理、生态都具有共性和特殊性而单独成为一类花卉。

(6) 仙人掌及多浆植物

这类植物多原产于热带半荒漠地区，茎部多变态成扇形、片状、球状、柱状，叶则变态成针刺状。茎叶具有特殊贮水功能，呈肥厚多汁变态状，能耐干旱。

(7) 草坪及地被植物

地被植物是指覆盖在裸露地面或其他物面上的植物，包括多年生草本、低矮匍匐灌木和蔓生藤本植物。草坪植物专指植株矮小密植、耐修剪的多年生植物，广义上属于地被植物的范畴。

(8) 木本观赏植物

木本观赏植物是指木质部发达、根和茎坚硬的观赏植物。

①乔木　地上有明显的主干，侧枝从主干上发出，植株直立高大。有常绿乔木和落叶乔木2类，如樟树、悬铃木、广玉兰、桂花、梅花、樱花等。

②灌木　地上部分无明显主干和主枝，多呈丛状生长。有常绿灌木和落叶灌木2类，如月季花、玫瑰、蔷薇、牡丹、迎春、栀子、茉莉、杜鹃花等。

③藤木　地上部不能直立生长，茎蔓攀缘在其他物体上，如紫藤、凌霄、常春藤等。

④竹类　竹类是观赏植物中的特殊分支，在形态特征、生长繁殖等方面与其他树木不同，它在观赏植物中的地位及其在造园中的作用也非一般树木所能取代。根据其地下茎的生长特性，有丛生竹、散生竹、混生竹之分。常见栽培的有佛肚竹、凤尾竹、紫竹、毛竹等。

1.2.2　依观赏部位和特性分类

(1) 观花类

该类植物的观赏特性包括花的形状、色彩和香味等。

①花形　多数植物的花形为常见的钟形、十字形、坛形、辐射形、蝶形等。

②花色　红色花系，如桃、玫瑰、一串红、牡丹等；蓝紫色花系，如紫丁香、紫藤等；黄色花系，如菊花、迎春花等；白色花系，如茉莉、白玉兰、梨等；彩斑类，如三色堇、矮牵牛等。

③花香　清香，如茉莉花、蜡梅、香雪兰等；甜香，如桂花；浓香，如白兰花、海桐、栀子等；淡香，如玉兰、丁香等；幽香，如兰花；暗香，如梅花。

(2) 观果类

该类植物是指果实的形状与色泽具有良好观赏价值。

(3) 观叶类

该类植物是指叶色和叶形具有良好观赏价值。

(4) 观芽类

该类植物是指芽具有很高观赏价值，如银柳。

(5) 观茎类

花、叶观赏价值不高，但枝、茎却有独特的风姿，如光棍树、山影掌、虎刺梅、卫矛、木瓜等。

(6) 观根类

植物裸露的根部或特化的根系有一定的观赏价值，主要用于园林美化和桩景、盆景的培养。

(7) 观形类

该类植物是指株形具有特点及观赏价值的植物。常可分为圆柱形、尖塔形、伞形、棕榈形、丛生形、球形、馒头形、拱枝形、苍虬形、风致形等。

1.2.3　依园林应用分类

(1) 庭荫树

在园林中起庇荫和装点空间作用的乔木。庭荫树应具备树形优美、枝叶茂密、冠幅较大、有一定的枝下高、有花果可赏等特点。常用的庭荫树有樟树、悬铃木、槐树等。

(2) 园景树

园景树又称为孤植树或标本树。具有较高的观赏价值，在园林绿地中能独自构成景致，常用的园景树有银杏、枫香、玉兰、樟树、雪松等。

(3) 行道树

种植在道路两侧及分车带的树木称为行道树。主要作用是为车辆和行人庇荫，减少路面辐射和反射光，降温、减噪、防风、滞尘，装饰和美化街景。常用的行道树种有槐树、梧桐、银杏、白蜡、樟树、悬铃木等。

(4) 花灌木

花灌木是指以观花为主的灌木类植物。其造型多样，具有美化和改善环境的作用，是构成园景的主要素材。如园林中用于连接特殊景点的花廊、花架、花门，点缀山坡、池畔、草坪、道路的丛植灌木等。常见的花灌木有牡丹、丁香、榆叶梅、黄刺玫、连翘、蔷薇、绣线菊、八仙花等。

(5) 绿篱植物

绿篱植物是指园林中用于密集栽植形成围篱的植物，多为木本植物，如黄杨、女贞、火棘、木槿、紫叶小檗等。

(6) 攀缘植物

攀缘植物是指茎蔓细长、不能直立生长，攀附于支持物向上生长的植物。主要用于垂直绿化，可植于墙面、山石、枯树、灯柱、拱门、棚架、篱垣等旁，使其攀附生长，形成各种立体的绿化效果，如蔷薇、紫藤、地锦等。

(7) 地被花卉

地被花卉是指植株矮生，用于地面覆盖的花卉。如三叶草、马蹄金、沿阶草等。

(8) 花坛花卉

花坛花卉是指花色或叶色鲜艳，植株低矮直立或整齐匍地的一类花卉，主要用于规则式园林重点地段的气氛渲染。如半枝莲、一串红、彩叶草等。

(9) 花境花卉

花境花卉是指可自然配置成花境的花卉。主要为宿根花卉，如芍药、萱草、鸢尾、桔梗等。

(10) 岩生花卉

岩生花卉是指植株低矮，生长缓慢，生长周期长，耐瘠薄和干旱的一类花卉。适合在岩石园栽培，可以用来装饰岩石园。以宿根花卉和多肉花卉为主，如龙胆、垂盆草、绿绒蒿等。

技能训练 1-1　校园观赏植物调查

1. 目的要求

(1) 熟悉观赏植物不同的分类方法。

(2) 掌握苔藓植物、蕨类植物、裸子植物、单子叶和双子叶植物的区分要点。

(3) 查询校园观赏植物的科、属及其学名(不低于40种植物)。

2. 材料准备

调查表、铅笔、手机(带上网和照相功能)等。

3. 方法步骤

(1) 从指导教师或植物标牌中获取植物名称。

(2) 登录互联网等查询植物的科、属及学名。

(3) 根据植物的特点采用不同分类方法进行归类。

(4) 填写表格，制作电子文档。

4. 成果展示

列表记述校园中的观赏植物的分类属性(表1-1)。

表1-1　不同分类方法校园观赏植物归类表

序号	中名	科名	属名	学名	生物学类别	自然花期	观赏部位	观赏特性	园林配置	整体照片	细部照片
1											
2											
⋮											

练习与思考

1. 名词解释

种子植物，孢子植物，一、二年生花卉，宿根花卉，球根花卉，水生花卉，兰科花卉，乔木，灌木，藤木。

2. 填空题

(1) 人们根据植物类群范围大小和等级高低对其命名，这就是分类的等级单位，又叫分类阶元(阶层)，分类学的主要等级有＿＿＿、＿＿＿、＿＿＿、＿＿＿、＿＿＿、＿＿＿、＿＿＿。

(2)苔藓植物是一种小型的绿色植物，结构简单，仅包含＿＿＿＿和＿＿＿＿两部分，有时只有扁平的叶状体，苔藓植物没有真正的＿＿＿＿和＿＿＿＿，是由水生生活向陆生生活进化的过渡类型。

(3)蕨类植物是高等植物中较低级的一大类群。植物体已有真正的＿＿＿＿、＿＿＿＿、＿＿＿＿和＿＿＿＿的分化，属维管植物的范畴。不开花、不产生种子，主要靠＿＿＿＿进行繁殖，属孢子植物。

(4)裸子植物是最早用＿＿＿＿进行有性繁殖的。它们＿＿＿＿裸露，＿＿＿＿在受精前已形成(不同于被子植物门)。

(5)单子叶植物种子内的胚只有1片顶生＿＿＿＿，＿＿＿＿不发达，多为须根；茎内维管束散生，没有排列成＿＿＿＿，叶脉都是＿＿＿＿或＿＿＿＿，因此叶子较长。

(6)双子叶植物种子的胚通常具2枚＿＿＿＿，胚根伸长成发达的＿＿＿＿，少数也有成须根状的，叶脉多为＿＿＿＿。茎内维管束排列成圆筒形(环状排列)，具＿＿＿＿，保持分裂能力，故茎能加粗。

3. 问答题

(1)植物分类的基层单位"种"具有哪些特点？

(2)双名法命名规则包括哪些内容？

自主学习资源库

(1)植物分类学．陆树刚．科学出版社，2016．

(2)中国植物图像库．http：//www.plantphoto.cn/

(3)花卉图片信息网．http：//www.fpcn.net/index.html/

(4)中国花卉网．http：//www.china-flower.com/

(5)园林树木学国家精品课程．陈龙清．华中农业大学．http：//nhjy.hzau.edu.cn/kech/ylsmx/kcjj/clq.html/

单元 2
观赏植物的形态

【学习目标】

知识目标：
(1) 了解观赏植物的一般形态特征。
(2) 熟悉观赏植物各器官不同类型的识别特征。
(3) 掌握观赏植物形态的相关概念。

技能目标：
(1) 能熟练说出观赏植物各器官、各部位的名称。
(2) 能准确判别观赏植物各器官的类型。

【案例导入】

学校举行校园植物识别技能竞赛，小强对校园的植物都十分熟悉，满以为自己能够夺取大奖，可是在室内识别植物标本时，小强却大部分都回答不上来，或者勉强回答也不太确定。小强十分不服气，因为校园里每个地方的每一种园林植物他都非常清楚啊！这恰恰也是大多数同学容易出现的状况，即大致都知道生长在园子里的植物是什么，可一旦将它们换个地方，或者将其枝、叶、花、果单独取下来时，往往就不太确定了。

请你帮小强分析一下，出现这种情况的原因是什么？

2.1 根

根是种子植物重要的营养器官，具有吸收、输送、贮藏、固着、合成、分泌等功能，少数植物的根还有繁殖作用。

2.1.1 根的种类

根据来源，可将植物的根分为定根和不定根 2 类(图 2-1)。

(1) 定根

定根是指发育于植株特定部位的根，直接或间接由种子的胚根萌发而形成，包括主根和侧根。

主根：当种子萌发时，由胚根直接发育而形成的根。

侧根：主根生长到一定长度，在一定部位上侧生出的支根。侧根长到一定长度时，又可形成新的侧根。

(2) 不定根

不定根是植物生长过程中，从茎或叶上长出的根。它不是来自主根、侧根的，这些根发生的位置不固定，与胚根无关。大多数情况下，不定根的发生是由于植物器官受伤或受到激素、病原微生物等外界因素的刺激，表现出的植物的再生反应。

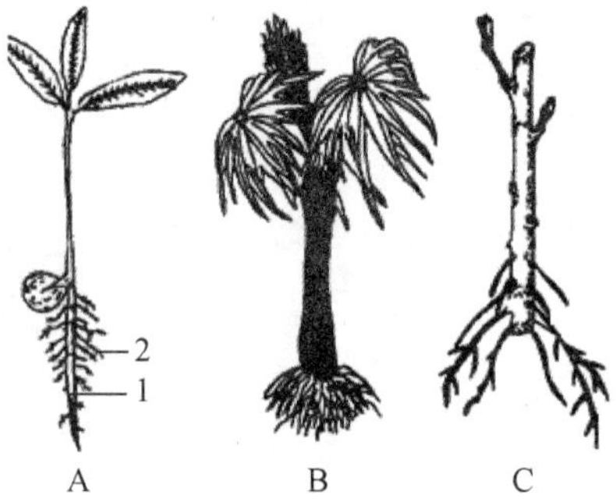

图 2-1　根与根系
A. 直根系　B. 须根系　C. 不定根
1. 主根　2. 侧根

2.1.2　根系的类型

植物地下部分所有根的总体，称为根系(图 2-1)。

(1) 直根系

直根系由主根和侧根共同构成，主根发育强盛，在粗度与长度方面极易与侧根区别开。

(2) 须根系

主根不发达，早期即停止生长或枯萎，由茎的基部生出许多较长而粗细大致相同，呈须状或纤维状的根，这种根系称为须根系。须根系主要由不定根组成。

2.1.3　根的变态

在长期的进化发展过程中，为了适应环境的变化，根在形态构造上产生了许多变态，常见的有下列两大类。

(1) 贮藏根

根体肥大多汁，形状多样，贮藏有大量养分，贮藏的有机物有的是淀粉，有的是糖分和油滴。多见于多年生草本植物中，根据发生来源的不同，又可分为肉质直根和块根 2 种。

肉质直根：由主根膨大发育而成，外形呈圆锥状或圆柱状、圆球状等。蒲公英、黄芪就是圆柱状根，胡萝卜就是圆锥状根，圆萝卜就是圆球状根。

块根：由侧根或不定根的局部膨大而形成。在 1 株植株上，可以在多条侧根或不定根上形成块根。如花毛茛、大丽花、麦冬的块根。

(2) 气生根

气生根是一类比较特殊的根，它生长在地表以上的空气中，能起到吸收气体或支撑植物体向上生长的作用，常见于多年生草本或木本植物中。根据功能的不同，又可将气生根分为以下 5 种。

支持根：某些植物能从茎秆或近地表的茎节上，长出一些不定根，它向下深入土中，能起到支持植物直立生长的作用，这类不定根称为支持根。如榕树从枝上产生的部分气生根也能伸进土壤，随着以后的次生生长，成为粗大的木质支持根，呈现出"独树成林"的景观。

攀缘根：通常从藤本植物的茎藤上长出，用于攀附其他物体，使细长柔弱的茎能领先其他物体向上生长，这种不定根称为攀缘根。

呼吸根：长期生长在沼泽或海滩的植物的根系中，有一部分根向上生长，露出地面，称为呼吸根。呼吸根外有呼吸孔，内有发达的通气组织，有利于通气和贮存气体，以适应土壤中缺气的情况，维持植物的正常生活；另一些植物如榕树，从树枝上发生多数向下垂直的根，也是呼吸根。

板状根：是在特定的环境下，主根发育不良，侧根向上侧隆起生长，与树干基部相接部位形成发达的木质板状隆脊，增强了对巨大树冠的支持力量。板状根常见于热带雨林中。

附生根：附贴在木本植物的树皮上，并从树皮缝隙中吸收雨水、露水以供内部组织用的根。附生根内部的细胞往往含有叶绿素，有一定的光合作用能力。兰科、天南星科植物常生有附生根。

2.2 茎

茎是高等植物地上部分的骨干，上面着生叶、花和果实，下部连接根。它具有输导营养物质和水分以及支持叶、花和果实的作用，有的还具有光合作用、贮藏营养物质和繁殖的功能。茎上着生叶和腋芽的部位称为节，节与节之间称为节间。叶柄和茎之间的夹角处称为叶腋，茎枝的顶端和叶腋均生有芽。叶痕是叶片脱落后在枝条上留下的痕迹；托叶痕是托叶脱落后在枝条上留下的痕迹；芽鳞痕是包被芽的鳞片脱落后在枝条上留下的痕迹。皮孔是茎枝表面隆起呈裂隙状的小孔，常呈浅褐色。

2.2.1 芽的类型

枝条或花（或花序）的原始体称为芽。

按照芽在枝条上着生部位的不同，可以分为定芽和不定芽。顶芽和腋芽有固定位置发生，称为定芽（图2-2）。由老根、老茎、叶上长出的芽，其发生位置不固定，称为不定芽。

按照芽发育后形成器官的不同，可以分为枝芽、花芽和混合芽（图2-2）。枝芽将来发育为枝和叶，花芽发育为花或花序，混合芽可以同时发育成枝、叶和花或花序。

按照有无芽鳞可分为鳞芽和裸芽。大多数生长在温带的多年生木本植物，秋季形成的芽需要越冬，芽的外围有芽鳞片包被，这类芽称为鳞芽；芽的外面无芽鳞片包被的称为裸芽。

此外，还可以按照其生理活动状态分为活动芽和休眠芽。能

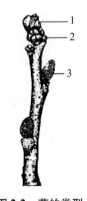

图2-2 芽的类型
1. 顶芽 2. 腋芽 3. 花芽

在当年生长季节萌发生长的芽称为活动芽；温带木本植物枝条下部的芽，即使在生长季节也不萌发，暂时处于休眠状态的芽称为休眠芽。

2.2.2 茎的类型

(1) 按照茎的质地分类

①木质茎 木质部发达，支持力强的茎。具这种茎的植物一般为多年生植物，寿命长，含木质化细胞多，茎内有维管形成层，能够形成坚硬的木质部，包括乔木和灌木，前者具粗大的主干，后者在离地面处同时有粗细相似的分枝，主干不明显。茎干表面树皮形态对于植物识别具有一定的意义，常见树皮的类型有：

光滑树皮：表面平滑无裂，如梧桐。

横纹树皮：表面呈浅而细的横裂状，如山桃、樱花等。

片裂树皮：表面呈不规则的片状脱落，如白皮松、悬铃木等。

丝裂树皮：表面呈纵而薄的丝状脱落，如柏树。

纵裂树皮：表面呈不规则的纵条状或近于人字状的浅裂，多数树种属于此类。

纵沟树皮：表面纵裂较深，呈纵条或近于人字状的深沟，如老年的胡桃、板栗等。

长方裂纹树皮：表面呈长方形的裂纹，如柿树、君迁子等。

粗糙树皮：表面既不平滑，又无较深沟纹，而呈不规则脱落的粗糙状，如云杉等。

疣突树皮：表面有不规则的疣突，暖热地区的老龄树可见到这种情况。

②草质茎 木质部不发达，支持力弱的茎。具有这种茎的植物，木质化细胞较少，茎干软弱，植物一般较矮小，寿命较短，多数在生长季终了时，其整体或地上部分死亡。

③肉质茎 茎肥大，多浆液，薄壁组织特别发达，适于贮存水分，并能进行光合作用，如仙人掌类植物。

(2) 根据茎的生长习性分类(图2-3)

①直立茎 茎干垂直于地面向上直立生长。

②缠绕茎 缠绕他物上升的茎。

③攀缘茎 依赖其他物体作为支柱，以特有的结构攀缘其上才能生长。

④平卧茎 平卧地面向四周蔓延生长，但节间不甚发达，节上通常不能生不定根。

⑤匍匐茎 茎细长柔弱，平卧地面，蔓延生长，一般节间较长，节上能生不定根。

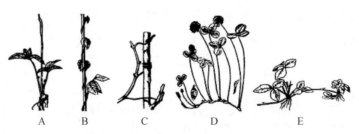

图2-3 茎的生长习性类型

A. 直立茎 B. 缠绕茎 C. 攀缘茎 D. 平卧茎 E. 匍匐茎

2.2.3 茎的变态

(1) 地上茎的变态(图 2-4)

①茎刺(或枝刺) 由茎变态成的具有保护功能的刺,如柑橘、皂荚等。

②茎卷须 由茎变态成的具有攀缘功能的卷须,如葡萄。

③叶状茎 有些植物的真叶退化或转变为刺,而茎枝则特化为扁平的叶状结构,常呈绿色且具有叶的功能,如竹节蓼、天门冬、仙人掌等。

(2) 地下茎的变态(图 2-4)

①根茎 为横生的肉质茎,具有明显的节和节间,先端生有顶芽,节上通常有退化的鳞片叶与腋芽,并常生有不定根,如姜花、美人蕉、睡莲、蕨类植物等。

②块茎 短而膨大,呈不规则的块状,节间短,节上有芽,叶退化成鳞片状或早期枯萎脱落,如仙客来、马蹄莲、晚香玉等。

③球茎 由植物主茎基部膨大形成球状、扁球形或长圆形的变态茎,节与节间明显,节上生有退化的膜状叶和腋芽,顶端有较大的顶芽,如唐菖蒲、香雪兰、番红花。

④鳞茎 扁平或圆盘状的地下变态茎,其枝(包括茎和叶)变态为肉质的地下枝,茎的节间极度缩短为鳞茎盘,顶端有一个顶芽,鳞茎盘上着生多层肉质鳞片叶,营养物质主要贮存在肥厚的变态叶中,鳞片叶的叶腋内可生腋芽,形成侧枝,如水仙、百合、风信子、石蒜。

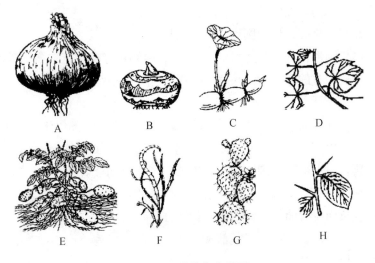

图 2-4 茎的变态类型
A. 鳞茎 B. 球茎 C. 根茎 D. 茎卷须 E. 块茎 F. 叶状茎 G. 肉质茎 H. 茎刺

2.3 叶

叶是植物进行光合作用,制造养料,进行气体交换和水分蒸腾的重要器官。叶主要由叶片、叶柄、托叶三部分组成。同时具备这 3 个部分的叶称为完全叶,缺乏其中任意 1 个或 2 个部分的则称为不完全叶。叶柄上端支持叶片,下端与茎节相连;托叶则着生于叶柄基部两侧或叶腋,在叶片幼小时,有保护叶片的作用,一般较叶片细小;叶片是叶的主体部分,通常为1个很薄的扁平体。叶的形态对于观赏植物的识别鉴定具有重要意义。

2.3.1 叶的形态

(1) 质地

质地通常指叶的柔韧性和厚薄程度,常见的有以下5类:

革质:叶片坚韧而较厚,表皮细胞明显角质化,光亮,如广玉兰、枸骨等。

纸质:叶片柔韧而较薄,多为木本植物的叶,如榆、杨、柳等。

肉质:叶片肉质肥厚,含水较多,如景天、长寿花、马齿苋等。

草质:叶片柔软而较薄,多为草本植物,如一串红、鸡冠花、薄荷等。

膜质:叶片柔软而极薄,如麻黄、黄花倒水莲。

(2) 叶形(图2-5)

叶形即叶片的全形或基本轮廓,常见的有以下5类:

针形:叶片细长,顶端尖细如针,横切面呈半圆形或三角形,如雪松。

披针形和倒披针形:叶片长为宽的4~5倍,叶基最宽,向叶端渐狭为披针形,如垂柳;叶端最宽,向叶基渐狭则为倒披针形,如杨梅。

条形:叶片长而狭,长为宽的5倍以上,两侧边缘近平行,如水杉。

剑形:叶片细长如剑,如剑兰。

圆形:叶片长宽近相等,形如圆盘,如猕猴桃。

矩圆形:又称长圆形,叶片长为宽的3~4倍,两侧边缘略平行,如枸骨。

椭圆形:叶片长为宽的3~4倍,最宽处在叶片中部,两侧边缘呈弧形,两端均等圆,如桂花。

卵形和倒卵形:叶片长约为宽的2倍或更少,最宽处在中部以下,向叶端渐狭为卵形,如女贞;若中部以上最宽,向叶基渐狭,则为倒卵形,如海桐。

匙形:叶片狭长,上部宽而圆,向叶基渐狭似汤匙,如金盏菊。

扇形:叶片顶部甚宽而稍圆,叶基渐狭,呈张开的折扇状,如银杏。

镰形:叶片狭长而少弯曲,呈镰刀状,如南方红豆杉。

心形和倒心形:叶片如卵形,但基部宽而圆,且凹入,为心形,如紫荆;若顶部宽圆而凹入,则为倒心形,如酢浆草。

肾形:叶片两端的一端外凸,另一端内凹,两侧圆钝,形同肾脏,如肾叶细辛(*Asarum renicordatum*)。

提琴形:叶片似卵形或椭圆形,两侧明显内凹,如白英。

盾形:叶片与叶柄不在同一平面上,而是像一把伞的伞面跟伞柄一样排列,如荷花、睡莲。

箭头形:叶片近于箭头,如慈姑。

戟形:叶片基部两侧各有一向外伸展的裂片,裂片通常尖锐,如戟叶圣蕨。

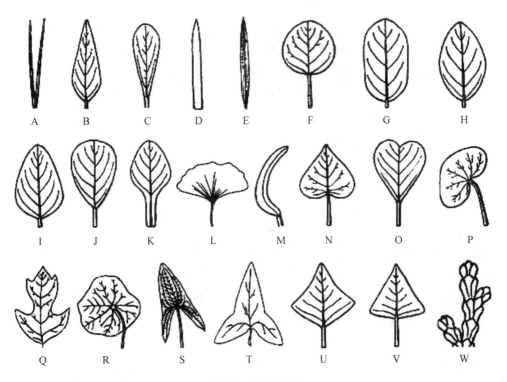

图 2-5 常见叶形

A. 针形　B. 披针形　C. 倒披针形　D. 条形　E. 剑形　F. 圆形　G. 矩圆形　H. 椭圆形
I. 卵形　J. 倒卵形　K. 匙形　L. 扇形　M. 镰形　N. 心形　O. 倒心形　P. 肾形
Q. 提琴形　R. 盾形　S. 箭头形　T. 戟形　U. 菱形　V. 三角形　W. 鳞形

菱形：叶片近于等边斜方形，如乌桕。

三角形：叶片基部宽阔平截，两侧向顶端汇集，呈三边近相等的形态，如杠板归。

鳞形：专指叶片细小呈鳞片状的叶形，如侧柏。

在各种植物中，叶形远远不止这些，如既像卵形又像披针形的，称为卵状披针形；既像倒披针形，又像匙形的，称为匙状倒披针形。

(3) 叶端(图2-6)

叶端即叶片的上端。常见的有以下类型：

卷须状：叶片顶端变成一个螺旋状的或曲折的附属物。

芒尖：叶片上端两边的夹角小于30°，形成先端尖细的叶端。

尾状：叶片上端两边的夹角为锐角，形成先端渐趋于狭长的叶端。

渐尖：叶片上端两边的夹角为锐角，形成先端渐趋于尖狭的叶端。

急尖：叶片顶端有一锐角形、硬而锐利的尖头，两侧的边直。

骤尖：叶片顶端逐渐变成一个硬而长的尖头，形如鸟喙。

短尖：叶片顶端由中脉向外延伸，形成一短而锐利的尖头。

钝形：叶片顶端钝或狭圆形。

圆形：叶片顶端圆弧形。

微凹：叶片顶端微微凹入。

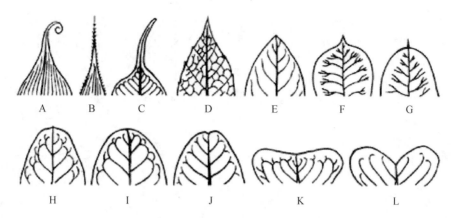

图 2-6 常见叶端

A. 卷须状 B. 芒尖 C. 尾状 D. 渐尖 E. 急尖 F. 骤尖 G. 短尖
H. 钝形 I. 圆形 J. 微凹 K. 微缺 L. 倒心形

微缺：叶片顶端变成圆头，中央稍凹陷，形成圆缺刻。

倒心形：叶片上端向下极度凹陷而呈倒心形的叶端。

(4) 叶基 (图 2-7)

叶基即叶片的基部。常见的有以下类型：

心形：基部两边的夹角明显大于180°，下端略呈心形，叶耳宽大圆钝的叶基。

耳形：基部两边的夹角明显大于180°，下端略呈耳形，叶耳较圆钝的叶基。

箭形：基部两边的夹角明显大于180°，下端略呈箭形，叶耳较尖细的叶基。

楔形：基部两边的夹角为锐角，两边较平直，叶片不下延至叶柄的叶基。

戟形：基部两边的夹角明显大于180°，下端略呈戟形，叶耳宽大而呈戟刃状的叶基。

盾形：叶柄从叶片中央部位垂直方向连接，好像盾和把柄一样。

偏斜：基部两边大小形状不对称的叶基。

穿茎：基部深凹入，两侧裂片合生而包围着茎部，好像茎贯穿在叶片中。

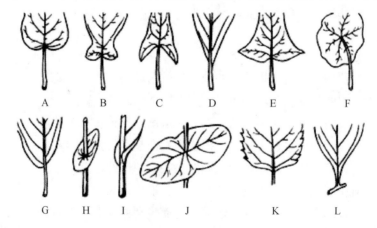

图 2-7 常见叶基

A. 心形 B. 耳形 C. 箭形 D. 楔形 E. 戟形 F. 盾形 G. 偏斜
H. 穿茎 I. 抱茎 J. 合生穿茎 K. 截形 L. 渐狭

抱茎：没有叶柄的叶，其基部两侧紧抱着茎。

合生穿茎：对生叶基部两侧的裂片彼此合生成一个整体，而茎恰似贯穿在叶片中。

截形：基部近于平截，或略近于平角的叶基。

渐狭：基部两边的夹角为锐角，两边弯曲，向下渐趋尖狭，但叶片不下延至叶柄的叶基。

(5) 叶缘（图2-8）

叶缘即叶片的周边。常见类型如下：

全缘：叶周边平滑或近于平滑的叶缘。

浅波缘：叶周边浅波状，为稍微曲波交互组成的叶缘。

波缘：叶周边曲波状，为凹凸波交互组成的叶缘。

深波缘：叶周边深波状，凹凸频度和深度较大的叶缘。

皱波缘：叶缘因向内向外翻转形成的强烈波状缘。

齿缘：叶周边齿状，齿尖两边相等而较粗大的叶缘。

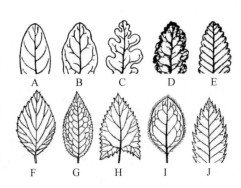

图2-8 常见叶缘

A. 全缘　B. 浅波缘　C. 波缘　D. 深波缘
E. 皱波缘　F. 齿缘　G. 锯齿缘　H. 细锯齿缘　I. 睫状缘　J. 重锯齿缘

锯齿缘：周边锯齿状，齿尖两边不等，通常向一侧倾斜，齿尖粗锐的叶缘。

细锯齿缘：周边锯齿状，齿尖两边不等，通常向一侧倾斜，齿尖细锐的叶缘。

睫状缘：周边齿状，齿尖两边相等而极细锐的叶缘。

重锯齿缘：周边锯齿状，齿尖两边不等，通常向一侧倾斜，齿尖两边也呈锯齿状的叶缘。

(6) 叶裂（图2-9）

叶裂又称为缺裂，指在叶片演化的过程中，有发生凹缺的现象。叶裂通常是对称的。常见的缺裂有以下类型：

掌状浅裂：叶片具掌状叶脉，并于侧脉间发生缺裂，但缺裂未及叶片半径的1/2。

掌状深裂：叶片具掌状叶脉，并于侧脉间发生缺裂，但缺裂已超过叶片半径的1/2。

掌状全裂：叶片具掌状叶脉，并于侧脉间发生缺裂，且缺裂已深达叶柄着生处。

羽状浅裂：叶片具羽状叶脉，并于侧脉间发生缺裂，但缺裂未及主脉与叶缘间距离的1/2。

羽状深裂：叶片具羽状叶脉，并于侧脉间发生缺裂，但缺裂已超过主脉与叶缘间距离的1/2。

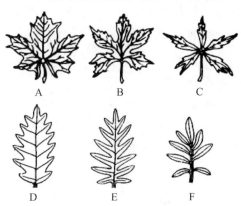

图2-9 常见叶裂

A. 掌状浅裂　B. 掌状深裂　C. 掌状全裂
D. 羽状浅裂　E. 羽状深裂　F. 羽状全裂

羽状全裂：叶片具羽状叶脉，并于侧脉间发生缺裂，且缺裂已深达主脉处。

此外，在羽状缺裂中，如缺裂后的裂片大小不一，呈间断交互排列，则为间断羽状缺裂；如缺裂后的裂片向下方倾斜，并呈倒向排列，则为倒向羽状缺裂；如缺裂后的裂片，又再发生第二次或第三次缺裂，则为二回或三回羽状缺裂。

2.3.2 叶的着生方式

(1) 叶序(图2-10)

叶在茎上有规律的排列方式称为叶序。常见类型有以下几种：

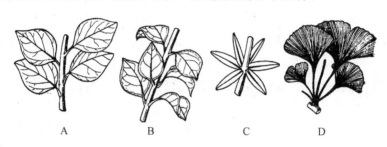

图 2-10 叶 序
A. 互生 B. 对生 C. 轮生 D. 簇生

互生：每节上只生1片叶，叶片交互而生，如樟树、悬铃木、菊花等。

对生：每节上生2片叶，相对排列，如丁香、女贞、桂花、石竹等。

轮生：每节上生3片叶或3片叶以上，辐射排列，如夹竹桃、百合等。

簇生：多数叶着生在极度缩短的枝上，如落叶松、银杏等。

(2) 单叶

叶柄上只着生1个叶片的称为单叶。

(3) 复叶(图2-11)

叶柄上着生2个或2个以上叶片的称为复叶。复叶上的各个叶片，称为小叶，小叶以明显的小叶柄着生于主叶柄上，并呈平面排列，小叶柄腋部无芽，有时小叶柄一侧尚有小托叶。复叶是由单叶经过不同程度的缺裂演化而来的，但是无小叶柄的各种不同程度的缺裂叶仍是单叶而不是复叶。复叶的种类很多，常见的有以下几种：

单身复叶：只有1枚小叶的简化复叶，单身复叶是柑橘属植物的特征。

三出掌状复叶：指3片小叶着生在总叶柄顶端的复叶，3小叶柄等长，如迎春花。

五出掌状复叶：指5片小叶着生在总叶柄顶端的复叶，5小叶柄等长。

七出掌状复叶：指7片小叶着生在总叶柄顶端的复叶，7小叶柄等长。

一回羽状复叶：多数小叶排列在叶轴的两侧，呈羽毛状，称为羽状复叶。羽状复叶的叶轴两侧各具1列小叶时，称为一回羽状复叶。根据小叶数目的不同又可分出3类：偶数羽状复叶，即一回羽状复叶的小叶片为偶数，也就是顶端小叶为2枚；奇数羽状复叶，即一回羽状复叶的小叶片为奇数，也就是顶端小叶为1枚；一回三出羽状复叶，即一回羽状

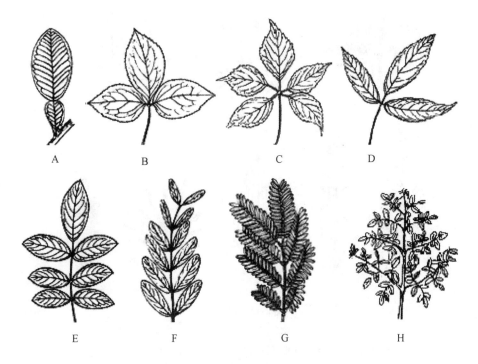

图 2-11 复 叶

A. 单身复叶　B. 三出掌状复叶　C. 五出掌状复叶　D. 一回三出羽状复叶
E. 奇数羽状复叶　F. 偶数羽状复叶　G. 二回羽状复叶　H. 三回羽状复叶

复叶的小叶片只有 3 枚，但顶端的小叶柄较长。

二回羽状复叶：总叶柄的两侧有羽状排列的一回羽状复叶，如合欢。

三回羽状复叶：总叶柄的两侧有羽状排列的二回羽状复叶，如南天竹。

2.3.3　叶脉

叶脉是指叶片维管束所在处的脉纹（图 2-12）。常见的有以下 7 种：

分叉状脉：叶脉作二歧分枝，不呈网状也不平行，通常自叶柄着生处发生。

掌状网脉：叶脉交织呈网状，主脉数条，通常自近叶柄着生处发出。

羽状网脉：叶脉交织呈网状，主脉 1 条，纵长明显，侧脉自主脉两侧分出，并略呈羽状。

直出平行脉：叶脉不交织成网状，主脉 1 条，纵长明显，侧脉自叶片下部分出，并彼此近于平行，而纵直延伸至先端。

弧形平行脉：叶脉不交织成网状，主脉 1 条，纵长明显，侧脉自叶片下部分出，并略呈弧状平行而直达先端。

辐射平行脉：叶脉不交织成网状，主侧脉皆自叶柄着生处分出，而呈辐射走向。

横出平行脉：叶脉不交织成网状，主脉 1 条，纵长明显，侧脉自主脉两侧分出而彼此平行，并略呈羽状。

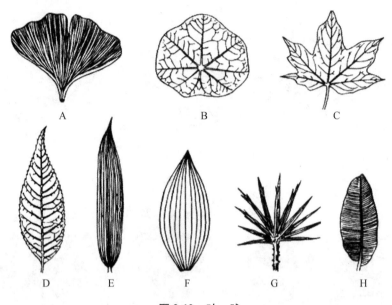

图 2-12 叶 脉

A. 分叉状脉　B. 掌状网脉　C. 掌状网脉　D. 羽状网脉
E. 直出平行脉　F. 弧形平行脉　G. 辐射平行脉　H. 横出平行脉

2.3.4 叶的变态

植物的叶因种类不同与受外界环境的影响，常产生很多变态，常见的有以下6种：

叶卷须：由叶、托叶或叶柄等变态特化而成的卷曲攀缘器官。

鳞片叶：地下茎(鳞茎)或多数越冬芽上具有贮藏或保护功能的变态叶。

叶刺：整个叶片或托叶变为坚硬刺状物的变态类型。

捕虫叶：指有些食虫植物的叶变态为捕食小虫的盘状或瓶状器官。

苞片和总苞：苞片是花序内不能促进植物生长的变态叶状物。位于花序基部的苞片称总苞。

叶状柄：是指叶柄变态为扁平叶状体，代替叶片进行光合作用。

2.4 花

花是被子植物特有的有性生殖器官。

2.4.1 花的结构

1朵完整的花包括6个基本部分，即花柄(花梗)、花托、花萼、花冠、雄蕊群和雌蕊群。花冠由花瓣组成；花萼和花瓣统称为花被；花萼、花冠、雄蕊和雌蕊着生在花托上(图2-13)。其中花柄与花托相当于枝的部分，其余四部分相当于枝上的变态叶，常合称为

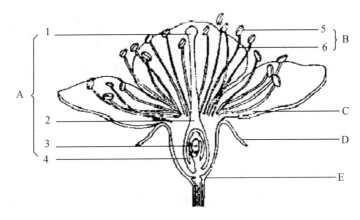

图 2-13 花的结构
A. 雌蕊　B. 雄蕊　C. 花瓣　D. 花萼　E. 花托
1. 柱头　2. 花柱　3. 胚珠　4. 子房　5. 花药　6. 花丝

花部。由花萼、花冠、雄蕊和雌蕊四部分组成的花称为完全花，缺少其中任何一个部分的则称为不完全花。

（1）花柄

花柄是着生花的小枝，其结构与茎相似。主要起支持和输送养分和水分的作用。花柄的长短、粗细因植物种类不同而异，有的植物甚至形成无柄花。

（2）花托

花托是花柄顶端膨大的部分，花的其他部分按一定方式着生在其上。不同植物种类的花托的形状不同，花的其他部分在其上的排列方式也不同。

（3）花萼

花萼由萼片组成，常小于花瓣，质较厚，通常绿色，是花被的最外 1 轮或最下 1 轮。有些植物的花萼有鲜艳的颜色，状如花瓣，叫瓣状萼。

（4）花冠

花冠是位于花萼之内，由若干花瓣组成的整体（图 2-14）。花瓣彼此分离的称为离瓣花，如李、杏；花瓣之间部分或全部合生的称为合瓣花，如牵牛、南瓜等。花冠下部合生的部分称为花冠筒；上部分离的部分称为花冠裂片。花冠的形状因种而异，根据花瓣数目、形状及离合状态，花冠筒的长短、花冠裂片的形态等特点，通常把花冠分为以下类型：

十字形：花瓣 4 片，分离，相对排成十字形，如十字花科植物。

蔷薇形：花瓣 5 片，分离，每片呈广圆形，如蔷薇科植物。

辐状：花冠筒极短，花冠裂片向四周辐射状伸展，如茄、番茄等。

蝶形：花瓣 5 片，最上（外）的 1 片花瓣最大，常向上扩展，称为旗瓣；侧面对应的 2 片通常较旗瓣小，且不同形，常直展，称为翼瓣；最下面对应的 2 片，其下缘常稍合生，状如龙骨，称为龙骨瓣。如红花槐、紫藤。

唇形：花瓣 5 片，基部合生成花冠筒，花冠呈唇形，上面 2 片合生为上唇，下面 3 片

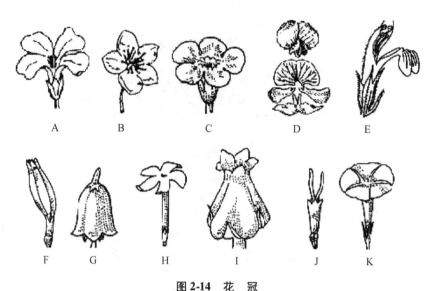

图2-14 花 冠

A. 十字形　B. 蔷薇形　C. 辐状　D. 蝶形　E. 唇形　F. 舌状
G. 钟状　H. 高脚碟状　I. 坛状　J. 筒状　K. 漏斗状

合生为下唇，如一串红、薄荷等唇形科植物。

舌状：基部合生成短筒，上部向一侧伸展成扁平舌状，如向日葵的缘花，蒲公英等菊科植物。

钟状：花冠筒阔而稍短，上部扩大成钟形，如桔梗科植物。

高脚碟状：花冠筒部狭长圆筒形，上部突然水平扩展成碟状，如水仙、丁香、迎春花等。

坛状：花冠筒膨大为卵形或球形，上部收缩成短颈，花冠裂片微外曲，如柿树。

筒状（管状）：花冠管大部分呈圆管状，花冠裂片向上伸展，如向日葵的盘花、醉鱼草等。

漏斗状（喇叭状）：花冠筒下部呈筒状，向上渐扩大成漏斗状，如牵牛、田旋花。

(5) 雄蕊群

雄蕊为紧靠花冠内部所着生的丝状物，其下部称为花丝，花丝上部两侧有花药，花药中有花粉囊，花粉囊中贮有花粉粒，而两侧花药间的药丝延伸部分称为药隔。雄蕊群是1朵花中所有雄蕊的总称。花中雄蕊的数目因植物种类而异。

(6) 雌蕊群

雌蕊位于花的中央部分，由1至多个具繁殖功能的心皮（变态叶）卷合而成。雌蕊常呈瓶状，由柱头、花柱、子房三部分组成。雌蕊的柱头有黏液可以黏附花粉，花粉落到雌蕊的柱头上就开始生长，穿过雌蕊到达子房与卵子结合，并发育形成种子。雌蕊群是1朵花中所有雌蕊的总称，不同植物的雌蕊群可以由1至多个雌蕊组成。

雄蕊、雌蕊同时存在的称为两性花；二者缺一者，称为单性花，如缺少雄蕊，称为雌花；缺少雌蕊，称为雄花；二者都缺，只有花被的，称为中性花。雄花和雌花生于同一植株上，该植物称为雌雄同株，雄花和雌花分别生在不同植株上，该植物称为雌雄异株，生雄花的为雄株，生雌花的为雌株，如垂柳就是雌雄异株；两性花和单性花同时生于1株植株上的称为杂性株，如鸡爪槭。

2.4.2 花序

花在花序轴上排列的方式称为花序。花序中最简单的是1朵花单独生于枝顶或叶腋，称为单生花。多数植物的花按一定规律排成花序。根据花轴长短，分枝与否，有无花柄及开花顺序等，花序可以分为以下两大类：

(1) 无限花序

无限花序的开花顺序是花序轴基部的花先开，渐及上部，花序轴顶端可继续生长、延伸(图2-15)。若花序轴很短，则由边缘向中央依次开花。无限花序主要包括以下8类。

总状花序：花序轴不分枝而较长，多数花有近等长的小梗，随开花而花序轴不断伸长，如刺槐。

伞房花序：与总状花相似，但下部花的花柄较长，向上渐短，各花排列在同一平面上，如梨、苹果。

伞形花序：许多花柄等长的花着生在花轴的顶部，如五加科植物。

穗状花序：花轴较长，其上着生许多无柄或近无柄的花，如车前、马鞭草。

柔荑花序：许多无柄或具短柄的单性花，着生在柔软下垂的花轴上，如杨、柳、桦木等。

肉穗状花序：穗状花序轴膨大，肉质化，小花密生于肥厚的轴上，外包大型苞片，如鸡冠花。

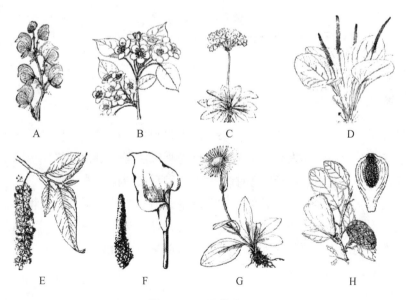

图 2-15 无限花序

A. 总状花序　B. 伞房花序　C. 伞形花序　D. 穗状花序
E. 柔荑花序　F. 肉穗状花序　G. 头状花序　H. 隐头花序

头状花序：多数无柄或近无柄的花着生在极度缩短、膨大扁平或隆起的花序轴上，形成 1 个状体，外具形状、大小、质地各式的总苞片，如菊科植物。

隐头花序：花序轴顶端膨大，中央凹陷，许多单性花隐生于花序轴形成的空腔内壁上，如无花果。

(2) 有限花序

有限花序的开花顺序与无限花序相反，顶端或中心的花先开，开花的顺序为由上而下或由内向外。有限花序主要包括单歧聚伞花序、二歧聚伞花序、多歧聚伞花序 3 种（图 2-16）。

单歧聚伞花序：顶芽发育成花后，仅有顶花下一侧的侧芽发育成侧枝，侧枝顶的顶芽又形成 1 朵花，如此依次向下开花，形成单歧聚伞花序。若花序轴的分枝均在同一侧产生，花序呈螺旋状卷曲，称为螺旋状聚伞花序，如勿忘草；若分枝是左右相间长出，则称为蝎尾状聚伞花序，如唐菖蒲。

二歧聚伞花序：顶花形成以后，在其下面两侧同时发育出 2 个等长的侧枝，每个分枝顶端各发育 1 朵花，然后以同样的方式产生侧枝，如石竹。

多歧聚伞花序：顶花下同时发育出 3 个以上分枝，各分枝再以同样的方式进行分枝，外形似伞形花序，但中心花先开，如天竺葵。

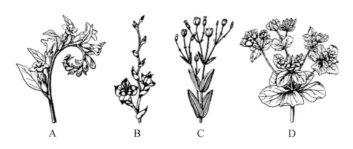

图 2-16　有限花序
A. 螺旋状聚伞花序　B. 蝎尾状聚伞花序　C. 二歧聚伞花序　D. 多歧聚伞花序

2.5　果

果实是被子植物特有的繁殖器官。果实由果皮和种子组成，果皮又可分外果皮、中果皮和内果皮三部分。由子房发育而成的果实称为真果。有些植物的果实，除子房以外，大部分是花托、花萼、花冠，甚至是整个花序参与发育而成的，称为假果，如梨、苹果、瓜类、菠萝等的果实。一般只有受精的花才能结果，但有些植物不经过受精，子房也能发育成果实，这样形成的果实，里面不含种子，称为无籽果实，如香蕉。

根据形态结构的不同可将果实分为 3 类，即单果、聚合果、聚花果。

2.5.1　单果

由花内单雌蕊或复雌蕊形成单一果实的，称为单果。根据成熟时果皮质地的不同又可

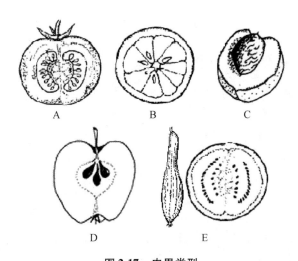

图 2-17 肉果类型
A. 浆果 B. 柑果 C. 核果 D. 梨果 E. 瓠果

分为肉果与干果。

(1) 肉果

果实成熟时,果皮或其他组成部分肉质多汁,常见的有以下 5 种类型(图 2-17):

①浆果 由复雌蕊发育而成,外果皮薄,中果皮、内果皮肉质或有时内果皮的细胞分离成汁液状,如葡萄、柿等。

②柑果 由多心皮复雌蕊发育而成,外果皮和中果皮无明显分界,或中果皮较疏松,并有很多维管束,内果皮形成若干室,向内生有许多肉质表皮毛,内果皮是主要食用部分,如柑橘、柚等。

③核果 由单雌蕊或复雌蕊子房发育而成,外果皮薄膜质,中果皮肉质,内果皮骨质形成坚硬的壳,通常有 1 粒种子,如桃、梅等。

④梨果 由复雌蕊形成,外果皮、中果皮肉质化而无明显界线,内果皮革质,将果实的核心分为 5 个小室,每个小室中有 2 枚种子着生,如梨、苹果等。

⑤瓠果 由复雌蕊形成,花托与果皮愈合,无明显的外果皮、中果皮、内果皮之分,果皮和胎座肉质化,如观赏葫芦。

(2) 干果

果实成熟时果皮干燥,根据果皮开裂与否,又可将干果分为裂果和闭果。

①裂果(图 2-18)

荚果:由单心皮发育成,成熟后沿背缝和腹缝两面开裂,如羊蹄甲、紫荆。

角果:由 2 心皮合生雌蕊发育而成,在果实两侧心皮合生的部位形成两条腹缝线,发育过程中腹缝线之间会形成隔膜将果实分为 2 个隔室,果实成熟后会果皮沿腹缝线开裂脱落,而种子随假隔膜则一直存留于果柄之上,如羽衣甘蓝、二月蓝。

蒴果:多心皮,子房 1 室,多种开裂方式,如蓖麻、木芙蓉、秋水仙、牵牛、罂粟、车前草。

蓇葖果:1 心皮,子房 1 室,成熟时,果皮仅在一面开裂,如八角、芍药。

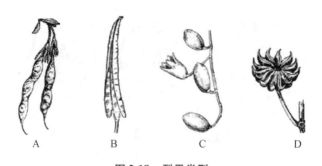

图 2-18　裂果类型

A. 荚果　B. 角果　C. 蒴果　D. 膏葖果

②闭果（图 2-19）

瘦果：成熟时果皮和种皮仅在一处相连，易分离，如向日葵、蒲公英。

颖果：果皮和种皮紧密愈合不易分离，果实小，一般会将果实误认为种子，为水稻、小麦、玉米等禾本科植物所特有。

坚果：外果皮坚硬木质，含 1 粒种子，如板栗、莲子。

翅果：果实本身同瘦果，但果皮延展成翅状，如枫杨、鸡爪槭、榆树。

双悬果：由 2 心皮的子房发育而成，成熟后心皮分离成 2 瓣，并列悬挂在中央果柄的上端，种子仍包于心皮中，以后脱离，果皮干燥，不开裂，如小茴香。

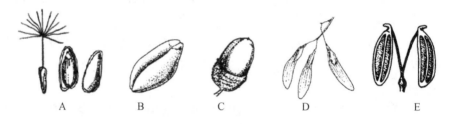

图 2-19　闭果类型

A. 瘦果　B. 颖果　C. 坚果　D. 翅果　E. 双悬果

2.5.2　聚合果

1 朵花中具有许多离生雌蕊聚生在花托上，以后每个雌蕊形成 1 个小果，许多小果聚生在花托上，叫作聚合果，如悬钩子、草莓（图 2-20）。

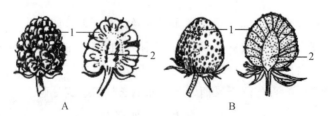

图 2-20　聚合果

A. 悬钩子　B. 草莓

1. 小果　2. 膨大花托

2.5.3 聚花果

由1个花序发育而成的果实，叫作聚花果或称花序果、复果，如桑葚、凤梨和无花果（图2-21）。

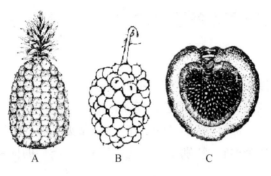

图 2-21 聚花果

A. 菠萝 B. 桑葚 C. 无花果

2.6 种子

种子是裸子植物和被子植物特有的繁殖体。

2.6.1 种子的结构

植物种子一般由种皮、胚和胚乳3个部分组成，也有些植物成熟的种子只有种皮和胚两部分。种皮是种子的"铠甲"，起着保护种子的作用。胚是种子最重要的部分，一般由胚芽、胚轴、子叶和胚根组成，可以发育成植物的根、茎和叶。胚乳是种子集中养料的地方，不同植物的胚乳所含的养分各不相同（图2-22）。

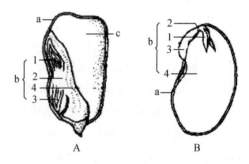

图 2-22 种子的结构

A. 玉米 B. 菜豆

a. 种皮 b. 胚 c. 胚乳

1. 胚芽 2. 胚轴 3. 胚根 4. 子叶

2.6.2 种子的类别

由于有些植物的成熟种子不具有胚乳，一般常把种子分为有胚乳种子和无胚乳种子两大类。

(1) 有胚乳种子

该类种子中储藏营养物质的结构主要为胚乳，在种子萌发前期所需要的营养物质主要来自于胚乳。胚乳中所含养分因植物种类而异，主要包括糖类、油脂和蛋白质，以及少量无机盐和维生素。一般单子叶植物的种子有胚乳。

(2) 无胚乳种子

这类种子在生长发育时，胚乳的养料被胚吸收，转入子叶中贮存，子叶一般肥厚，占胚的绝大部分。双子叶植物多数为无胚乳种子，种子萌发前期所需要的营养物质主要来自于子叶，也有少数例外，如蓖麻、莲、荞麦、苋、石竹、柿树等双子叶植物种子中就具有胚乳。

技能训练 2-1　观赏植物各器官常见类型标本的采集、制作

1. 目的要求

(1)熟悉观赏植物标本采集、制作的基本方法。
(2)植物标本制作规范，完整，能够长期保存。
(3)掌握观赏植物各个器官(特别是叶、花、果)常见类型的识别要点。
(4)收集观赏植物各个器官(特别是叶、花、果)常见类型的标本样本。

2. 材料准备

采集箱(或塑料袋)、标本夹、枝剪、掘根铲、绳子、号牌、标签、吸水纸(草纸或旧报纸)、台纸、镊子、铅笔等。

3. 方法步骤

(1)采集标本：选择干净、完整、无病虫害、姿态优美的植物或枝条，尽量有花有果，便于鉴别。草本植物，应该采集根、叶、茎、花或果实尽可能齐全的植株；木本植物，应采集长有叶、花或果实的枝条。如果雌雄异株，就把2种带花的枝条都采下来。

(2)压制标本：采集下来的标本要立即放进标本夹，下面垫2~3张吸水纸。放置时要小心地把卷曲的枝、叶拉开，伸展，把其中一两片叶子翻过来，背面朝上。如果叶子太多，遮盖了花朵，要摘除一些叶片，如果标本太长，可以把它折曲成N字形。标本上面盖2~3张吸水纸，汁液多的大标本要多盖些纸。把采集地点、日期、标本编号等写在小纸条上，再用棉线把小纸条拴在标本上。

(3)干燥标本：刚采回的新鲜标本，换纸要勤。把每株标本连同吸水纸一起拿出来，换上干燥的纸，然后整齐地叠放在一起，上面放1块木板，压上一些重物。开始时，每5~6h换一次纸；次日改为早晚各换1次；2~3d后，就可以每天换1次了。1周左右标本就全干了。夏季或雨季采集的标本，比较容易发霉变色，换下来的吸水纸不要扔掉，及时烘干或晒干，还可以再次利用。

(4)固定标本：根据植物的特点，选择合适的背景，包括背景大小、颜色。用胶水固定，但不要太多，用塑封膜固定会更好。还可以适当用针线或装饰使植物标本处于最佳位置处固定。

4. 成果展示

列表记述校园观赏植物器官各部分的类型(表2-1)。

表2-1　校园观赏植物器官类型表

序号	名称	根系	茎的	树皮	叶质	叶形	叶端	叶基	叶缘	叶裂	叶序	复叶	花冠	花序	果
1															
2															
⋮															

练习与思考

1. 名词解释

主根，侧根，不定根，直根系，须根系，贮藏根，气生根，定芽，不定芽，木质茎，草质茎，肉质茎，根茎，块茎，球茎，鳞茎，完全花，不完全花，无限花序，单生花，有限花序，单果，聚合果，聚花果。

2. 填空题

(1)气生根是比较特殊的一类根，它生长在地表以上的空气中，根据气生根的功能，又可把气生根分为_____、_____、_____、_____和_____5种。

(2)叶柄和茎之间的夹角处称为_____，茎枝表面隆起呈裂隙状的小孔称为_____。

(3)按照生理活动状态可将芽分为_____芽和_____芽。

(4)根据茎的生长习性可将其分为_____、_____、_____、_____和_____5种。

(5)植物的叶主要由_____、_____和_____三部分组成。

(6)完整的花包括了6个基本部分，即_____、_____、_____、_____、_____和_____。花冠由_____组成；_____和_____统称为花被。

(7)根据果实的形态结构可分为_____、_____和_____3类。根据果实成熟时果皮质地又可分为_____和_____。

3. 问答题

(1)根的常见变态类型有哪些？

(2)茎的变态类型有哪些？

(3)叶的常见变态类型有哪些？

(4)园林植物常见的干果有哪些类型？

(5)无限花序有哪些类型？

自主学习资源库

(1)观赏植物学．臧德奎．中国建筑工业出版社，2012．

(2)园林花卉原色图鉴．夏忠强．化学工业出版社，2016．

(3)中国数字植物标本馆：http：//www.cvh.ac.cn/

(4)植物通．http：//www.zhiwutong.com/

(5)FRPS《中国植物志》全文电子版网站．http：//frps.eflora.cn/

单元 3
观赏植物的生长发育特性

【学习目标】

知识目标:
(1)了解观赏植物生长的周期性和相关性。
(2)了解观赏植物的向性运动和感性运动。
(3)掌握五大植物激素的功用。

技能目标:
(1)能应用植物生长发育规律解释植物生长发育现象,指导观赏植物栽培实践。
(2)能根据观赏植物生产的需要正确选择植物生长调节剂。
(3)能针对植物生长发育阶段选用相应的生长物质进行生长发育的定向调控。

【案例导入】

月季花(*Rosa chinensis*)是蔷薇科蔷薇属多年生落叶或常绿灌木,花大艳丽,色彩丰富,是世界四大鲜切花之一。月季花规模化生产主要以扦插繁殖为主,扦插繁殖时选择合适的植物生长调节剂种类和浓度有利于提高插条成活率。广西农业科学院测定了不同浓度萘乙酸(NAA)和吲哚丁酸(IBA)对月季扦插成活效果的影响,测试结果如下:

浓度(mg/L)	成活率(%)		平均根数(条)		原叶保留率(%)	
	NAA	IBA	NAA	IBA	NAA	IBA
对照(CK)	75.33	75.33	5.2	5.2	70.00	70.00
250	83.33	93.33	7.8	8.5	81.33	91.33
500	74.67	84.67	6.8	8.2	70.67	79.33
1000	70.00	80.67	6.5	7.7	67.33	78.67
2000	68.67	73.33	6.4	7.3	65.33	71.33

从以上数据能得到哪些有用的信息?

3.1 植物生长发育规律

3.1.1 植物生长的周期性

植物的生长是一个体积和重量不可逆的增加过程。在植物生长过程中,无论是细胞、器官还是整个植株的生长速率都表现出"慢—快—慢"的基本规律。即开始时生长缓慢，以后逐渐加快，达到最高点后又减缓以至停止。生长的这3个阶段总称为生长大周期，即表现为整株植物（或器官）累计生长量的S形曲线和生长速率的单峰曲线。此外，整株植物或植物器官在生长速率上还具有昼夜周期性和季节周期性。昼夜周期性是指植物生长随昼夜表现出的快慢节律性变化。季节周期性是指植物的生长随季节表现出的快慢节律性变化。

3.1.2 植物生长的相关性

构成植物体的各个部分，既有精细的分工，又有密切的联系，既有相互协调，又有相互制约，这种植物体各部分间相互协调与制约的现象称为相关性。植物生长的相关性包括地上部分与地下部分的相关、主茎与侧枝的相关、营养生长与生殖生长的相关等。

(1) 地下部分（根）和地上部分（茎和叶）的相关

地下部分和地上部分的相互关系首先表现在相互依赖上。地下部分的生命活动必须依赖地上部分产生的糖类、蛋白质、维生素和某些生长物质，而地上部分的生命活动也必须依赖地下部分吸收的水肥以及产生的氨基酸和某些生长物质。地下部分和地上部分在物质上的相互供应，使得它们相互促进，共同发展。"根深叶茂""本固枝荣"就是对这种关系最生动的表述。

地下部分和地上部分的相互关系还表现在它们的相互制约。除这两部分的生长都需要营养物质从而会表现竞争性的制约外，还会由于环境条件对它们的影响不同而表现出不同的反应。例如，当土壤含水量开始下降时，地下部分一般不易发生水分亏缺而照常生长，但地上部分茎、叶的蒸腾和生长常因水分供不应求而受到明显抑制。

(2) 主茎和侧枝的相关

主茎的顶芽生长抑制侧芽生长的现象称为顶端优势。顶端优势的表现可分为3类，即侧芽生长的抑制、分枝生长速度的调节和分枝角度的控制。在树木中特别是针叶树，如圆柏、杉树等，顶芽生长得很快，下边的分枝常受到顶端优势的调节，使侧枝从上到下的生长速度不同（越靠上边，距茎尖越近，被抑制越强），使整个植株呈宝塔形。草本植物中如向日葵、烟草、黄麻等顶端优势显著。只有主茎顶端被剪掉，邻近的侧枝才能加速生长。当然有些植物的顶端优势是不显著的，如小麦、水稻、芹菜等。它们在营养生长时期就可以产生大量分枝（即分蘖）。

(3) 营养器官和生殖器官的相关

营养器官和生殖器官的生长，总的来说基本是统一的。生殖器官生长所需的养料，大部分是由营养器官供应的。营养器官生长不好，生殖器官的生长自然也不会好。因此，营养器官和生殖器官生长的统一关系是很明显的。但是，营养器官和生殖器官的生长之间也是有矛盾的，它表现在营养器官生长和生殖器官生长的相互抑制方面。

3.1.3 向性运动

向性运动是植物受到单向外界因素的刺激而引起的定向运动。向性运动作用的机理主要是单向刺激引起植物体内的生长素和生长抑制剂分配不均匀。其运动方向与刺激的方向有关。运动方向朝向刺激一方的为正向性，背向刺激一方的为负向性。多发生在辐射对称的器官中，如根和茎。

(1) 向光性

植物随光的方向而弯曲的特性称作向光性，向光性分为正向光性、负向光性及横向光性，其中横向光性是指植物弯曲的方向与射来的光的方向垂直的特性。

(2) 向重力性

向重力性是植物在重力影响下，保持一定方向生长的特性。向重力性分为向地性、背地性和横向重力性，其中横向重力性是指地下茎向水平方向生长。

(3) 向化性

向化性是指因化学物质分布不均匀而引起的植物生长向性反应。如根在土壤中总是朝着肥料多的地方生长。根的向水性也是一种向化性。当土壤干燥而水分分布不均时，根总是趋向潮湿的地方生长，在干旱土壤中根系能向土壤深处伸展，其原因是土壤深处的含水量比表土高。

3.1.4 感性运动

感性运动是指植物体因受到不定向的外界刺激而引起的局部运动，是植物适应环境的表现，与刺激的方向无关。通常有感光性、感温性和感震性等。

(1) 感光性

感光性是指植物因光强变化的刺激而发生的感性生长运动或感性膨压运动。例如，将花瓣尚未完全伸展的番红花置于恒温条件下，照光时开花，在黑暗中则闭合。

(2) 感温性

感温性指由温度变化引起器官背腹两侧不均匀生长而引起的运动。如郁金香和番红花的花，通常在温度升高时开放，温度降低时闭合。

(3) 感震性

感震性指植物体能感受机械刺激，并产生反应的性质。非常轻微的接触或液体、气体对局部的压迫以及温度急剧的变化等都可能成为刺激，这种现象又称为感震运动，它与其他感性或向性相比，反应速度极快，是由瞬间通过的活动电位诱发的膨压运动。具有这种性质的植物称为敏感植物，代表植物为含羞草。

3.2 植物生长物质

高等植物的正常生长发育，除了受遗传因素的控制、环境条件的影响以及需要大量的有机物质和无机物质作为细胞生命活动的结构和营养成分外,还需要一类微量的、生理活性极强的特殊物质参与调控,通常将这类物质称为植物生长物质。植物生长物质按其来源的不同一般可分为两大类:一类称为植物激素;另一类称为植物生长调节剂。植物激素是指一些在植物体内合成,并经常从产生部位转移到其他器官,对植物的生长发育和代谢具有显著调控作用的微量有机物。由于它是植物体内的正常代谢产物,故又称为内源激素或天然激素。植物生长调节剂是指一些具有植物激素活性的人工合成的化合物。

3.2.1 生长素

生长素又叫吲哚乙酸(indole-3-acetic acid,IAA),是在植物体内最普遍存在的一种植物激素。植物体内生长素的含量虽然微少,但分布甚广,植物的根、茎、叶、花、果实、种子及胚芽鞘中均有。但生长素主要是在植物茎尖的营养芽和幼嫩的叶片中合成,然后运输到作用部位。生长素在植物体内的传导具有典型的极性运输特性,即生长素只能从植物体形态学的上端向下端运输,而不能倒转过来运输。生长素的生理效应如下:

(1) 对植物生长的影响

生长素能促进细胞的纵向伸长,生长素对植物生长的影响因浓度、物种和器官种类及细胞年龄而异,并具有显著的正、负双重效应。一般较低浓度促进生长,高浓度则抑制生长,浓度太高甚至会杀死植物。

(2) 促进细胞分裂与分化

用一定浓度的生长素处理一些植物枝条切段的基部,可刺激该部位的细胞分裂,诱导根原基的发生,促进生根,这是其他激素所不能代替的。因此,常常又将生长素称为"成根激素"。此外,生长素还能引起顶端优势,促进某些植物开花,控制性别分化,促进单性结实产生无籽果实,诱导植物的向性生长等。

科技工作者在对吲哚乙酸化学结构和生理活性的相互关系进行深入研究的基础上,人工合成了一批与生长素的化学结构及生理效应相似的有机化合物,根据其化学结构,大致可分为吲哚衍生物类(吲哚丙酸、吲哚丁酸)、萘酸类(α-萘乙酸、萘乙酸钠、萘乙酸酰胺)、苯氧酸类(2,4-二氯苯氧乙酸、2,4,5-三氯苯氧乙酸、4-碘苯氧乙酸)三大类。

3.2.2 赤霉素

赤霉素(gibberellin,GA)是从水稻赤霉菌中分离出来的一类天然生长物质,赤霉素属于双萜类化合物,现从高等植物和微生物中分离出70余种,分别以GA_1、GA_2、GA_3…表示,统称为GAs。在高等植物中,几乎所有的组织、器官都含有赤霉素,但普遍含量甚微,在生长旺盛的部位往往含量较高。植物体内合成赤霉素的主要部位是营养芽、幼叶、幼根和未成熟的种子、胚等幼嫩器官。赤霉素在植物体内的运输与生长素不同,没有极性运输现象,它可以上下双向运输。运输途径既可通过韧皮部,也可通过木质部。赤霉素的生理作用如下:

(1) 促进植物生长

在很低的浓度下就可以刺激茎的伸长生长,使植株明显增高,但并不改变节间数目。在这方面,与生长素不同的是赤霉素不存在超过最适浓度的抑制作用。在一定浓度范围内,随着处理浓度的增加,刺激生长的效应也增强。赤霉素促进生长的主要原因,是它能明显促进细胞的分裂和伸长。

(2) 解除休眠,促进萌发

赤霉素是解除植物休眠的特效药,是因其能诱导种子内多种水解酶的合成或活化,从而促进糖类、蛋白质等多种营养贮藏物质的分解和转化,为种子的萌发提供了物质和能量保障。

(3) 促进坐果和单性结实

在幼果期用 10~30mg/L GA_3 喷洒,可提高产果率。赤霉素还能诱导葡萄、苹果、梨、枇杷、番茄等形成无籽果实。

(4) 诱导开花

赤霉素能代替开花所需的低温或光照条件。例如,对于茶花、杜鹃花、紫罗兰等开花需经低温诱导的植物,用赤霉素处理后,就能在非诱导条件下开花。对大多数长日照观赏植物,如天竺葵、仙客来、石竹、大丽菊等,用赤霉素处理也可代替所需的长日照条件,促进它们在短日照条件下正常开花。

(5) 性别分化

赤霉素对黄瓜花的性别分化也有影响,生长素能促进雌花的分化,而赤霉素则能促进雄花的分化。

此外,赤霉素还可用于增强植物的顶端优势、防止果皮腐烂、推迟樱桃和柑橘等果树的成熟期等。

3.2.3 细胞分裂素

细胞分裂素(cytokinin,CTK)是一类具有促进细胞分裂及其他生理功能的物质的总称。最早发现的细胞分裂素类物质是从酵母细胞提取液中分离出来的 N6-呋喃甲基腺嘌呤,由于它能促进细胞分裂,因此命名为激动素(KT),后又陆续从许多高等植物中分离出了与激动素生理功能相同,但生理活性更强的天然植物生长物质玉米素、玉米素核苷等。目前已在高等植物中发现的能促进细胞分裂的物质有 16 种。细胞分裂素的主要生理作用如下:

(1) 促进细胞分裂

细胞分裂素不仅能促进细胞分裂,也可以使细胞体积扩大。但和生长素不同的是,细胞分裂素是通过细胞横向扩大增粗,而不是促进细胞纵向伸长来增大细胞体积的,它对细胞的伸长有一定的抑制效应。

(2) 延缓植物衰老

延缓衰老是细胞分裂素特有的作用。如果把摘下的叶子插在含有激动素的溶液里,叶片则能较长时间保持鲜绿,延迟衰老。在离体植物叶片的局部涂上少量的细胞分裂素,则这些部位在一定时间内仍能保持鲜绿。

(3) 诱导组织和器官的分化

生长素和细胞分裂素共同调控着植物器官的分化,细胞分裂素有利于芽的分化,而生长素则促进根的分化。当 CTK/IAA 的比值较大时,主要诱导芽的形成;当 CTK/IAA 的比值较小时,则有利于根的形成。在植物的组织培养中,常常通过调整培养基中的细胞分裂素与生长素二者的比值,来控制愈伤组织器官分化的方向。

(4) 消除顶端优势

生长素是植物形成顶端优势的主要原因,而细胞分裂素则能消除顶端优势,促进侧芽的迅速生长。在这方面,生长素同细胞分裂素间表现出明显的对抗作用。

3.2.4 脱落酸

脱落酸(abscisic acid,ABA)是以异戊二烯为基本结构单位的倍半萜类化合物,它是一种天然的抑制型植物激素。脱落酸在植物界分布广泛,它存在于多种植物器官中,包括叶片、芽、果实、种子及块茎,特别是在即将脱落或将进入休眠状态以及处于逆境条件下的器官和组织中含量较多。当休眠解除或种子萌发时,脱落酸会自然地分解破坏。脱落酸在衰老叶片和根冠中合成后,可通过叶柄、茎和根的木质部运输,它的运输无极性现象。脱落酸的生理作用如下:

(1) 促进植物的休眠

脱落酸能够诱导多年生木本植物的休眠,在正常情况下,植物的休眠现象多在秋季短日照条件诱导下才会发生。现已证明,短日照促进了脱落酸的形成,植物进入休眠是由脱落酸的积累引起的;此外,脱落酸还可抑制种子的萌发,促使其处于休眠状态。如桃、蔷薇、猕猴桃、葡萄等鲜种子中含有较多的脱落酸,用脱落酸处理树木种子可延长休眠期,因此有人又称 ABA 为"休眠激素"。

(2) 促进器官衰老脱落

脱落酸可以抑制蛋白质的合成、加速器官中核酸和蛋白质的降解,在促进器官成熟和衰老的基础上诱导其脱落。

(3) 调节气孔开闭

近年来发现脱落酸对植物气孔的开闭有明显的调节作用。当植物干旱缺水时,叶片中脱落酸的含量急剧增加,并引起气孔的迅速关闭,降低了蒸腾速率,减少了水分散失。

3.2.5 乙烯

乙烯(ethylene,ETH)是健康植物正常代谢的产物,广泛存在于植物的多种器官中,但含量甚微,一般不超过 0.1mg/L。在发芽的种子、黄化幼苗的顶端及正在伸长生长的芽和幼叶中含量较高,特别是在即将成熟的果实中含量最高,它能迅速促进果实的成熟,因此，常常把乙烯称为"催熟激素"。乙烯的生理作用如下：

(1) 促进成熟

催熟是乙烯特有的生理功能。一般幼嫩的果实中乙烯的含量很低，随着果实的自然成熟，乙烯的合成迅速增加，当乙烯积累超过阈值量(0.1~1mg/L)后，呼吸代谢显著加强，导致果实内部的生理生化代谢加强，物质迅速转化并发生了质变，最后达到可食程度。

(2) 促进器官的衰老和脱落

乙烯能加速香蕉、苹果、番茄和柑橘等果实脱绿着色，也能使一些植物叶片失绿转黄而后脱落，这主要是因为乙烯能加速叶绿素分解并促进了离层的形成。

(3) 抑制生长

乙烯抑制植物根、茎、侧芽和叶片的伸长生长，而促进茎的加粗生长和横向生长，这是乙烯对生长的典型生物学效应。乙烯对伸长生长的抑制作用与较高浓度(超过适量浓度)的生长素对生长抑制的效应相似。对于这两种激素间的相互关系，现在认为，是由于在较高浓度的生长素条件下诱导了乙烯的产生，使乙烯对细胞伸长生长的抑制效应超过了生长素对细胞伸长生长的促进作用。

3.2.6 其他常见的植物生长物质

(1) 油菜素内酯(brassinolide，BR，又称芸薹素)

油菜素内酯是从油菜花粉中分离提取出来的一种甾醇内酯化合物，具有很强的生理活性。除油菜外，BR还广泛存在于多种植物体内，具有促进细胞伸长和分裂的双重效应，目前已能人工合成。

(2) 三十烷醇(triacontanol，TRIA)

三十烷醇可以从蜂蜡中提取，故又称蜡醇。三十烷醇广泛存在于多种植物组织中，并能人工合成。三十烷醇对许多植物的生长都有显著的促进作用。

(3) 多效唑(PP_{333})

PP_{333}是英国ICI公司推出的一种新型高效植物生长延缓剂，并且兼具广谱抗菌剂的功效。国内于1983年试制成功，定名为多效唑。主要是通过促进过氧化物酶、IAA氧化酶的活性，加速植物体内IAA分解以降低IAA的有效浓度；阻碍植物体内赤霉素的生物合成，从而对植株的营养生长表现出延缓、抑制的效应。

(4) 比久(B_9)

化学名称为二甲基胺基琥珀酰胺酸，属于生长延缓剂，生产上常用于抑制果树新枝生长，使果树形成短果枝、小树冠，减少对营养的消耗，促进花芽分化，提高坐果率。同时，B_9还可防止采前落果，并促进果实着色、提高果实硬度、延长贮藏期。

(5) 矮壮素(cycocel，CCC)

化学名称为2-氯乙基三甲基氯化铵。矮壮素可抑制细胞伸长，延缓生长，因此能缩短节间，控制营养生长，使植株矮化健壮，并能促进根系发育，增强作物抗寒、抗旱、抗盐碱能力。

(6)三碘苯甲酸(triiodobenzoicacid，TIBA)

TIBA与生长素的作用相反，它能通过阻碍生长素的运输，促进侧芽萌发，消除顶端优势，使分枝或分蘖增加，抑制生长。

(7)青鲜素(maleic hydrazide，MH)

化学名称为顺丁烯二酰肼，又名马来酰肼，青鲜素的作用与生长素正好相反，它能破坏顶端优势，抑制茎的伸长和芽的萌发。

(8)稀土

稀土是一类稀有金属元素的统称，包括化学周期表中15种镧系元素和化学性质与之相似的钇和钪共17种元素。大量研究证明，稀土并非植物的必需元素，它既不参与植物结构组成，也不作为营养贮藏成分，但稀土能通过对植物生长发育一系列反应过程的调节和影响，表现出类似植物激素的生理功能。稀土元素对植物的生理作用有促进生根发芽、加快出叶速度、增加叶面积和叶绿素含量、促进根系发达等。

技能训练 3-1 观赏植物物候观察及记录

1. 目的要求

(1)掌握观赏植物物候观测和记录方法。

(2)学习分析生境差异对植物物候的影响。

2. 材料准备

校园内的乔木4种(每种选择生境有差异的样树3株)、灌木4种(每种选择生境有差异的样树3株)、直尺、温度计、放大镜、记录表、铅笔、相机(或有照相功能的手机)等。

3. 方法步骤

物候期的观察重点为生长期的变化，观察记载的主要内容有：芽萌动、展叶、开花、果实成熟、落叶等。每个物候期观测的间隔时间应根据不同时期而定，如春季生长快时，物候期短暂，必要时应每天观察，甚至1d内观察2次。随着生长的进展，观察间隔时间可长些，隔3~5d观察1次。到生长后期可7d或更长时间观察1次。观察时各树种间物候期的划分界线要明确，必须记清每一物候期的起止日期。

(1)叶芽的观察：

芽萌动期：芽开始膨大，鳞片已松动露白。

开绽期：露出幼叶，鳞片开始脱落。

(2)叶的观察：

展叶期：全树萌发的叶芽中有25%的芽的第一片叶展开。

叶幕出现期：85%以上的幼叶展开结束，初期叶幕形成。

叶片生长期：从展叶后到停止生长的期间。要定树、定枝、定期观察。

叶片变色期：秋季正常生长的植株叶片变黄或变红。

落叶期：全树有5%的叶片正常脱落为落叶始期，25%的叶片脱落为落叶盛期，95%的叶片脱落为落叶终期。从芽萌动到落叶终止计算为树木的生长期。

(3)枝的观察：

新梢生长期：从开始生长到停止生长，定期定枝观察新梢的生长长度，分清春梢、秋梢(或夏梢)生长期、延长生长和加粗生长的时间，以及二次枝的出现时期等；并根据枝条颜色和硬度确定枝条成熟期。

新梢开始生长：从叶芽开放长出 1cm 新梢时算起。

新梢停止生长：新梢生长缓慢停止，没有未开展的叶片，顶端形成顶芽。

二次生长开始：新梢停止生长后又开始生长时。

二次生长停止：二次生长的新梢停止生长时。

枝条成熟期：枝条由下而上开始变色。

(4)花芽的观察：

花序露出期：花芽裂开后现出花蕾。

花序伸长期：花序伸长，花梗加长。

花蕾分离期：鳞片脱落，花蕾分离。

初花期：开始开花。

盛花期：25%~75%的花开放，也可记载盛花初期(25%的花开放)到盛花终期(75%的花开放)的延续时期。

末花期：最后 1 朵花败落。

(5)果实的观察：

幼果出现期：受精后形成幼果。

生理落果期：幼果变黄、脱落。可分几次落果。

果实着色期：开始变色。

果实成熟期：从开始成熟时计算，如苹果种子开始变褐。

4. 成果展示

提交园林树木物候期观察记录表(表 3-1)，分析不同树种及不同生境条件下同一树种的物候。

表 3-1　园林树木物候观察记录表

编号：　　　　　　　　　　记录人员：

	树种名称		地点	
	生长环境条件			
叶芽	芽萌动期		叶芽形态简单描述	
	开绽期			
叶	展叶期		叶片着生方式	对生( )互生( )轮生( )簇生( )
	叶幕出现期		叶　型	单叶( )复叶( )
	叶片生长期		叶　形	
	叶片变色期		新叶颜色	
	落叶期		秋叶颜色	

(续)

枝	新梢开始生长		枝条颜色			
	新梢停止生长		枝条形态	直枝( ) 曲枝( ) 龙游( ) 下垂( ) 其他( )		
	二次生长开始					
	二次生长停止					
	枝条成熟期					
花芽	花序露出期		花 色			
	花序伸长期		单花直径			
	花蕾分离期		花 序	类型	长度	宽度
	初花期					
	盛花期		花 量	大( ) 小( ) 中等( )		
	末花期					
果实	幼果出现期		果实类型			
	生理落果期		果实形状			
	果实着色期		果实颜色			
	果实成熟期		成熟后	宿存( ) 坠落( )		

练习与思考

1. 名词解释

植物生长大周期，昼夜周期性，季节周期性，植物生长的相关性，向性运动，向光性，向重力性，向化性，感性运动，感光性，感温性，感震性，植物激素，植物生长调节剂。

2. 填空题

(1)生长素一般较低浓度_____生长，高浓度则_____生长，浓度再高甚至会_____；同时，生长素还可刺激_____，诱导根原基的发生，促进生根。生长素只能从植物体形态学的_____向_____运输，而不能倒转过来运输。

(2)赤霉素在植物体内的运输与生长素不同，没有_____现象，它可以_____运输。

(3)细胞分裂素的主要生理作用有_____、_____、_____和_____4个方面。

(4)脱落酸的生理作用有_____、_____和_____3个方面。

(5)乙烯是健康植物正常代谢的产物，广泛地存在于植物的多种器官中，在发芽的种子、黄化幼苗的顶端及正在伸长生长的芽和幼叶中含量较高，特别是在即将_____中含量最高，因此，常常把乙烯称为_____。

(6)矮壮素可抑制细胞伸长，延缓生长，因此能缩短节间，控制_____生长，使植株矮化健壮，并能促进_____发育，增强作物抗寒、抗旱、抗盐碱能力。

3. 问答题

(1)植物生长的相关性包括哪些内容？
(2)乙烯有哪些生理作用？
(3)赤霉素有哪些生理作用？

自主学习资源库

(1) 植物生理学. 蒋德安. 高等教育出版社, 2011.
(2) 植物生理学(第3版). 郑彩霞. 中国林业出版社, 2013.
(3) 植物生理学精品课程. 扬州大学, 王忠. http://www.icourses.cn/coursestatic/course_3209.htm/
(4) 植物生理学精品课程. 浙江大学, 蒋德安. http://www.icourses.cn/coursestatic/course_4264.html/
(5) 植物生理学报. http://www.plant-physiology.com/

单元 4
环境对观赏植物生长发育的影响

【学习目标】

知识目标：

(1) 了解水分、光照、温度、矿质营养、大气和土壤对植物生长发育的作用。

(2) 熟悉植物为适应水分、光照、温度等环境条件而形成的生态类型。

(3) 掌握植物缺素症的具体表现。

技能目标：

(1) 能应用植物与环境的关系解释植物栽培养护中必须遵循的基本原则。

(2) 能准确判断引起植物生长发育不良的环境因素。

(3) 能分析具体植物的生态需求，并为其设置相应的生长发育环境条件。

【案例导入】

在大学生活中，同学们大都喜欢在宿舍里养一些观赏植物，但是经常遇到下列情况：

(1) 冬天摆在阳台上的植物，有的被冻伤，有的却安然无恙。

(2) 有的室内观叶植物放在阳台上去晒晒太阳，就被灼伤了。

(3) 同样浇水，有的植物表现为水多叶黄，有的植物表现为缺水枯萎。

(4) 由于缺乏营养元素，植株表现为矮小、变色、枯黄、扭曲等。

(5) 同一植物在园内栽植时花大色艳，而养在室内却花小色淡。

究其原因，是我们忽略了不同植物对光、热(温度)、水(湿度)、肥(矿物质)、气等环境因素需求的差异。要使植物长势良好，我们必须熟悉植物与环境之间的相互关系，从而有针对性地提供利于其生长发育的环境条件。

4.1 水分

植物一方面从环境中吸收水分，以保证生命活动的需要；另一方面又不断地向环境散失水分，以维持体内外的水分循环、气体交换及适宜的体温。

4.1.1　水分在植物生命活动中的主要作用

(1) 水是植物细胞的重要组成部分

植物含水量一般占鲜重的75%~90%，水生植物含水量可达95%；树干、休眠芽约占40%；风干种子约占10%。细胞中的水分可分为两类：一类是与细胞组分紧密结合而不能自由移动、不易蒸发散失的水，称为束缚水；另一类是与细胞组分之间吸附力较弱，可以自由移动的水，称为自由水。自由水可以直接参与各种代谢活动，因此，当自由水与束缚水的比值升高时，细胞原生质成溶胶状态，植物代谢旺盛，生长较快，抗逆性弱；反之，细胞原生质成凝胶状态，代谢活动低，生长缓慢，但抗逆性强。

(2) 水是代谢过程的反应物

水是光合作用的原料，在呼吸作用及许多有机物质的合成和分解过程中都有水分子的参与。

(3) 水是各种生理生化反应和物质运输的介质

水分子具有极性，是自然界中能溶解物质最多的良好溶剂。植物体内的各种生理生化过程，如矿质元素的吸收、运输、气体交换，光合产物的合成、转化和运输以及信号物质的传导等都需要水作为介质。

(4) 水能使植物保持固定的姿态

植物细胞含有大量的水分，可产生静水压，以维持细胞的紧张度，使枝叶挺立，花朵开放，根系得以伸展，从而有利于植物捕获光能、交换气体、传粉受精以及对养分的吸收。

此外，由于水具有特殊的理化性质，在植物的生态环境中起着特别重要的作用。例如，植物通过蒸腾作用散热，调节体温，以减轻烈日的伤害；高温干旱时，可以灌水调节植物周围的温度和湿度，改善田间小气候；用灌水来促进肥料的释放和利用。

4.1.2　植物根系对水分的吸收

(1) 植物根系的吸水部位

根系的吸水部位主要在根的尖端，从根尖开始向上约10mm的范围内，包括根冠、根毛区、伸长区和分生区，其中以根毛区的吸水能力最强。由于植物吸水主要靠根尖，因此，在移栽时，应尽量保留细根，以减轻植株移栽后的萎蔫程度。

(2) 根系吸水机理

根据植物根部吸水动力的不同可分为2类：主动吸水和被动吸水。根的主动吸水主要反映在根压上，所谓根压，是指由于植物根系生理活动而促使根部吸收水分并使液流从根部上升的压力，大多数植物的根压为0.1~0.2MPa，有些木本植物可达到0.6~0.7MPa。植物根系以蒸腾拉力为动力的吸水过程称为被动吸水。所谓蒸腾拉力是指因叶片蒸腾作用而产生的使导管中水分上升的力量，叶片蒸腾时，气孔下腔周围细胞中的水以水蒸气的形式扩散到水势低的大气中,从而导致叶片细胞水势下降,这样就产生了一系列相邻细胞间的水分运输,使叶导管失水,压力势下降,造成根冠间导管的压力梯度,使根导管中的水分向上运输,其结果是造成根部细胞水分亏缺,水势降低,向土壤吸水。一般情况下,土壤溶液的水势很高,很容易被植物吸收,并输送到数米甚至数百米高的枝叶中。在光照下,蒸腾着的枝叶可通过死亡的根吸水,甚至一个无根的带叶枝条也能照常吸水。可见根在被动吸水过程中,只为水分进入植物体提供通道。当然发达的根系扩大了与土壤的接触面,更有利于植物对水分的吸收。

4.1.3 观赏植物对水分的适应类型

由于原产地生态环境的影响,观赏植物在形态和生理特性上表现出对水分的不同适应程度。依据其对水分的需求可大致分为以下5种类型:

(1) 旱生植物

这类植物耐旱性极强,能忍受较长时间空气或土壤的干燥而继续生活。为了适应干旱的环境,它们在外部形态和内部构造上都产生了许多适应性的变化和特征,如叶片变小或退化变成刺毛状、针状,或肉质化;表皮层角质层加厚,气孔下陷;叶表面具茸毛以及细胞液浓度和渗透压变大等,这就大大了减少植物体水分的蒸腾,同时这类植物根系都比较发达,增强了吸水力,从而更加增强了其适应干旱环境的能力。仙人掌科、景天科植物即属此类,这类植物原产于经常缺水或季节性缺水的地方,一般耐旱、怕涝,水浇多了则易引起烂根、烂茎,甚至死亡。

(2) 半耐旱植物

半耐旱植物又称为半旱生植物。包括一些叶片呈革质或蜡质状,以及叶片上具有大量茸毛的植物,如山茶、玉兰、天竺葵、龙吐珠等;还包括一些具针状或片状枝叶的植物,如天门冬、松、柏、杉科植物等。

(3) 中生植物

中生植物的形态结构和适应性均介于湿生植物和旱生植物之间,是种类最多、分布最广、数量最多的陆生植物。不能忍受严重干旱或长期水涝,只能在水分条件适中的环境中生活,陆地上绝大部分植物皆属此类。

(4) 湿生植物

湿生植物是生长在过度潮湿环境中的植物。一类为阴生湿生植物,由于林内光照微弱,空气湿度大,蒸腾作用也弱,容易保持水分,故根系不发达,叶片中的机械组织也不发达,抗旱能力极差,如生活在热带雨林中的蕨类、附生兰、万年青等。另一类阳生湿生植物生活在阳光充足、土壤水分饱和的沼泽地区或湖边,如莎草科、蓼科和十字花科的一些种类,它们的根系不发达,没有根毛,但根与茎之间有通气组织,以保证获得充足的氧气。为了适应阳光直接照射和大气湿度较低的环境,其叶片上常有防止蒸腾的角质层,输导组织也较发达。

(5) 水生植物

水生植物泛指生长于水中或沼泽地的观赏植物，与其他花卉明显不同的习性是对水分的要求和依赖远远大于其他植物，在形态上，水生植物的细胞间隙特别发达，经常还发育有特殊的通气组织，以保证在植株的水下部分能有足够的氧气，如水葱、菖蒲等。

4.2 光

光是植物生长发育的基本环境因素。它不仅是光合作用的基本能源，也是植物生长发育的重要调节因子。植物的生长发育不仅受到光照强度的制约，还受到光质和光照时间（光周期）的影响。

4.2.1 光合作用

绿色植物利用日光能量，同化二氧化碳（CO_2）和水（H_2O）制造有机物质并释放氧气（O_2）的过程，称为光合作用。合成有机物质、积蓄太阳能量和调节大气成分是光合作用的三大重要作用。

4.2.2 植物与光照强度

(1) 光照强度的影响

光强对光合速度的影响很大，在一定范围内光合速率与光强几乎呈直线关系，超过一定范围后，光合速率的增加转慢，当到达某一光照强度时，光合速率就不再增加，这种现象称为光饱和现象，开始出现光饱和现象时的光照强度称为光饱和点。当光照减弱时，植物的光合作用也随之减弱，当光照减弱到光合作用所吸收的 CO_2 等于呼吸作用所释放的 CO_2 时，此时的光照强度称为光补偿点。植物在光补偿点时，光合作用所制造的干物质与呼吸作用所消耗的相等，很显然这时不能积累干物质。当光照不足时，光合作用减弱，植株徒长或黄化，抑制根系生长；如果植物受光不良，花芽形成和发育不良，果实发育受阻，造成落花落果。

(2) 植物对光照强度的适应类型

不同类型植物的光补偿点和光饱和点差异很大，植物长期适应不同的光照强度环境条件，形成了不同的适应策略。根据植物对光照强度的要求，可以把植物分为喜光植物、耐阴植物和中性植物三大类。喜光植物（阳性植物）要求充足的日光直射，在弱光条件下生长发育不良；阴性植物适宜生长在荫蔽环境中，常不能忍受过强的光照；中性植物则一般在充足阳光下生长最好，但稍受荫蔽也不受损害。一般喜光植物的光饱和点是全部太阳光照强度，而阴性植物的则是全光照的 10%~50%。

4.2.3 植物与光质

太阳辐射中，不同波长的光具有不同性质，太阳辐射的波长范围为150~3000nm，其中400~700nm的可见光约占52%，红外线占43%，而紫外线只占5%，不同颜色的光对植物的作用也不同，光质的作用见表4-1所列：

表4-1 不同波长的光对植物的生态作用

光的波长(nm)	植物生理效应
>1000	植物吸收后转变为热能，促进干物质积累，但不参与光合作用
720~1000	对植物伸长起作用，700~800nm辐射称为远红光，对光周期及种子形成有重要作用，并控制开花及果实颜色
610~720(红橙光)	被叶绿素强烈吸收，光合作用最强，一定条件下表现为强的光周期作用
510~610(绿光)	叶绿素吸收不多，光合效率也较低
400~510(蓝紫光)	叶绿素吸收最多，表现为强的光合作用与成形作用
320~400	起成形和着色作用
<320	对大多数植物有害，可能导致植物气孔关闭，影响光合作用

叶片吸收的光以可见光为主，即同化太阳光谱380~710nm区间的能量。太阳光中被叶绿素吸收最多的是红光，作用也最大，黄光次之，蓝紫光的同化作用效率仅为红光的14%。

4.2.4 植物与光周期

光周期是指昼夜周期中光照期和暗期长短的交替变化，指一天中从日出到日落的理论日照时数，而不是有无直射光的实际时数。

(1) 光周期对植物的影响

光周期对植物的开花、结果、落叶及休眠有着显著的影响，我们把植物对日照长短规律性变化的反应叫作光周期现象。

(2) 植物对光周期的反应类型

按照光周期对植物开花的影响可将植物分为3类：在24h昼夜周期中，日照长度短于一定时数才能开花的植物叫作短日照植物；日照长度长于一定时数才能开花的植物叫作长日照植物；而在任何日照条件下都可以开花的叫作日中性植物。

4.3 温度

适宜的温度是生命活动的必要条件之一。植物的生理生化反应总是在一定的温度范围内进行的，当温度超出植物所能忍受的范围时，植物停止生长，开始受害甚至死亡。

4.3.1 温度与植物分布的关系

温度是和太阳辐射密切相关的一个生态因子,地球上不同地点、不同时间的太阳辐射能因地球的旋转而发生变化,从而使温度也发生相应的变化。各地的温度条件随着所处的纬度、海拔高度、地形和海陆分布等条件的不同而有很大变化。

随着纬度升高,太阳辐射量减少,温度也逐渐降低。一般纬度每增高1°(距离约为111km),年平均温度下降0.5~0.9℃。因此,随着纬度升高,温带及寒温带的耐寒花卉分布增加;随着纬度降低,亚热带和热带花卉的分布增加。如百合类绝大多数分布在北温带,气生兰和仙人掌大部分分布在热带、亚热带。

温度与海拔高度相关,随着海拔升高,虽然太阳辐射增强,但由于大气层变薄,大气密度下降,保温作用差,因此温度下降。一般海拔每升高100m,气温下降0.6℃。因此,高海拔地区多分布着耐寒的高山花卉,如雪莲、杜鹃花、报春花等。

温度与地形相关,北半球的南坡接受的太阳辐射最多,空气及土壤温度比北坡高;南坡多生长喜光、喜暖、耐旱的植物,北坡适宜耐阴、喜湿植物的生长。

此外,同一地区的温度还有季节性变化和昼夜变化,根据气候寒暖、昼夜长短的节律变化,一年可分为春、夏、秋、冬四季,一般平均气温冬季低于10℃、春秋季10~22℃,夏季高于22℃。温度的昼夜变化也很有规律,一般气温的最低值出现在凌晨日出前。日出以后,气温上升,在13:00~14:00达到最高值,以后开始持续下降,直到日出前为止。昼夜温差(日较差)一般随纬度的增加而增大。昼夜的温度变化对植物影响较大,在植物生长的适宜温度下,温差越大,对植物的生长发育越有利。白天温度高,有利于光合作用,夜晚温度低,减少了呼吸作用对养分的消耗,植物净积累较多。植物适应温度的这种节律性变化,并通过遗传成为其生物学特性的现象称为温周期。

4.3.2 温度对植物生长发育的作用

(1) 植物的三基点温度

植物生长发育都有3个温度基本点,即维持生长发育的生物学下限温度(最低温度)、最适温度和生物学上限温度(最高温度),这三者合称为三基点温度。在最适温度下,植物的生命活动最强,生长发育速度最快;在最高和最低温度下,植物停止发育,但仍能维持生命。如果温度继续升高或降低,就会对植物产生不同程度的影响,所以在植物温度三基点之外,还可以确定使植物受害或致死的最高与最低温度指标,即最高致死温度和最低致死温度,合称为五基点温度。不同的植物对三基点温度的要求不同,同一植物不同生命阶段的三基点温度也不相同,生长发育不同,生理过程的三基点温度也不相同。

(2) 积温和有效积温

积温能表明植物在生育期内对热量的总要求,它包括活动积温和有效积温。高于植物能够开始生长发育的最低温度(生物学下限温度)的日平均温度,称为活动温度。植物生育期间活动温度的总和，称为活动积温；活动温度与最低温度之差，称为有效温度。植物生育期内有效温度积累的总和，称为有效积温。积温作为一个重要的热量指标，在植物生产中有着广泛的应用，主要用来分析农业气候热量资源，作为植物引种栽培的科学依据。

(3) 界限温度

标志着某些重要物候现象或农事活动的开始、终止或转折，对农业生产有指示或临界意义的日平均温度称为界限温度。常用的界限温度及意义如下：

0℃：土壤冻结或解冻的标志。

5℃：喜凉植物开始生长的标志。

10℃：喜温植物开始播种或停止生长的标志。

15℃：大于15℃期间为喜温植物的活跃生长期。

20℃：热带植物开始生长的标志。

(4) 春化作用

指植物必须经历一段时间的持续低温才能由营养生长阶段转入生殖生长阶段，这种低温诱导植物开花的效应叫作春化作用。春化作用是植物成花对低温的响应，是影响植物物候期和地理分布的重要因素。引种时需注意所引植物种或品种的春化要求。

4.3.3 极端温度对植物的影响

(1) 低温危害类型

①冷害　指0℃以上的低温对植物造成的伤害。由于在低温条件下ATP减少，酶系统紊乱，活性降低，植物的光合、呼吸、蒸腾作用以及植物吸收、运输、转移等生理活动的活性降低，植物各项生理活动之间的协调关系遭到破坏。冷害是喜温植物往北引种的主要障碍。当植物受到冷害后，温度的急剧回升要比缓慢回升使植物受害更加严重。

②冻害　0℃以下的低温使植物体内的液态水形成冰晶而引起的伤害。冰晶一方面使细胞失水，引起细胞原生质浓缩，造成胶体物质的沉淀；另一方面使细胞压力增大，促使细胞膜变性和细胞壁破裂，严重时可引起植物死亡。

③霜害　由于霜的出现而使植物受害。通过破坏原生质膜和使蛋白质失活与变性而造成植物伤害。

④冻拔　在纬度高的寒冷地区，当土壤含水量过高时，由于土壤结冻膨胀而升起，连带植物抬起。至春季解冻时，土壤下沉而植物留在原位造成植物根系裸露地面，严重时可引起植物倒伏死亡。

⑤冻裂　白天太阳光直接照射到树干，入夜气温迅速下降，因木材导热慢，造成树干两侧温度不一致，热胀冷缩产生横向拉力，使树皮纵向开裂造成伤害。冻裂一般多发生在昼夜温差较大的地方。

(2) 高温危害类型

高温危害多发生在无风的天气；在城市街区、铺装地面、沙石地和沙地，夏季高温易造成危害。

①日灼　夏秋高温干旱季节，日光直射裸露的果树枝干和果实，使其表面温度达到40℃以上时，即可引起灼伤。受日灼伤害的树皮，严重时脱落，或干枯开裂；果实表皮受到日灼，先变白，继而褐变；在天气极度干旱，持续高温，空气相对湿度在50%以下，地下供水不足，蒸腾作用减弱时，直射的强光也能引起树木叶片灼伤。冬季幼树枝干的日灼，与树皮温度剧变、冻融交替有关，因此都发生在向阳面的枝干。树干涂白，反射掉大部分热辐射可减轻因强烈太阳辐射而造成的皮烧危害。

②根茎灼伤　当土壤表面温度高到一定程度时，会灼伤幼苗柔弱的根茎。可通过遮阴或喷水降温以减轻危害。

极端温度对植物的影响程度一方面取决于温度的高低及极端温度持续时间、温度变化的幅度和速度；另一方面与植物本身的抵抗能力有关。抗寒能力主要取决于植物体内含物的性质和含量。植物在不同发育阶段抵抗能力不同，休眠阶段抗性最强，生殖生长阶段抗性最弱，营养生长阶段抗性居中。外地引进的观赏植物，一般在本地栽植1~2年后，经过适应性锻炼，能大大提高其抗性。

4.3.4　观赏植物对温度的适应类型

根据观赏植物对不同气候带不同温度特点的适应程度可分为以下3种类型：

(1) 耐寒花卉

耐寒花卉多为原产于寒带或温带，一般可以忍受-5℃以下的低温，在我国北方大部分地区可以露地自然越冬的花卉。大多数二年生花卉的耐寒性都比较强，如三色堇、二月蓝、金鱼草、羽衣甘蓝等，这类植物即使在冬季生长缓慢，但仍会保持顽强的生命力，开春后就会继续生长、开花。多年生植物和落叶木本也比较耐寒。

(2) 半耐寒花卉

半耐寒花卉多为原产于温带南部或亚热带地区，耐寒性介于耐寒和不耐寒之间的花卉。通常能忍受轻微霜冻，在不低于-5℃(长江流域)的条件下能够露地越冬，常见草本植物如金盏菊、紫罗兰、鸢尾、石蒜、水仙、葱兰等，木本植物如栀子、桂花、结香、枸骨、夹竹桃等。

(3) 不耐寒花卉

不耐寒花卉为原产于热带及亚热带、生长期间要求高温的花卉，不能忍受0℃甚至5℃或更高的低温，否则停止生长甚至死亡。常见种类包括一年生或多年生作一年生栽培的花卉，如鸡冠花、凤仙花、一串红、万寿菊、紫茉莉、翠菊、麦秆菊、百日草、千日红、矮牵牛等，以及地上部分不能正常露地越冬的花卉，如唐菖蒲、大丽花、晚香玉等。

各种花卉中，耐热力最强的是水生花卉，其次为一年生草花和仙人掌类植物，以及能在夏季开花的球根花卉、宿根花卉。春秋两季开花的芍药、菊花、大丽花、鸢尾、香雪兰等耐热力较差，耐热力弱的除秋植球根花卉外，还有许多原产于热带及亚热带高海拔地区的花卉，如仙客来、倒挂金钟、马蹄莲、朱顶红等。

4.4 土壤

4.4.1 土壤的物理性状

土壤物理性状是指由土壤质地及结构决定的土壤的通气性、透水性、保水性和保肥性。常用指标有土壤容重，即单位容积土体（包括土粒和孔隙）的质量，一般为 1.0~1.8g/cm^3；土壤孔隙度，即土壤孔隙容积占土体容积的百分比，一般在 36%~60%。

(1) 土壤质地

土壤质地是指土壤中不同大小直径的矿物颗粒的组合状况。土壤质地与土壤通气、保肥、保水状况及耕作的难易有密切关系。土壤质地状况是拟定土壤利用、管理和改良措施的重要依据。土壤质地一般分为砂土、壤土和黏土3类。其中，砂土抗旱能力弱，易漏水漏肥，因此土壤养分少，加之缺少黏粒和有机质，故保肥性能弱，速效肥料易随雨水和灌溉水流失，因此，砂土要强调增施有机肥，适时追肥，并掌握勤肥薄施的原则；黏土含土壤养分丰富，且有机质含量较高，因此，大多土壤养分不易被雨水和灌溉水淋失，故保肥性能好，但由于遇雨或灌溉时，水分往往在土体中难以下渗而导致排水困难，影响植物根系的生长，阻碍了根系对土壤养分的吸收，在生产上要注意开沟排水，降低地下水位，以避免或减轻涝害，并选择在适宜的土壤含水条件下精耕细作，改善土壤结构性和耕性，以促进土壤养分的释放；壤土兼有砂土和黏土的优点，是较理想的土壤，其耕性优良，适种的农作物种类多。

(2) 土壤的通气性

土壤中的空气首先来源于大气，土壤通气性即土壤气体交换的性能，主要指土壤与近地面大气之间的气体交换，其次是土体内部的气体交换。土壤和大气间的气体交换也主要是氧气与二氧化碳气体的相互交换，即土壤从大气中不断获得新鲜氧气，同时向大气排出二氧化碳，使土壤空气不断得到更新，因而土壤与大气的气体交换，又称为土壤的呼吸作用。土壤通气性是土壤的重要特性之一，是保证土壤空气质量，使植物正常生长，微生物进行正常生命活动等不可缺少的条件。土壤通气不良，会影响微生物活动，降低有机质的分解速度及养分的有效性，土壤中氧气少、二氧化碳多时，会使土壤酸度提高，适于致病霉菌的发育，易使作物感染病虫害，同时，良好的通气性也是作物吸收水分必不可少的条件。

4.4.2 土壤的化学特性

土壤的化学性质和化学过程是影响土壤肥力水平的重要因素之一。除土壤酸度和氧化还原性对植物生长产生直接影响外，土壤的化学性质还通过对土壤结构状况和养分状况的干预间接影响植物生长。土壤化学性质主要表现在土壤胶体性质、土壤酸碱度和氧化还原反应3个方面。

(1) 土壤胶体性质

土壤胶体颗粒的直径通常小于 $1\mu m$，它是一种液—固体系，即分散相为固体，分散介质为液体。根据组成胶粒物质的不同，土壤胶体可分为有机胶体（如腐殖质）、无机胶体（黏土矿物）和有机—无机复合胶体 3 类。由于土壤中的腐殖质很少呈自由状态，常与各种次生矿物紧密结合在一起形成复合体，所以，有机—无机复合胶体是土壤胶体存在的主要形式。土壤中的胶体物质含量越多，其所包含的面积也就越大，从而养分的物理吸收性能便越强。胶体的供肥和保肥功能除了通过离子的吸附与交换来实现之外，还依赖于胶体的存在状态。当土壤胶体处于凝胶状态时，胶粒相互凝聚在一起，有利于土壤结构的形成和保肥能力的增强，但也降低了养分的有效性；当胶体处于溶胶状态时，每个胶粒都被介质所包围，是彼此分散存在的，虽然可使养分的有效性增加，但易引起养分的淋失和土壤结构的破坏。土壤中的胶体主要处于凝胶状态，只有在潮湿的土壤中才有少量的溶胶。

(2) 土壤酸碱度

土壤酸碱度是土壤盐基状况的一种综合反映。土壤酸碱度用 pH 值表示，pH 值就是土壤溶液中氢离子浓度的负对数。土壤酸碱性共分为 7 级。pH 值低于 4.5 为极强酸性，4.5~5.5 为强酸性，5.5~6.5 为酸性，6.5~7.5 为中性，7.5~8.5 为碱性，8.5~9.5 为强碱性，高于 9.5 为极强碱性。土壤的 pH 值多在 4~9 之间。北方土壤一般为中性或碱性，pH 值在 7.0~8.5 之间，而南方红壤、黄壤等多表现为酸性反应，pH 值在 5.0~6.5 之间，个别土壤 pH 值甚至为 4。土壤酸碱度影响土壤养分的分解和有效性，从而影响植物的生长发育。大多数养分在 pH 值为 6.5~7.0 时有效性最高或接近最高。如土壤 pH 值为 5，土壤中活性铁、铝较多，常与磷肥中的水溶性磷酸盐形成溶解度很小的磷酸铁、磷酸铝盐类，从而降低其有效性；而 pH 值为 7 时，水溶性磷酸盐易与土壤中游离的钙离子作用，生成磷酸钙盐，使其有效性大大降低。在石灰性土壤中，由于容易形成氢氧化铁沉淀，使植物因铁的有效性降低而出现缺铁。铁盐的溶解度随酸度增加（pH 值为 5~7.5）而提高，在强酸性（pH 值为 5）土壤中，因游离铁的数量很高而常使作物受害。根据观赏植物生长发育对酸碱度的适应程度，可将其分为喜酸性植物、中性植物和耐碱性植物 3 类。

(3) 氧化还原反应

在土壤溶液中经常进行着氧化还原反应，它主要是指土壤中某些无机物质的电子得失过程。土壤中存在着多种多样的氧化还原物质，在不同条件下，它们参与氧化还原过程的情况是不同的。土壤中的氧化作用主要由游离氧、少量的 NO_3^- 和高价金属离子如 Mn^{4+}、Fe^{3+} 等引起，它们是土壤溶液中的氧化剂，其中最重要的氧化剂是氧气。在土壤空气能与大气进行自由交换的非渍水土壤中，氧是决定氧化强度的主要因素，它在氧化有机质时，本身被还原为水，在土壤淹水的条件下，大气氧气向土壤的扩散受阻，土壤含氧量由于生物和化学消耗而降低。如果土壤中缺氧，则其他氧化态较高的离子或分子成为氧化剂；土壤中的还原作用是由有机质的分解、嫌气微生物的活动，以及低价铁和其他低价化合物所引起的，其中最重要的还原剂是有机质，在适宜的温度、水分和 pH 值等条件下，新鲜而未分解的有机质的还原能力很强，对氧气的需要量非常大。

4.4.3 土壤污染对观赏植物的影响

(1) 土壤污染的来源

土壤污染主要来自水污染和大气污染。以污水灌溉农田，有毒物质会沉积于土壤中，污水中造成土壤污染的有害物质主要有汞、铬、铅、锌、铜等有害金属，砷化物、氰化物等有害无机化合物，油类、酚类、醛类、胺类等有害有机化合物和酸、碱、盐类等。大气污染物受重力作用或随雨、雪落于地表渗入土壤而造成污染，大气造成土壤污染的主要物质有汞、铅、镉、铬等金属，以及 SO_2 等形成的"酸雨"对土壤的酸化作用和某些粉尘对土壤的碱化作用。此外，工业废渣经过雨水冲刷，大量流入农田，会污染土壤；施用某些残留量较高的化学农药，也会污染土壤。

(2) 土壤盐分过多对植物的危害

①生理干旱 土壤中的可溶性盐类过多，由于渗透势增高而使土壤水势降低，根据水从高水势向低水势流动的原理，根细胞的水势必须低于周围介质的水势才能吸水，所以土壤盐分越多，根吸水越困难，甚至有植株体内水分外渗的危险。因而盐害的表现实际上通常是旱害，尤其在大气相对湿度低的情况下，随着蒸腾作用加强，盐害更为严重，一般植物的耐盐性在湿季增强。

②离子毒害 植物在盐分过多的土壤中生长不良的原因，不完全是生理干旱或吸水困难，而是由于吸收某种盐类过多而排斥了对另一些营养元素的吸收，产生了单盐毒害的作用。例如，当土壤中 Na^+ 增加时，随之产生的是对 Mg^{2+}、K^+ 吸收的减少，Cl^- 与 SO_4^{2-} 的吸收过多，也可降低对 HPO_4^{2-} 的吸收，类似这种不平衡吸收，不仅造成植物营养失调，还抑制了植物生长。

③破坏正常代谢 盐分过多对光合作用、呼吸作用和蛋白质代谢的影响很大。盐分过多会抑制叶绿素的生物合成和各种酶的产生，尤其是影响叶绿素—蛋白复合体的形成。生长在盐分过多的土壤中的植物，其净光合速率一般低于淡土的植物，不过盐分过多对光合作用的影响在初期明显，而后又逐渐恢复，这似乎是一种适应性变化。尽管盐分过多对植物的光合作用与呼吸作用的影响不一致，但总的趋势是呼吸消耗增多，净光合速度降低，不利于植物生长。

4.5 矿质营养

植物体内的矿质元素种类很多，已发现有60种以上的元素存在于不同植物中，其中，大多数植物正常生长发育所必不可少的营养元素称为必需元素，植物必需元素除碳(C)、氢(H)、氧(O)外还包括13种矿质元素。根据植物需要量的不同，可分为大量元素和微量元素两大类。大量元素在植物体内的含量相对较高(占干重的0.01%~10%)，包括氮(N)、磷(P)、钾(K)、钙(Ca)、镁(Mg)、硫(S)6种；微量元素在植物体内的含量非常低(占干重的千万分之一)，包括铁(Fe)、锰(Mn)、锌(Zn)、铜(Cu)、钼(Mo)、硼

(B)、氯(Cl)7种。

4.5.1 大量元素

(1) 氮

氮是蛋白质、核酸和磷脂的组成成分,是各种细胞器及新细胞形成所必需的元素,所以氮是构成生命的物质基础。缺氮时,植物细胞分裂及伸长受到抑制,根系较细长,根量较少,生长发育停滞,分枝或分蘖受阻,植株瘦弱,叶少而小,黄白色,失绿叶片无斑点,常从较老的叶片开始,逐渐向幼叶扩展,下部较老叶片易于早衰、脱落;氮素过多则引起徒长,叶大而薄,茎秆柔嫩,抗病虫害能力减弱。

(2) 磷

磷通常以 $H_2PO_4^-$ 的形式被植物吸收。磷主要参与磷脂、核苷酸和核蛋白的组成,在植物能量代谢、碳水化合物代谢、细胞分裂及遗传信息的传递中有着重要的作用。由于磷广泛地参与植物代谢过程,故缺磷时植物代谢过程受到抑制,植株瘦小,茎叶由暗绿色逐渐转为紫红色,分枝或分蘖少;较直立;延迟成熟,果实、种子少且不饱满。磷易于再利用,故缺磷时病症常从下部较老叶片开始,逐渐向幼叶扩展。

(3) 钾

钾以 K^+ 的形式被吸收。钾与氮和磷不同,它不是细胞的组成成分,主要是以离子态存在于细胞内,它是很多酶的活化剂。目前已知 K^+ 在细胞内可作为 60 多种酶的活化剂,故钾在蛋白质代谢、碳水化合物代谢及呼吸作用中有重要作用,主要集中在生长活跃的生长点、形成层和幼叶。缺钾时,老叶叶缘焦枯、落叶,抗性下降,生长缓慢;钾过量则植株低矮,节间缩短,叶片发黄皱缩。

(4) 钙

钙以 Ca^{2+} 形式被吸收。主要存在于叶片或老熟器官组织中,是合成细胞壁胞间层中果胶酸钙的成分,钙离子能作为磷脂的磷酸与蛋白质的羧基间联结的桥梁,钙在细胞内与草酸形成草酸钙结晶,可避免草酸过多而产生的毒害。钙在植物体内的移动性很小,缺钙时茎和根的生长点以及幼叶先出现病症,使其凋萎甚至生长点死亡。由于生长点死亡,植株呈簇生状。缺钙时植株叶尖或叶缘变黄,枯焦坏死,植株早衰,不结实或少结实。

(5) 镁

镁是叶绿素的组成成分,故为叶绿素形成及光合作用所必需。Mg^{2+} 是许多酶的活化剂,能促进呼吸作用、光合作用、代谢与蛋白质的合成过程。缺镁最明显的病症是缺绿病,叶片脉间缺绿,严重时出现坏死斑点,叶易枯萎脱落。较老的叶片先出现病症。

(6) 硫

高等植物吸收的硫主要是硫酸盐。植物吸收硫酸盐后要经过还原,因为有机化合物中的硫大部分呈还原态,这些有机化合物包括含硫氨基酸以及含有这些氨基酸的蛋白质等。缺硫时,由于缺乏含硫氨基酸而影响蛋白质的形成。植株较矮小,细胞分裂受阻,叶小而呈黄色,易脱落。硫在植物体内不易移动,缺乏时,幼叶先出现病症。

4.5.2 微量元素

(1) 铁

铁的需要量较其他微量元素多,铁硫蛋白参与氧化还原反应;细胞色素及细胞色素氧化酶都含有铁;过氧化氢酶及过氧化物酶也是含铁的氧化酶;铁还参与叶绿素生物合成形成原叶绿素酸酯,缺乏时由于原叶绿素酸酯不能形成而影响叶绿素的合成,植物因此发生缺绿病。铁在植物体内不易移动,故缺乏症从幼叶开始,石灰性土壤或 pH 较高的土壤栽培作物常有缺铁症状。

(2) 硼

硼对蛋白质合成有一定影响,能促进糖分在植物体内的运输,促进花粉萌发和花粉管生长。缺硼时,果胶含量降低,纤维素含量增加,细胞壁结构异常,薄壁细胞壁增厚,组织易于撕裂,茎尖、根尖的生长点停止生长甚至萎缩死亡;侧芽、侧根大量发生,继而侧芽、侧根的生长点又死亡,而形成簇生状。花药和花丝萎缩,常引起"华而不实",即使结实,果实和种子也不饱满。

(3) 锰

锰是许多酶的活化剂,在光合作用中有重要的功能。缺锰的普遍病症是叶片脉间缺绿,有坏死斑点,新叶常先显病症;根系不发达;开花结实很少。

(4) 锌

锌是生长素前身色氨酸合成所必需的,缺锌植株内的吲哚和丝氨酸不能合成色氨酸,因而不能合成生长素。缺锌时,因不能合成色氨酸而影响生长素的合成,植物生长受阻,小叶病就是缺锌的典型症状,叶片上有黄色斑点,叶小而脆,丛生在一起,顶端叶先现病症,阔叶植物缺锌时表现为脉间缺绿,常有坏死斑点,叶小,节间短。

(5) 铜

铜为多酚氧化酶、抗坏血酸氧化酶、漆酶和细胞色素氧化酶的组成成分,参加氧化还原过程;铜也是光合电子传递链中的电子递体质蓝素的组成成分,故在光合作用中有重要的功能。常见的缺铜症状为叶暗绿而扭曲,渐呈现脉间缺绿及坏死,树皮粗糙,而后裂开,引起树胶外流。

(6) 钼

钼是硝酸还原酶的组成成分。缺钼时,因硝酸还原酶合成受阻而使植物体内积累大量的硝酸盐,影响蛋白质的合成,叶较小,叶片脉间失绿,有坏死斑点,边缘枯焦,向内卷曲。

(7) 氯

氯为光合作用中水光解放氧所必需,一般植物对氯的需要量很微小。缺氯时,植物生长缓慢,叶小,易萎蔫。

4.6 大气

4.6.1 呼吸作用

呼吸作用是植物在有氧条件下，将碳水化合物、脂肪、蛋白质等氧化，产生 CO_2 和水，并释放能量的过程，是与光合作用相反的过程。影响植物呼吸速率最显著的环境因素有大气成分、温度、水分和光照等。

4.6.2 大气成分与观赏植物

大气中的气体成分按体积计算，氮气约 78%，氧气约 21%，二氧化碳约 0.03%，其他为氩、氖、氦、氢等固定成分。也有水汽、一氧化碳、二氧化硫和臭氧等变化很大的气体成分。其中氧气和二氧化碳对植物生长发育有显著的影响。

（1）氧气

通常空气中的氧气含量足以满足植物呼吸作用的需要。但在花卉栽培中，当土壤板结、通气不良时，CO_2 大量聚集在板结层下会造成土壤缺氧，根系无氧呼吸增加而使其生长受阻，新根不能形成；同时，嫌气有害细菌的增加及乙醇等发酵产物的积累还会使根系中毒，甚至腐烂死亡。另外，氧气也是观赏植物种子萌发的条件。

（2）二氧化碳

CO_2 是光合作用的原料，空气中 0.03% 的 CO_2 对光合作用来说并不充足，特别是在光照强度最高的正午前后，温室或大棚内的 CO_2 常常成为光合作用的限制因子。因此，充足的光照条件下，在一定范围内增加 CO_2 的含量可有效地促进光合作用。但当 CO_2 浓度超过 2%~5% 时，光合作用也将受到抑制。

4.6.3 大气污染对观赏植物的危害

大气中的污染物有各种气体、尘埃、农药、放射性物质等。据统计，工业废气中所含的有害物质有 400 多种，常见的有 20~30 种，以二氧化硫（SO_2）、氟化物、氯气、臭氧（O_3）、氮化物与硝酸过氧乙酰等危害比较普遍。

（1）二氧化硫

SO_2 是我国当前最主要的大气污染物，排放量大，对植物的危害也比较严重。0.05~10mg/L 的 SO_2 浓度就能危害植物，SO_2 危害的症状是，开始时叶片略微失去膨压，有暗绿色斑点。不同植物对 SO_2 的敏感性相差很大，据研究发现，敏感植物在 SO_2 浓度为 0.05~0.5mg/L 时，经 8h 即受害；SO_2 浓度为 1~4mg/L 时，经过 3h 即受害。不敏感的植物，则在 2mg/L 时，经过 8h 即受害；10mg/L 时，30min 后受害。总的来说，草本植物比木本植物敏感,木本植物中针叶树比阔叶树敏感,阔叶树中落叶树比常绿树抗性弱。

(2) 氟化物

氟化物有氟化氢(HF)、四氟化硅(SiF_4)、硅氟酸(H_2SiF_6)及氟气(F_2)等,其中排放量最大、毒性最强的是HF。当HF的浓度为$1\sim5\mu g/L$时,较长时间接触即可使植物受害。植物受氟化物气体危害时,出现的症状与受SO_2危害的症状相似,叶尖、叶缘出现红棕色至黄褐色的坏死斑,受害叶组织与正常组织之间常形成一条暗色的带。未成熟叶片易受损害,枝梢常枯死。

(3) 氯气

化工厂、农药厂、冶炼厂等偶然会逸出大量氯气。氯气进入叶片后会很快破坏叶绿素,产生褐色伤斑,严重时全叶漂白、枯卷甚至脱落。氯气对植物的毒性要比SO_2大,在同样浓度下,氯气对植物的危害程度是SO_2的$3\sim5$倍。在含氯气的环境中,植物叶片能吸收一部分氯气而使叶片中的含氯量增加。植物对氯气的抵抗能力和吸收能力并不一致,例如,'龙柏'对氯气的抗性强,而吸收能力差;美人蕉叶对氯气的抗性不太强,而吸收能力强。

(4) 臭氧

大气中O_3浓度为$0.1mg/L$,延续$2\sim3h$,三叶草、燕麦、萝卜、玉米和蚕豆等植物就会出现受害症状。植物受臭氧伤害的症状一般出现于成熟叶片上,嫩叶不易出现症状,伤斑零星分布于全叶各部分。伤斑可分为4种类型(同一植物出现一种或多种):一是呈红棕色、紫红或褐色;二是叶表面变白,严重时扩展到叶背;三是叶片两面坏死,呈白色或橘红色;四是褪绿,有黄斑。由于叶受害变色,逐渐出现叶弯曲,叶缘和叶尖干枯而脱落。

(5) 二氧化氮

高浓度的NO_2可使植物产生急性危害,最初是叶片表现出不规则水渍状伤害,后扩展到全叶,并产生不规则的白色至黄褐色小斑点。空气中的NO_2浓度达到$2\sim3mg/L$时,植物就受伤害,叶片开始褪色。NO_2伤害与光照有关,晴天所造成的伤害为阴天的一半,这是因为NO_2进入叶片后,与水形成亚硝酸和硝酸,酸度过高就会伤害组织。硝酸等在硝酸还原酶等的作用下,会还原为氨,这些酶在光照下会提高活性,因此强光下NO_2的危害就比弱光下轻得多。在塑料薄膜温室内,如果施肥过多,从土壤中散发出来的NO_2也能使作物受害。

(6) 硝酸过氧化乙酰(peroxyacetyl nitrate,PAN)

PAN是硝酸过氧酰基类的一种,是主要的空气污染物之一。它是由氮的氧化物与烷类的裂解产物通过化学反应而形成的,所以是次生的空气污染。PAN有剧毒,空气中PAN的浓度只要在$20mg/L$以上,就会伤害植物。伤害症状是:初期叶背呈银灰色或古铜色斑点,之后叶背凹陷、变皱、扭曲,呈半透明状,严重时,叶片两面都坏死,先呈水渍状,干后变成白色或浅褐色的坏死带,横贯叶片。

4.6.4 植物对大气的净化作用

高等植物除了通过光合作用保证大气中氧气和二氧化碳的平衡外,还可以对各种污染物有吸收、积累和代谢作用，以净化空气。例如，垂柳、臭椿、山楂、板栗、夹竹桃、丁香等吸收 SO_2 的能力较强；垂柳、拐枣、油茶具有较强的吸收氟化物的能力，体内含氟量很高，但生长正常；女贞、美人蕉、大叶黄杨等吸氯量高，叶片中含有较高的氯也不会出现受伤症状。

大气污染除有毒气体以外，粉尘也是主要的污染物之一，工厂排放的烟尘除了碳粒外，还有汞、镉等金属粉尘。植物对烟灰、粉尘有明显的阻挡、过滤和吸附作用。不同植物对粉尘的阻挡率是不一样的，刺楸、榆树、朴树、重阳木、刺槐、臭椿、构树、悬铃木、女贞、泡桐等，都是比较好的防尘树种。

4.7 病虫害

观赏植物在生长发育过程中都会受到病虫害的威胁和危害，因而在栽培管理过程中，要密切注意病虫害的发生和发展情况，坚持"预防为主，综合治理"的方针，强调利用自然控制因素为主的多种防治方法协调配合，把病虫害的危害控制在可以忍受的水平以下。

4.7.1 病害

根据病害发生的原因可将病害分为非侵染性病害和侵染性病害 2 种。非侵染性病害发生是由于受到温度不适、光照不宜、水分失调、营养不良、毒气毒烟危害等不良环境条件。如夏天烈日下缺水植株枯萎或局部灼伤、叶子焦边，冬季叶片遭受冻害，喜酸性植物长期用碱性的水质浇灌造成缺铁，叶片黄化变白甚至干枯等，这类病害没有传染性，只有在消除不良的环境条件后，植物才能恢复正常生长。侵染性病害是由真菌、细菌、病毒等有害生物引起，在植物体寄生所引起的疾病，在适宜环境下能迅速繁殖蔓延扩大成灾，防治这类病害，关键就是要控制好真菌、细菌、病毒等有害生物。

4.7.2 虫害

害虫是观赏植物生长过程中的主要危害生物，它们不仅能够让植物枝叶残缺不全、枝枯叶落，使其失去观赏价值和绿化效果，还会造成树体油腻污黑，甚至使人感到恶心难受，严重时还会造成植株成片死亡。危害观赏植物的害虫一般具有 2 种类型的口器：一种是咀嚼式口器，主要取食植物叶片或根系，或者钻入植物的茎干中取食危害，如地老虎、金龟子、天牛等；另一种是刺吸式口器，利用口针插到植物组织里，吸取植物汁液，造成植物叶片或茎干失液干枯，如蚜虫、红蜘蛛、粉虱、介壳虫等。生产中一定要根据害虫危害特点和生物学特性采取相应的防治方法，才能持续有效地防治害虫危害。

4.7.3 病虫害防治

(1) 病虫害防治方法

①植物检疫　也称法规防治，是指一个国家或地方政府颁布法令，设立专门机构，对国外输入或国内输出，以及在国内地区之间调运的种子、苗木及农产品等进行检疫，禁止或限制危险性病、虫、杂草等人为传入或传出，或者传入后为限制其继续扩展所采取的一系列措施。植物检疫与其他防治技术明显不同。首先，植物检疫具有法律的强制性，任何集体和个人不得违规。其次，植物检疫具有宏观战略性，不计局部地区当时的利益得失，而主要考虑全局的长远利益。再次，植物检疫防治策略是对有害生物进行全面的种群控制，即采取一切必要措施，防止危险性有害生物进入，或将其控制在一定范围内，或将其彻底消灭。所以，植物检疫是一项根本性的预防措施，也是实施"综合治理"措施的有力保证。

②栽培防治　是指根据植物病虫害发生条件与观赏植物栽培管理措施之间的相互关系，结合整个观赏植物培育过程中各方面的具体措施，有目的地创造出有利于观赏植物生长发育，而不利于病虫害发生的生态环境，从而达到直接或间接抑制病虫害发生的目的，是观赏植物病虫害综合防治的基础。这种方法不需要额外投资，而且又有预防作用，可长期控制病虫害，因而是最基本的防治措施。但这种方法也有局限性，如控制效果慢，对暴发性病虫害的控制效果不大，具有较强的地域性和季节性，常受到自然条件的限制等，病虫害大发生时必须依靠其他防治措施。

③生物防治　指利用有益生物及其代谢产物来控制病虫害的方法。从保护生态环境和可持续发展的角度来说，生物防治是植物病虫害综合防治的重要组成部分。生物防治不仅可以改变生物种群的组成成分，而且能直接消灭大量的病虫；对人、畜、植物安全，不杀伤天敌，选择性强、不污染环境，不会引起害虫的再次猖獗和抗药性的形成，对害虫有长期的抑制作用；生物防治的自然资源丰富，易于开发，且防治成本低。但是，生物防治也存在一定的局限性，如效果比较慢，人工繁殖技术较复杂，受自然条件限制较大，在高虫口密度下使用时不能起到迅速压低虫口的目的。因此，生物防治必须与其他方法相配合，才能取得最佳的防治效果。生物防治包括以虫治虫、以鸟治虫、以菌治虫、以菌治病等。

④物理机械防治　是指利用简单的器械以及物理因素（如光、温度、热能、放射能等）来防治病虫害的方法。物理机械防治措施简单实用，容易操作，见效快，对于一些化学农药难以解决的病虫害而言，往往是一种有效的防治手段。物理机械防治的缺点是费工费时，有一定的局限性。常用方法有人工捕杀、涂毒环、涂胶环、挖障碍沟、纱网阻隔、灯光诱杀、毒饵诱杀、黄板诱杀、植物诱杀、高温处理等。

⑤化学防治　是指用化学农药来防治病、虫、杂草及其他有害生物的方法。化学防治是防治虫害的主要措施，具有收效快、防治效果好、使用方法简单、受季节限制较小、适合大面积使用等优点。但也有着明显的缺点，化学防治的缺点概括起来可称为"3R"问题，

即抗药性(resistance)、再猖獗(rampancy)及农药残留(remnant)。由于长期对同一种害虫使用相同类型的农药,使得某些害虫产生了不同程度的抗药性;由于用药不当杀死了害虫的天敌,从而造成害虫的再度猖獗危害;由于农药在环境中存在残留毒性,特别是毒性较大的农药,易对环境产生污染,破坏生态平衡。常用农药有甲基托布津、多菌灵、百菌清、三唑酮等杀菌剂,吡虫啉、乐斯本、溴氰菊酯、氯氰菊酯、噻嗪酮、阿维菌素等杀虫剂,哒螨酮、噻螨酮、三唑锡等杀螨剂。

(2)病虫害综合治理

园林植物病虫害的防治方法很多,各种方法各有其优点和局限性,单靠其中某一种措施往往不能达到防治的目的,有的还会引起其他不良反应,在病虫害的防治过程中应强调"预防为主,综合治理"。病虫害综合治理是对病虫害进行科学管理的体系。它从园林生态系统的总体出发,根据病虫害与环境之间的相互关系,充分发挥自然因素的控制作用,因地制宜,协调应用各种必要措施,将病虫害的危害控制在经济损失允许的水平之下,以获得最佳的经济效益、生态效益和社会效益,达到"安全、有效、经济、简便"的目的。病虫害综合治理是一种防治方案,它能控制病虫害的发生,避免相互矛盾,尽量发挥有机的调和作用,保持在允许的水平之下的防治体系。

技能训练 4-1　调查归纳校园观赏植物的生态适应类别

1. 目的要求

(1)了解环境因素对观赏植物生长的作用。

(2)熟悉具体植物相对于水分、温度、光照等环境条件的适应类型。

2. 材料准备

调查表、铅笔、手机(带上网和照相功能)等。

3. 方法步骤

(1)从指导教师或植物标牌中获取校园观赏植物和室内观赏植物的名称。

(2)根据植物现地情况,并结合相关资料,确定植物的生态适应类型。

(3)填写表格,制作电子文档。

4. 成果展示

列表记述校园观赏植物的生态适应类型(表4-2)。

表4-2　校园观赏植物的生态适应类型归类表

序号	中名	科名	属名	学名	水分	光照强度	光周期	温度	生境照片
1									
2									
⋮									

练习与思考

1. 名词解释

旱生植物，半耐旱植物，中生植物，湿生植物，水生植物，光饱和现象，光补偿点，光周期，喜光植物，耐阴植物，中性植物，长日植物，短日植物，日中性植物，耐寒花卉，半耐寒花卉，不耐寒花卉，温室花卉，春化作用，非侵染性病害，侵染性病害，设施栽培，植物检疫，栽培防治，生物防治，物理机械防治，化学防治。

2. 填空题

(1) 根系的吸水部位主要在根的尖端，从根尖开始向上约 10mm 的范围内，包括＿＿＿、＿＿＿、＿＿＿、＿＿＿，其中以＿＿＿的吸水能力最强。

(2) 绿色植物利用日光能量，同化二氧化碳(CO_2)和水(H_2O)制造有机物质并释放氧气(O_2)的过程，称为光合作用。＿＿＿、＿＿＿和＿＿＿是光合作用的 3 大重要作用。

(3) 叶片吸收的光以可见光为主，即同化太阳光谱 380~710 nm 区间的能量。太阳光中被叶绿素吸收最多的是＿＿＿，作用也最大，＿＿＿次之。

(4) 植物生长发育都有 3 个温度基本点，即维持生长发育的＿＿＿、＿＿＿和＿＿＿，这三者合称为三基点温度。

(5) 工业废气中所含的有害物质有 400 多种，常见的有 20~30 种，以＿＿＿、＿＿＿、＿＿＿、＿＿＿与＿＿＿等危害比较普遍。

(6) 土壤物理性状是指由土壤质地及结构决定的土壤的＿＿＿性、＿＿＿性、＿＿＿性和＿＿＿性。

(7) 土壤化学性质主要表现在＿＿＿、＿＿＿和＿＿＿3 个方面。

3. 问答题

(1) 极端温度对观赏植物的危害有哪些？

(2) 土壤污染物对观赏植物的危害有哪些？

(3) 水分在植物生命活动中的主要作用表现在哪些方面？

自主学习资源库

(1) 土壤肥料学(第 2 版). 谢德体，蒋先军. 中国林业出版社，2015.

(2) 农业气象学(修订版). 段若溪，姜会飞. 气象出版社，2013.

(3) 中国农药肥料网. http://www.agronf.com/

(4) 中国兴农网. http://nyqx.xn121.com/

(5) 土壤肥料学精品课程. 西南大学，谢德体. http://www.icourses.cn/coursestatic/course_2384.html/

单元 5
观赏植物育苗

【学习目标】

知识目标：

(1) 了解观赏植物繁殖育苗的一些基本概念。

(2) 熟悉植物不同繁殖方法的优缺点。

(3) 掌握不同繁殖方法的技术要点和操作要领。

技能目标：

(1) 能根据植物的类别和栽培目的，选择合适的育苗方法。

(2) 能熟练进行植物的播种育苗、分株育苗、扦插育苗、嫁接育苗和压条育苗。

【案例导入】

学校组织去花木生产基地参观，同学们发现不同类型的植物采用不同的繁殖育苗方法。例如，小灌木一般采用扦插枝条的方式繁殖育苗；培养大树的苗木却要用种子繁殖；一、二年生花卉一般采用播种的方式育苗；有的植物又是将丛生的植株分离，或将植物营养器官的一部分与母株分离而获得新的小苗；还有的将植物体的器官、组织接种于人工配制的培养基上繁育新苗。

请思考其中的原因是什么？

5.1 有性繁殖

植物的有性繁殖也称为种子繁殖，是指利用植物种子培育幼苗的一种繁殖方式。种子繁殖产生的苗木称为实生苗。种子繁殖的优点是：种子来源广，易于大量繁殖；实生苗根系强大、生长旺盛、抗逆性强、寿命长；种子轻便，采收、贮藏、运输及播种等一系列工作简便易行。缺点是：容易产生变异，母本的优良性状不能全部遗传，易于丧失优良种性；木本植物及某些多年生草本植物采用种子繁殖的植株开花结实较晚。

5.1.1 种子的采收与处理

多数观赏植物的采种是在种子完全成熟时进行。种子的成熟通常分为形态成熟与生理成熟，大多数种子的形态成熟是与生理成熟同步的，但有些种子具有生理后熟期，在采收后尚需一段时间才能完全成熟。为了保证种子的质量,应选择生长健壮、无病虫害、无机械损伤的植株作为采种母株,并选择其中生长发育良好且具有品种典型性状的果实为种源,淘汰畸形果、劣变果、病虫果。采种工作切忌提早进行,以免因种子成熟度不够,影响到种子的质量与发芽率。但是,有些具有胎萌现象的植物,采种工作也不能过迟进行,否则,种子可能在母体内萌发。

采种时,大粒种实可在果实开裂时自植株上收集或脱落后立即由地面上收集;小粒、易于开裂的干果类和球果类种子,一经脱落则不易采集,且易遭鸟虫啄食,或因不能及时干燥而易在植株上萌发,从而导致品质下降。生产上一般在果实即将开裂时,于清晨空气湿度较大时采收;开花结实期长,种子陆续成熟脱落的花卉种类,宜分批采收;对于种子不易散落的花卉种类,则可以在全部成熟后,全株拔起晾干脱粒,脱粒后经干燥处理,使其含水量下降到一定标准后贮藏。

种子采收后要及时进行处理。干果类种子采收后,应尽快干燥,连株或连壳晾晒,或覆盖后晾晒,或在通风处阴干(切忌直接暴晒),初步干燥后,再脱粒并采用风选或筛选、去壳、去杂,最后进一步干燥至含水量达到安全标准;肉果类种子因果肉中含有较多的果胶及糖类,容易腐烂,滋生霉菌,并加深种子的休眠,故果实采收必须及时,肉质果采收后,先在室内放置几天使种子充分成熟,腐烂前用清水将果肉洗净,或将果肉短期发酵(21℃下4d)后清洗,清洗好的种子应及时干燥。

5.1.2 种子寿命与贮藏

(1) 种子寿命

母体植株上的种子达到完全生理成熟时,具有最高的活力。采收后,随着贮藏时间的推移,其生活力逐渐衰退,直至死亡。所谓种子寿命,是指种子生活力在一定的环境条件下所能保持的最长期限。一批种子的寿命是指一个种子群体的生活力从种子收获降低到50%所经历的时间,即种子群体的平均寿命,又称种子的"平活期"。种子的寿命因植物种类的不同而不同,可以是几个星期,也可以长达很多年。种子寿命的长短除与遗传特性和发育是否健壮有关外,还会受环境因素的影响。种子的含水量是影响种子寿命的重要因子,常规贮藏过程,大多数种子在含水量为5%~6%时寿命最长,此外,贮藏环境的空气湿度、温度、氧气也会影响种子寿命,相对湿度通常为30%~60%、温度1~5℃、脱氧的环境能延长种子的寿命。

(2) 种子贮藏

种子贮藏的基本原理是在低温、干燥条件下,尽量降低种子的呼吸强度,减少营养消耗。根据种子性质的不同有以下几种贮藏方法:

①室温干藏 即将自然风干的种子装入纸袋、布袋或纸箱中,室温下置于通风处贮藏,通常可贮藏几周或几个月,稍低温度下贮藏时间更长,适于多数观赏苗木的生产性种子及硬实的贮藏。

②低温及密封干藏 将干燥至安全含水量(10%~13%)的种子置于密封容器中于0~

5℃的低温下贮藏，容器中可放入约占种子重量1/10的吸水剂，常用的吸水剂有硅胶、氯化钙、生石灰及木炭等。

③超干贮藏　将种子含水量降至5%以下，然后真空包装后存于常温库长期贮藏，是目前国内外种子贮藏的新方法。

④层积湿藏　将种子与湿沙（含水15%）按1:3的质量比混合后于0~10℃低温湿藏，适用于生理后熟种子的休眠及一些干藏效果不佳的种子。

⑤水藏法　将某些水生花卉，如睡莲、王莲的种子直接贮藏于水中，保持其发芽力，某些种子也可密封于一定深度的水中进行贮藏。

5.1.3　播种育苗

(1) 种子播前处理

种子萌发所需的水分、氧气和温度三因素是互相联系、互相制约的。如温度、氧气可以影响呼吸作用的强弱，水分可以影响氧气供应的多少。所以，需要根据种子萌发的特性，调节水分、温度、氧气三者之间的关系，使种子萌发向有利方向发展。另外，光照对多数植物种子萌发没有明显影响，有的种子在光照下才能很好地萌发，少数种子在黑暗中才能很好萌发。播前处理的目的是保证种子迅速、整齐地萌发，常用的处理方法有以下3种：

①物理机械处理法　有的种子经过高温干燥处理，种皮龟裂变得疏松多缝，改善了气体交换条件，从而能解除由种皮原因而导致的种子休眠。另外，用适当温度的热水（30℃以下）浸种24~48h，使种子吸水膨胀，阴干后播种；木本植物种子解除休眠需要经过很长时间的低温（≤7.2℃）处理才能完成，一般是将种子与3~8倍的湿河沙（含水量为最大持水量的50%左右）一起堆积于田间或室内，经过2~3个月种子完成后熟作用后，便可以用于田间播种；针对种子被蜡、胶质的情况，可用草木灰过滤液浸种、揉搓以去除蜡、胶质，用热水浸泡后，可使此类种子的种皮软化、吸水，易于萌发；对于种皮厚硬的种子，可以采用刻伤种皮，或者挫去部分种皮的方法处理。

②化学物质处理法　可用浓硫酸、硼酸、盐酸、碘化钾、硝酸铵、硝酸钙、硝酸锰、硝酸镁、硝酸铝、亚硝酸钾以及硫酸钴、碳酸氢钠、氯化钠、氯化镁等能刺激种子提前解除休眠和促进发芽作用的无机化学药物处理，或者用硫脲、尿素、胡敏酸钠、甲醛、乙醇、丙酮、对苯二酚、甲基蓝、羟胺、丙氨酸、谷氨酸、反丁烯二酸、苹果酸、琥珀酸、酒石酸、2-氧戊二酸等有机化学药物处理，也可以从一定程度上打破休眠、刺激种子发芽。

③植物生长调节剂处理法　主要利用赤霉素、细胞分裂素、乙烯利等生长调节剂进行处理。赤霉素可以部分取代种子发芽对潮湿、低温的要求，能显著地打破休眠，提高发芽力，同时也可以代替红光促进某些需光种子的萌发；细胞分裂素对解除内源激素脱落酸（ABA）抑制发芽的能力比赤霉素强得多，尤其对裸胚的作用更强；乙烯利是解除某些种子休眠和促进发芽的有效植物生长物质之一。

(2)播种育苗技术要点

①播种时期　根据种子播种时期的不同可分为春播和秋播，春播从土壤解冻后开始，秋播多在8~9月至初冬土壤封冻时为止。一般来说，一年生露地花卉、宿根草本花卉、水生花卉和大多数木本花卉采用春播；二年生露地花卉采用秋播。温室蔬菜和花卉没有严格的季节限制，常根据需要而定，定植期减去苗龄，即可向前推算播种日期。亚热带和热带地区可全年播种，随采随播。

②播种方法　有撒播、条播、点播等方式。小粒种子一般多撒播，大粒种子可点播。无论哪种方式，播种都应均匀。

③苗床准备　选择通风向阳、排水良好的肥沃土壤设置苗床，播种前整平苗床床土，用喷壶浇足"底水"，使床土6~10cm土层湿润，底水不可过大，以免引起土壤板结，但床土过干也会影响出苗。

④覆土　播种后应立即覆盖一层土或基质，即"盖籽土"，以保持床土水分，防止过分蒸发，同时还有助于子叶脱壳出苗。覆土厚度根据种子大小、气候条件和土壤性质而定，总的原则是在发芽过程中保证种子能吸足水分，即在种子周围土壤保持湿润的前提下，宜浅不宜深。一般为种子横径的2~5倍，砂土比黏土要适当深播，秋、冬播种要比春季播种稍深。

⑤播后管理　播种后的管理应注意以下环节：

- 密切注意土壤湿度的变化，如发现表土过干，影响种子发芽出土，应适时喷水，使表土经常保持湿润状态，为幼苗正常生长创造良好条件。
- 当种子拱土时，要及时去掉覆盖物，以保证幼苗正常出土，去除覆盖物宜在下午进行，以避免强光直射灼伤死苗。
- 幼苗出土后要适时松土和除草。
- 当幼苗大部分长到2片真叶时，要及时进行间苗移栽，移栽前2~3d要灌透水，以利于在移苗时根系带土易成活，移苗后要及时灌水。
- 在幼苗生长过程中，要注意灌水和施肥，及时防治病虫害。

5.2　无性繁殖

无性繁殖又称为营养繁殖，是利用植物营养器官的一部分繁殖新个体的方法。用无性繁殖产生的后代群体称为无性系或营养系，在观赏植物生产中具有重要意义。与有性繁殖相比，无性繁殖育苗速度快，可以获得较大植株，且生长速度快、开花结果早，能保持母体的优良特性；缺点是繁殖系数小、植株根系较浅，适应性不强，寿命短。无性繁殖主要有分生繁殖、扦插繁殖、嫁接繁殖、压条繁殖和组织培养等类型。

5.2.1　分生繁殖

分生繁殖是将丛生的植株分离，或将植物营养器官的一部分与母株分离，另行栽植而形成新植株的繁殖方法。优点是所产生的新植株能保持母株的遗传性状,方法简便,易成活,成苗较快;缺点是繁殖系数较低,切面较大,易感染病虫害。根据植株营养器官的来源和类型可分为分株繁殖和分球繁殖2类。

(1) 分株繁殖

分株繁殖一般用于能够产生根蘖、匍匐茎或吸芽的植物种类的繁殖。根据萌发枝的来源又可以分为以下5类。

① 分根蘖 春兰、萱草、樱桃、李、石榴、海棠果、万年青等物种的根系在自然条件或外界刺激下可以产生大量的不定芽,当这些不定芽萌发出新的枝条后,连同根系一起剪离母体,成为一个独立植株。这种繁殖方式所产生的幼苗称为根蘖苗。为了促进根蘖苗的发生,可以结合秋冬施肥,将树冠外围部分的骨干根切断,然后施以肥水,促使根蘖的大量发生。

② 分吸芽 某些植物根际或地上茎的叶腋间自然发生的短缩、肥厚呈莲座状的短枝,其下部可自然生根,可从母株上分离而另行栽植。在根际发生吸芽的有芦荟、景天等,在地上茎叶腋间发生吸芽的有凤梨类。

③ 分走茎或匍匐茎 虎耳草、吊兰等叶腋间能长出一段较长的不贴地面的变态茎,称为走茎。走茎的节上也能产生不定根和叶簇,分离后栽植即可成为新植株。匍匐茎与走茎相似,但节间稍短,横走地面并在节处生不定根和芽,多见于禾本科、棕榈科、百合科、芭蕉科植物,夏末秋初,将匍匐茎剪断,即可得到独立的幼苗。

④ 分根颈 由茎与根的交界处产生分枝,草本植物的根颈是植物每年生长新枝条的地方,如八仙花、荷兰菊、玉簪;木本植物的根颈产生于根与茎的过渡处,如蜡梅、紫荆、结香。

⑤ 分珠芽或零余子 珠芽和零余子是某些植物所具有的特殊形式的芽,生于叶腋(如卷丹、薯蓣)或花序(如葱类)上,脱离母株自然落地后即可生根,长成新的植株。

(2) 分球繁殖

分球繁殖是指利用具有贮藏作用的地下变态器官(或特化器官)进行繁殖的方法。根据变态的器官类型分为以下5类:

① 分球茎 有的植物地下变态茎短缩肥厚而呈球状,老球侧芽萌发基部形成新球,新球旁常生子球。繁殖时可直接用新球和子球栽植,也可将较大的新球茎切分成数块(每块具芽)栽植。唐菖蒲、香雪兰和慈姑等可用此法繁殖。

② 分鳞茎 有些植物的变态地下茎有短缩而扁盘状的鳞茎盘,上面着生肥厚的鳞叶,鳞叶之间发生腋芽,每年可从腋芽中形成1个或数个子鳞茎从老鳞茎分出。生产上可将子鳞茎分出栽种而形成新植株,如水仙、郁金香等。

③ 分块茎 有的多年生植物变态地下茎近于块状,根系自块茎底部发生,块茎顶端通常具几个发芽点,块茎表面也分布着一些芽眼,内部着生侧芽,可将块茎直接栽植或切分成块繁殖。如仙客来、彩叶芋、球根秋海棠、马蹄莲等。

④ 分根茎 鸢尾、美人蕉、竹类等地下茎呈根状,其上含有节和节间,节上腋芽可以发育成枝条,基部可以产生不定根,将根茎切成数段分别繁殖,可以培育出新的幼苗。

⑤ 分块根 大丽花、花毛茛等植物的不定根或侧根经过增粗生长,形成肉质化的块

根。块根含有大量的营养物质，还能发生不定芽。将整个块根或其切块埋置于土中，可以形成新的植株。

分球繁殖中需要切割母球的，切下的小块在培育之前一般需要晾干，或在切口处涂抹草木灰或硫黄粉，以防止病菌感染。

5.2.2 扦插繁殖

扦插繁殖是指人为剪取植株的部分营养器官（如根、茎或叶），插入土壤或其他育苗基质（包括水、空气）中，在适宜的环境条件下培育成完整植株的方法。通过扦插繁殖所得到的苗木称为扦插苗。与分生繁殖相比，扦插繁殖的繁殖系数更大，但有些种类不易生根。

(1) 扦插的种类与方法

①枝插 以带 2~4 个芽的枝条(茎)为插穗的扦插方法，也是应用最广泛的一种方法。根据扦插时间和枝条木质化程度的不同可分为软枝扦插、半硬枝扦插、硬枝扦插 3 种。

嫩枝扦插：又叫绿枝扦插、软枝扦插。是利用当年生发育充实的绿色枝条作插穗进行扦插育苗，因嫩枝中生长素含量高，组织幼嫩，分生组织活跃，顶芽和叶子有合成生长素与生根素的作用，可促进产生愈伤组织和生根，容易成活。嫩枝扦插一般在夏季进行，如金叶女贞、毛叶丁香、红叶石楠、紫叶小檗等，都可以在夏季进行嫩枝扦插。

插穗一般保留 1~4 个节，长度 5~10cm，插穗下切口位于叶或腋芽之下以利于生根，上端则保留顶梢。为减少阔叶树种的水分蒸腾，适当摘除插穗下部的叶片，上部的叶片则必须保留，若叶片过大可再将留下的叶片剪掉 1/3~1/2，针叶树的针叶可以不去掉。插穗入土深度以其长度的 1/3~1/2 为宜。插穗一般随采随插，不宜贮藏，多汁液的枝条应使切口干燥半日至数日后扦插，以防止切口腐烂。嫩枝扦插后需要适度遮阴和保持湿度，使床面经常保持湿润状态和一定的空气湿度。嫩枝扦插的苗床基质最好在扦插前进行消毒。

半硬枝扦插：选用当年生的半木质化枝条作为插穗，多用于常绿、半常绿的温室木本花卉。扦插方法与软枝扦插相同，插穗入土深度以其长度的 1/3~2/3 为宜。

硬枝扦插：选取 1~2 年生完全木质化的休眠枝条作为插穗，多用于落叶木本及针叶树。将枝条剪成长 10~20cm、带 2~3 个芽的插穗，入土深度为插穗长的 2/3。不同树种的插穗剪取的长度各异，易生根者可适当短一些。插穗上切口为平口，以距离最上面一个芽 1cm 为宜(干旱地区可为 2cm)。如果距离太短，则插穗上部易枯，影响发芽，下剪口在靠近节处削成单斜面切口、平口或双斜切口。

②根插 截取植物的根段作为插穗。该法只适用于根系容易产生不定芽的植物的繁殖，如泡桐、刺槐、香椿、枣等。选取粗 0.5~1.5cm 的一年生根为插穗，将其截成 15~20cm 的根段，上切口为平口，下切口为斜形，于春季扦插，将其直立或斜插埋入土中，根上部与地面基本持平，表面覆盖 1~3cm 厚的锯末或覆地膜，经常浇水保湿。对于剪秋罗、宿根福禄考等根段较细的草本植物，可把根剪成 3~5cm 长，撒播于苗床，覆盖 1cm 厚的砂土，保持湿润，待不定芽发生后移植。

③叶插 是以叶片或带叶柄叶片为插材，扦插后通常在叶柄、叶缘和叶脉处形成不定

芽和不定根，最后形成新的独立个体的繁殖方法。这种方法适用于虎尾兰属、秋海棠属、景天科、胡椒科等具粗壮叶柄、叶脉或肥厚叶片的观赏植物。根据所取叶片的完整性可分为全叶插和片叶插2种。叶插后的管理基本同嫩枝扦插。

全叶插：插材为完整叶片，根据扦插方法的不同又可分为直插法和平置法2种。直插法是将叶片的叶柄部分插入基质中，叶片直立，最后叶柄基部发生不定根和不定芽，如大岩桐、非洲紫罗兰、豆瓣绿、球兰等。平置法则是将叶片去柄，用刀将叶片上的粗壮叶脉切断数处，平铺于基质上面，用竹针等插入叶片以使叶片背面与基质密切接触，在每个切断处发生幼小植株，如秋海棠属和景天科的植物。

片叶插：通常采用直插法，即将一个叶片切成数块，每一块直立于基质中，一般在下切口处生根长芽，最后形成新植株，如虎尾兰、蟆叶秋海棠等。

(2) 促进生根的方法

①机械处理

剥皮：对于木栓组织比较发达的枝条，或较难生根的木本园艺植物品种，扦插前可将表皮木栓层剥去（勿伤到韧皮部），剥皮后能增强插条皮部吸水能力，幼根也容易长出。

纵伤：用利刀或手锯在插条基部1~2节的节间处刻划5~6道纵切口，深达木质部，可促进节部和茎部断口周围生根。

环剥：在取插条前15~20d，将母株上准备采用的枝条基部剥去宽1.5cm左右的一圈树皮，在其环剥口长出愈合组织而又未完全愈合时，即可剪下进行扦插。

②黄化处理　又称为软化处理、白化处理，对不易生根的枝条在其生长初期用黑纸、黑布或黑色塑料薄膜等包扎基部，使之变白、变黄、软化，可促进生根。由于黄化处理耗时费事，在生产上应用还很成问题，但对于生根困难的特殊树种的扦插繁殖，确实是有效的方法。

③浸水处理　休眠期扦插，插前将插条置于清水中浸泡12h左右，使之充分吸水，达到饱和生理湿度，插后可促进根原始体形成，提高扦插成活率。

④加温催根处理　扦插时气温高、土温低，会导致插条先发芽，难以生根而干枯死亡，是扦插失败的主要原因之一。为此，可人为地提高插条下端生根部位的温度，降低上端发芽部位的温度，使插条先生根后发芽。目前常用的方法是电热温床催根。

⑤药物处理　扦插前应用人工合成的各种植物生长调节剂对插条进行处理，不仅生根率、生根数和根的粗度、长度等都有显著提高，而且苗木生根期缩短，生根整齐。常用的植物生长调节剂有吲哚丁酸(IBA)、吲哚乙酸(IAA)、萘乙酸(NAA)、2,4-D和2,4,5-TP等。使用方法有涂粉法和液剂浸渍法。液剂浸渍法分高浓度（500~1000mg/L）和低浓度（5~200mg/L）2种，低浓度溶液浸泡插条4~24h，高浓度溶液快蘸5~15s。此外，ABT生根粉是多种生长调节剂的混合物，是一种高效、广谱性促根剂，可应用于多种园艺植物的扦插促根。

5.2.3　嫁接繁殖

将优良植物品种的芽或枝条转接到另一个植株个体的茎或根上，并使之愈合成为新的独立植株的技术称为嫁接。嫁接过程中，被嫁接的植株部分如果是芽，则称为接芽；如果是茎段，则称为接穗。接受接穗（芽）的植株，称为砧木。砧木可以是根段，也可以是幼苗，还可以是大树。通过嫁接方法培育产出的幼苗，称为嫁接苗。嫁接繁殖具有保持接穗优良特性，提早开花结实，根系强壮，适应性强等优点。但嫁接繁殖也具有技术要求高、操作复杂、接口处容易形成瘤状等缺点。

(1) 影响嫁接成活的因子

①砧木与接穗的亲和力　嫁接亲和力是指砧木和接穗经嫁接能愈合并正常生长的能力。具体来说，是指砧木和接穗内部组织结构、遗传和生理特性的相识性，嫁接能否成功，最基本的条件就是亲和力。亲和力越强，嫁接愈合性越好，成活率越高，生长发育越正常。亲和力强弱，取决于砧、穗之间亲缘关系的远近，一般亲缘关系越近，亲和力越强。同种或同品种间亲和力最强，同属不同种间的亲和力较不同科不同属的强。此外，砧、穗的组织结构、代谢状况及生理生化特性与嫁接亲和力的强弱也有很大关系。

②嫁接的时期和环境条件　嫁接的时期主要与气温、土温及砧木与接穗的活跃状态有密切的关系。要根据树种特性，选择适期嫁接。嫁接时一般以 20~25℃ 为宜，接口保持较高的湿度和避光处理有利于愈伤组织的形成。此外，愈伤组织的生长需要充足的氧气，因而要用透气而不透水的聚乙烯膜封扎嫁接口和接穗。

③砧、穗质量　接穗和砧木发育充实，贮藏营养物质较多时，嫁接较易成活。

④嫁接技术　嫁接时，要求快、平、准、紧、严，即动作速度要快，削面要平，形成层要对准，包扎捆绑要紧，封口要严。

(2) 嫁接种类及方法

根据嫁接过程中所用材料的不同，嫁接可以分为枝接、芽接和根接 3 类。

①枝接　把带有数芽或 1 芽的枝条接到砧木上称为枝接。枝接的优点是成活率高，嫁接苗生长快。在砧木较粗、砧穗均不离皮的条件下多用枝接；枝接的缺点是操作技术不如芽接容易掌握，而且用的接穗多，砧木要求有一定的粗度。常见的枝接方法有切、劈、舌接、腹接和插皮接等。

切接：此法适用于根颈粗 1~2cm 的砧木坐地嫁接，是枝接中常用的方法。接穗通常长 5~8cm，以具 3~4 个芽为宜，先把接穗下部削成一长一短 2 个削面，长面在侧芽的同侧，削掉 1/3 以上的本质部，长 3cm 左右，在长面的对面削一马蹄形小斜面，长度在 1cm 左右。然后在离地面 3~4cm 处剪断砧木干，选砧皮厚、光滑、纹理顺的地方，把砧木切面削平，然后在本质部的边缘向下直切，切口宽度与接穗直径相等，一般深 2~3cm。再把接穗大削面向里，插入砧木切口。使接穗与砧木的形成层对准靠齐。如果两边不能都对齐，也可对齐一边。最后用塑料薄膜条绑扎紧，要将劈缝和截口全都包严实，注意绑扎时不要碰动接穗（图 5-1）。

劈接：是一种古老的嫁接方法，对于较细的砧木也可采用，也很适合于果树高接。先将接穗削成楔形，有 2 个对称削面，长 3~5cm，接穗的外侧应稍厚于内侧。削接穗时，应用左手握稳接穗，右手推刀斜切入接穗，推刀用力要均匀，前后一致，要保持推刀方向与下刀方向一致，使削面平滑。然后将砧木在嫁接部位剪断或锯断，截口的位置很重要，要使留下的树桩表面光滑，纹理通直，至少在上下6cm内无伤疤，否则劈缝不直，再用劈刀在砧木中心纵劈1刀，使劈口深3~4cm，用劈刀的楔部把砧木劈口撬开，将接穗轻轻地插入砧木内，使接穗厚侧面在外，薄侧面在里，然后轻轻撤去劈刀。插接穗时要特别注意将砧木形成层和接穗形成层对准。插接穗时不要把削面全部插进去，要外露0.5cm左右的削面，这样接穗和砧木的形成层接触面较大，又利于分生组织的形成和愈合。较粗的砧木可以插2个接穗，一边1个，最后用塑料薄膜条绑扎紧即可（图5-2）。

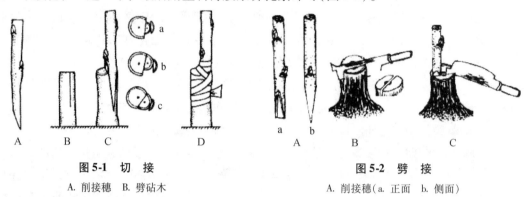

图5-1 切 接
A. 削接穗 B. 劈砧木
C. 插接穗（形成层接合断面：a. 不能成活 b. 尚可 c. 最佳）
D. 绑扎

图5-2 劈 接
A. 削接穗（a. 正面 b. 侧面）
B. 劈砧木 C. 插接穗

舌接：一般适宜砧木径粗1cm左右，并且砧、穗粗细大体相同的嫁接。先在接穗下芽背面削成约3cm长的斜面，然后在削面由下往上1/3处，顺着枝条往上劈，劈口长约1cm，呈舌状。砧木也削成3cm左右长的斜面，斜面由上向下1/3处，顺着砧木往下劈，劈口长约1cm，和接穗的斜面部位相对应。把接穗的劈口插入砧木的劈口中，使砧木和接穗的舌状交叉起来，然后对准形成层，向内插紧。如果砧穗粗度不一致，形成层对准一边即可（图5-3）。

腹接：又称腰接，即在砧木腹部的枝接。不在嫁接口处剪截砧木，或仅剪去顶梢，待成活后再剪除上部枝条。接穗留2~3个芽，与顶端芽的同侧作为长削面，长2~2.5cm，对侧作为短削面，长1.0~1.5cm（类似于切接接穗的削面）。在砧木嫁接部位，选择平滑面，自上而下斜切一刀，切口与砧木约成45°角，深达木质部，约为砧木直径的1/3，将接穗长削面与砧木内切面的形成层对准后再插入切口，用塑料薄膜条包扎嫁接口即可（图5-4）。

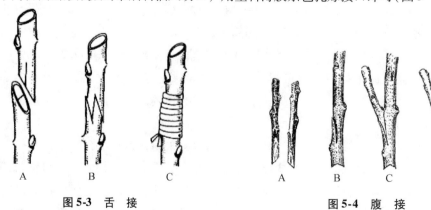

图5-3 舌 接
A. 削接穗和砧木 B. 插接穗 C. 绑扎

图5-4 腹 接
A. 削接穗 B. 劈砧木 C. 插接穗 D. 绑扎

插皮接：又称皮下接，砧木易离皮时采用此法。将接穗基部与顶端芽同侧的一面削成长 3cm 左右的单面舌状削面，在其对面下部削去 0.2~0.3cm 的皮层形成一小斜面。在嫁接部位将砧木剪断，削平切口，用与接穗削面近似的竹签自形成层处垂直插下，取出竹签后插入刚削好的接穗，接穗的削面应微露，然后用塑料薄膜条绑缚(图5-5)。

靠接：把砧木吊靠在采穗母株上，选双方粗细相近且平滑的枝干，各削去枝粗的1/3~1/2，削面长 3~5cm，将双方切口形成层对齐，用塑料薄膜条扎紧，待两者的接口愈合成活后，剪断接穗母株的枝干，并剪掉砧木的上部，即成一株新植株(图5-6)。

②芽接　用 1 个芽片作接穗的嫁接方法称为芽接。优点是操作方法简便，嫁接速度快，砧木和接穗的利用经济，1 年生砧木苗即可嫁接，且容易愈合，接合牢固，成活率高，成苗快，适用于大量繁殖苗木。适宜芽接的时期长，且嫁接当时不剪断砧木，1 次接不活，还可进行补接。

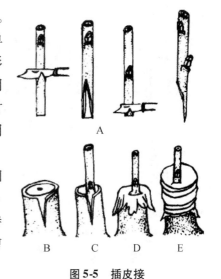

图 5-5　插皮接

A. 削接穗　B. 劈砧木　C. 插接穗
D. 塑料布封口　E. 绑扎

T 形芽接：因砧木的切口很像字母"T"，称为 T 形芽接，又因削取的芽片呈盾形，故又称为盾形芽接。T 形芽接是在树木育苗上广泛应用的嫁接方法，也是操作简便、速度快和嫁接成活率最高的方法。芽片长 1.5~2.5cm，宽 0.6cm 左右；砧木直径在 0.6~2.5cm 之间，砧木过粗、树皮增厚反而影响成活。选接穗上的饱满芽，先在芽上方 0.5cm 处横切一刀，切透皮层，横切口长 0.8cm 左右。再在芽以下 1~1.2cm 处向上斜削一刀，由浅入深，深入木质部，并与芽上的横切口相交，抠取盾形芽片。然后在砧木距地面 5~6cm 处，选一光滑无分枝处横切一刀，深度以切断皮层达木质部为宜，再于横切口中间向下竖切一刀，长 1~1.5cm。再用芽接刀尖将砧木皮层挑开，把芽片插入 T 形切口内，使芽片的横切口与砧木横切口对齐嵌实。最后用塑料薄膜条捆扎，先在芽上方扎紧一道，再在芽下方捆紧一道，然后连缠三四道，系活扣。注意露出叶柄，露不露芽均可(图5-7)。

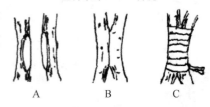

图 5-6　靠　接

A. 削接穗和砧木　B. 接合　C. 绑扎

嵌芽接：对于枝梢具有棱角或沟纹的树种，或其他植物材料砧木和接穗均不离皮时，可用嵌芽接法。用刀在接穗芽的上方 0.8~1cm 处向下斜切一刀，深入木质部，长约 1.5cm，然后在芽下方 0.5~0.6cm 处斜切呈 30°角，与第一刀的切口相接，取下倒盾形芽片。砧木则自上

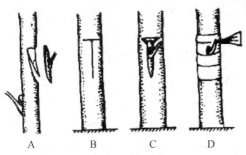

图 5-7　T 形芽接

A. 取芽　B. 切砧　C. 装芽片　D. 绑扎

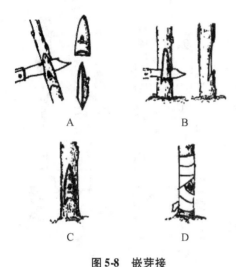

图 5-8 嵌芽接

A. 取芽　B. 切砧　C. 装芽片　D. 绑扎

而下平行切下，不能全部切掉，下部留 0.5cm 左右，插入芽片后将此部分贴到芽片上绑紧（图 5-8）。

方形芽接：在接穗芽的上下各 0.6~1.0cm 处横切 2 个平行刀口，再在距芽左右各 0.3~0.5cm 处纵切两刀，切成长 1.8~2.5cm，宽 1.0~1.2cm 的方块形芽片。按照接芽上下口距离，横割砧木皮层深达木质部，偏向一方（左方或右方）竖割一刀，掀开皮层。将接芽芽片取下，放入砧木切口中，使之对齐纵切的一边，然后纵切另一方的砧木皮，使上下左右切口都紧密对齐，立即用塑料薄膜条包紧（图 5-9）。

环形芽接：又叫套芽接。先在接穗芽的上方 0.8~1.0cm 处剪截，再在芽的下方 0.8~1.0cm 处环割一刀深达木质部，扭下管状芽套。将粗度与接穗近似的砧木剪去枝条上部，留至欲嫁接部位，将皮层向下剥开，套上芽套向下推至紧密为度，再将剥下的砧木皮向上拢住芽套，立即用塑料薄膜条绑紧。如不剪砧木，可按照接穗芽套的长度在砧木上环剥，然后将接芽套纵切开，套在砧木环剥部分包扎即可（图 5-10）。

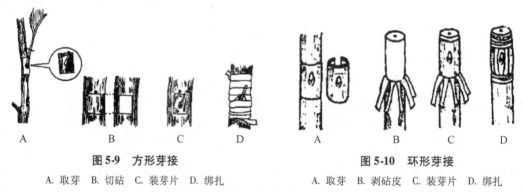

图 5-9 方形芽接

A. 取芽　B. 切砧　C. 装芽片　D. 绑扎

图 5-10 环形芽接

A. 取芽　B. 剥砧皮　C. 装芽片　D. 绑扎

③根接 根接以根系作砧木，在其上嫁接接穗。用作砧木的根可以是完整的根系，也可以是 1 个根段。如果是露地嫁接，可选取生长粗壮的根在平滑处剪断，用劈接、插皮接等方法。也可将粗度在 0.5cm 以上的根系，截成 8~10cm 长的根段，移入室内，在冬闲时用劈接、切接、插皮接、腹接等方法嫁接。若砧根比接穗粗，可把接穗削好插入砧根内，若砧根比接穗细，可把砧根插入接穗内。接好绑缚后，用湿沙分层沟藏，于早春植于苗圃。

(3) 嫁接苗的管理

对于木本植物来说，嫁接后的管理相对简单，需要及时检查成活率（芽接后 7~14d，枝接后 20~30d），适时补接，解除绑缚物、剪砧、除萌蘖以及苗圃内整形等。对于草本植物而言，由于嫁接所用的砧木接穗都处于生长状态，而且许多嫁接苗将用于设施条件下的生产栽培，因而嫁接后加强温度、湿度、光照等环境控制是嫁接成功的关键。

5.2.4 压条繁殖

压条繁殖，是指将花卉植株的枝条埋入湿润土中，或用其他保水物质（如苔藓）包裹枝条，创造黑暗和湿润的生根条件，待其生根后与母株割离，使其成为新的植株的繁殖方法。优点是能使一些扦插难以生根的花卉获得自根苗，且容易成活，还能保持原有母株的特性；缺点是繁殖系数较低。

(1) 普通压条

将母株近地 1~2 年生枝条向四方弯曲，于下方刻伤后压入坑中，用钩固定，培土压实，枝稍垂直向上露出地面并插缚一支持物（图 5-11A）。适用于枝蔓柔软或近地面处有较多易弯曲枝条的树种。

(2) 水平压条

水平压条又称连续压、掘沟压，春季时在树旁掘约 5cm 深的浅沟，按适当间隔刻伤枝条并水平固定于沟中，除去枝条上向下生长的芽，填土。待生根萌芽后在节间处逐一切断，每株苗附有一段母体（图 5-11B）。适用于枝条较长且易生根的树种。

(3) 波状压条

将枝蔓下弯成波状，着地的部分埋压土中，待其生根和突出地面部分萌芽并生长一定时期后，逐段切成新植株（图 5-11C）。适用于枝蔓特别长的藤本植物。

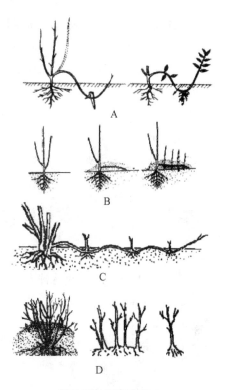

图 5-11 压条方法
A. 普通压条　B. 水平压条
C. 波状压条　D. 堆土压条

(4) 堆土压条

将根颈部枝条基部刻伤后堆土埋压，待生根后，分切成新植株（图 5-11D）。适于根颈部分蘖性强或呈丛状的树种。

(5) 空中压条

选 1~3 年生枝条，环剥 2~4cm，刮去形成层或纵刻成伤口，用塑料布、对开的竹筒、瓦罐等包合于割伤处，紧绑固定，内填苔藓或肥土，常浇水保湿，待生根后切离成新植株（图 5-12）。适用于高大或不易弯曲的植株，多用于名贵树种。

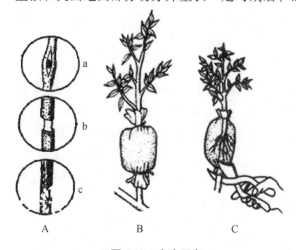

图 5-12 空中压条
A. 枝条处理（a. 中间劈开　b. 环剥　c. 刻伤）
B. 包裹　C. 剪离

5.2.5 组织培养

植物组织培养是指通过无菌操作，把植物体的器官、组织或细胞(即外植体)接种于人工配制的培养基上，在人工控制的环境条件下培养，使之生长、发育成植株的繁殖方法。由于培养物是脱离植物母体，在试管中进行培养的，所以也称为离体培养。通过组织培养获得的小苗，称为组培苗。组织培养育苗的优点是繁殖速度快，种苗整齐一致，特别是对于难繁殖的园艺植物的名贵品种、稀有种质的繁殖推广具有重要意义；占用空间小，一间 $30m^2$ 的培养室可以同时繁殖几万株种苗；可以培养脱毒种苗。缺点是对技术和设备的要求较高，炼苗难，移栽成活率较低。

技能训练 5-1 观赏植物播种育苗

1. 目的要求

掌握草本花卉的盆栽播种方法与技术。

2. 材料准备

(1)草本花卉(孔雀草、凤仙花、金鱼草、一串红、万寿菊等)。

(2)五氯硝基苯、敌克松、多菌灵等常用杀菌剂。

(3)花铲、花洒、营养钵(黑色聚乙烯 15×15cm)及栽培基质(经消毒处理的疏松肥沃的壤土或砂质壤土)。

3. 方法步骤

(1)播种床准备：用瓦片凸面朝上盖住播种盆的排水孔，填入约 2cm 厚的粗粒土，以利于排水，随后填入培养土至八成满，拔平轻轻压实，待用。

(2)浸种处理：可用常温水浸种一昼夜，或用温热水(30~40℃)浸种几小时，然后除去漂浮杂质以及不饱满的种子。取出种子进行播种。太细小的种子勿需经过浸种这一步骤。

(3)播种：①细小种子如金鱼草等可参混适量细沙撒播，然后用压土板稍加镇压；②其他种子如凤仙花、一串红、万寿菊、鸡冠等可用手均匀撒播，播后用细筛筛一层培养土覆盖，以不见种子为度；③每组播种 120 粒，分 6 个黑色聚乙烯营养钵播种，每钵 20 粒。

(4)淋水：采用"盆浸法"，将播种盆放入另一较大的盛水容器中，入水深度为盆高的一半，由底孔徐徐吸水，直至营养土全部湿润。播细粒种子时，可先让盆土吸透水，再播种。

(5)播后管理：播种盆宜放在通风、没有阳光直射以及不受暴雨冲刷的地方。盆面上覆盖上玻璃片或者塑料薄膜以保持湿润，不必每天淋水，但要每天翻转玻璃片，湿度太大时要将玻璃片架起一侧以透气。草花种子一般 3~5 d 或 1~2 周即萌动，这时要及时除去覆盖物，间苗，并加强水分管理。

4. 成果展示

提交播种育苗管理观察记录表(表5-1),统计发芽率和成苗率(成苗率=单位面积苗数/单位面积播种粒数×100%)。

表 5-1 播种育苗管理观察记录表

花种名称： 播种方式： 种子粒数：

日期	白天平均温度	夜晚平均温度	发芽数	成苗数	间苗数

技能训练 5-2 观赏植物扦插育苗

1. 目的要求

(1)掌握扦插育苗的方法及技术要求,了解影响插穗成活的内在因素。

(2)了解插穗的采集、切制及贮藏方法。

2. 材料准备

(1)插穗(红叶石楠、红花檵木、金叶女贞等观赏植物插穗材料)。

(2)NAA、IBA、生根粉。

(3)条剪、枝剪、天平、量筒、喷水壶、塑料薄膜、盆、皮尺、钢卷尺、竹棒。

3. 方法步骤

(1)采条:选生长健壮、无病虫害、品质优良的母树,在其上采集健壮的1年生枝或近根颈处1~2年生的萌芽条作插穗。软枝扦插以采集生长季的半木质化枝条为宜。

(2)插穗切制:将粗壮、充实、芽饱满的枝条,剪成5~20cm的插条,每个插条上带2~3个发育充实的芽,上切口距顶芽0.5~1cm,下切口靠近下芽,上切口平剪,下切口斜剪。

(3)插穗的处理:为了促进插穗生根,提早发根,提高成活率,可以用NAA、IBA或生根粉等处理。目前常用NAA处理插穗,常用方法是快浸和慢浸。将切制好的插穗50根或100根捆成1捆(注意上、下切口方向应一致),竖直放入配制好的溶液中,浸泡深度2~3cm,浸泡时间12~24h,浸泡浓度为50ppm;或用250ppm浓度蘸2~3s。

(4)扦插:插穗与地面垂直,插穗入土深度为插穗长度的1/3~2/3,插穗入土后应充分与土壤接触,避免悬空。

(5)插后管理:扦插后立即浇1次透水,之后保持插床浸润;为防止插条因光照增温,苗木失水,应搭荫棚遮阴降温。

4. 成果展示

提交不同树种扦插成活情况调查记录表(表5-2),总结经验和教训。

表 5-2　不同树种扦插成活情况调查记录表

扦插树种	扦插时期	扦插方法	扦插数量	愈伤数量	愈伤率(%)	生根数量	生根率(%)

技能训练 5-3　观赏植物嫁接育苗

1. 目的要求

(1)掌握嫁接育苗的方法及技术要求。

(2)了解接穗和砧木的选择、采集和处理方法。

2. 材料准备

(1)菊花(接穗)、青蒿(砧木)。

(2)条剪、枝剪、嫁接刀、塑料薄膜、接蜡等。

3. 方法步骤

(1)选砧木:于秋冬或初春到野外寻找青蒿苗,挖回栽于苗床培养。注意青蒿砧木与接穗茎应粗细相近。

(2)砧木整枝:除去部分枝叶,保留嫁接用枝。

(3)用劈接法嫁接:在距主茎 12~15cm 处切断青蒿,用嫁接刀从切断面由上而下纵切一刀;将菊花接穗修成楔形,插入青蒿枝纵切口,使其形成层吻合,用塑料薄膜条等绑扎接口处,遮阴、保湿;青蒿枝保留 1~2 片叶子,待愈合后再摘去。

4. 成果展示

完成嫁接成活情况记录表(表5-3),总结经验和教训。

表 5-3　嫁接成活情况调查记录表

砧木种类	接穗品种	嫁接时期	嫁接方法	嫁接数量	成活数量	成活率(%)

练习与思考

1. 名词解释

实生苗,组培苗,营养繁殖,分生繁殖,分株繁殖,分球繁殖,扦插繁殖,嫩枝扦插,嫁接繁殖,芽接,枝接,植物组织培养,T形芽接,接穗,砧木。

2. 填空题

(1)种子的成熟通常分为_____与_____,大多数种子这两者都是同步的,但有些种子具有_____,在采收后尚需一段时间才能完全成熟。

(2)依据种子的性质有＿＿＿、＿＿＿、＿＿＿、＿＿＿与＿＿＿5类贮藏方法。

(3)播前处理的目的是保证种子迅速、整齐地萌发，常用的处理方法有＿＿＿、＿＿＿和＿＿＿3类。

(4)植物播种繁殖时，播种方式有＿＿＿、＿＿＿、＿＿＿、＿＿＿等。

(5)根据萌发枝的来源可以将分株繁殖分为＿＿＿、＿＿＿、＿＿＿、＿＿＿与＿＿＿5类；依据变态器官类型可分为＿＿＿、＿＿＿、＿＿＿、＿＿＿与＿＿＿5类。

(6)促进植物扦插生根的方法主要有＿＿＿、＿＿＿、＿＿＿、＿＿＿与＿＿＿五大类。

(7)影响植物嫁接成活的因子包括＿＿＿、＿＿＿和＿＿＿3个方面。

3. 问答题

(1)播种繁殖有哪些优缺点？

(2)分株繁殖有哪些优缺点？

(3)扦插繁殖有哪些优缺点？

(4)嫁接繁殖有哪些优缺点？

(5)压条繁殖有哪些优缺点？

(6)组织培养有哪些优缺点？

自主学习资源库

(1)植物育苗制造技术．郑志新，金亚征，刘社平．化学工业出版社，2010.

(2)植物组织培养．王蒂，陈劲枫．中国农业出版社，2013.

(3)园林植物生产与经营．曾斌．中国林业出版社，2015.

(4)园艺植物栽培学精品课程．华中农业大学，刘永忠．http：//www.icourses.cn/coursestatic/course_6359.html/

(5)植物组织培养技术精品课程．辽宁农业职业技术学院，王振龙．http：//www.icourses.cn/coursestatic/course_4240.html/

单元 6
观赏植物栽培

【学习目标】

知识目标：

(1)了解观赏植物露地栽培的基本程序。

(2)熟悉观赏植物各类栽培设施的功用。

(3)掌握观赏植物露地栽培和设施栽培各个环节的技术要点和操作要领。

技能目标：

(1)能进行观赏植物的露地栽培及管理。

(2)能熟练进行观赏植物的设施栽培及管理。

【案例导入】

去花卉生产基地参观时，细心的同学发现大棚内挂有很多不同类型的灯，听工人师傅介绍说，这是促进植物生长的红光灯，那是调节植物花期的全光灯，那又是诱集害虫的黑光灯。同学们就纳闷了，同样都是灯，为何还有不同的效用？

请思考并分析其中的原理。

6.1 观赏植物露地栽培

6.1.1 整地作畦

整地是观赏植物露地繁殖和栽植前的必要工作。整地可以改变土壤的物理结构，改善土壤的透水、通气条件，有利于土壤微生物的活动，加快有机质的分解和转化，使土壤疏松，便于根系伸展。通过整地还可以清除土壤中的杂草、病菌和其他杂物等。整地的深度根据观赏植物种类及土壤状况而定。通常情况下，砂土宜浅，黏土宜深。如土壤过于瘠薄或土质不良，可将其上层土壤移去，以新土或培养土代替，或施入大量有机肥。一、二年生花卉生长期短，根系浅，一般深耕20cm左右即可满足其正常生长发育的需要；宿根和球根花卉根系较深，需深耕30~40cm。木本观赏植物多以穴植为主，乔木栽植穴宜深，灌木栽植穴宜浅，大苗的穴深为80~100cm，中型苗为60~80cm，小苗为30~40cm。绿篱可开沟栽植，沟深40~50cm。

作畦的目的主要是利于浇水和排水,作畦方式根据地区、地势、植物种类和栽培目的不同而异。雨水较多、地势低洼地区,应以高畦为主,畦面高出地面,两侧设排水沟,沟深20~30cm。雨水较少、地势高燥地区,宜用低畦,畦面较低,两侧为高出畦面的畦埂,埂宽20~30cm,高15~20cm,以利于灌水和排水。畦宽一般为1.2~1.5m,其走向为南北向。

6.1.2 定植

露地栽培的观赏植物,绝大多数均先在苗床育苗,经过移植,最后根据园林设计要求进行定植。移植包括幼苗移植和大树移植。移植时由于主根被切断,可以促进侧根的发生,并能抑制苗期的徒长,增加分枝以扩大着花部位。一般说来,多数种类需移植2次,第一次是从苗床移出来,先栽在苗圃地内,用加大株行距的方法培养大苗;第二次是从苗圃地移出或者出售,或者定植于园林中。移植分起苗和栽植2个步骤。起苗是把幼苗从苗床或圃地挖掘出来,通常可以分为带土球起苗和裸根起苗2种方式。带土球起苗适用于常绿针叶、阔叶植物和一些较难移植成活种类的大苗,土球的大小根据苗木的大小和方便运输而定,大土球要用草绳等包扎。裸根起苗多用于小苗或较易成活种类的大苗,木本植物起苗可将裸根蘸上泥浆,以延长须根的寿命。起苗后如不能立即栽植,要就地假植。

裸根苗栽植时应将根系舒展于穴中,勿使卷曲,然后覆土,定植后需镇压,镇压时压力应均匀向下,不应用力按压茎的基部,以免压伤;带土苗栽植时,填土于土球四周并镇压,不可镇压土球,以免将土球压碎,影响成活和恢复生长。栽植深度应跟移植前的深度相同,若土壤疏松,定植时稍栽深些。栽植完毕后需浇透水。由于移植时必然损伤根系,因此选择在幼苗水分蒸腾量最低时进行,如无风的阴天、傍晚或降雨前。

6.1.3 灌水

露地栽培的观赏植物可以从天然降水中获得一部分水分,但常常不能满足其正常生长发育的需要,尤其是在干旱季节和移植后,灌水就显得更为重要。灌水按其方式不同可分为漫灌、喷灌及滴灌等。

漫灌是将水引入畦面进行畦灌或穴灌,此法设备费用较少,灌水充足,生产上常用,但用水量大,易使土壤板结,土面不平时,易造成水量分布不均。喷灌是将水通过喷头喷成细小的雨滴进行灌溉,此法与地面灌溉相比,省水、省工、占地面积小,又能保水、保肥、保土,地面不易板结,在干热季节,可显著提高空气相对湿度,降低温度,改善小气候,对提高花木质量大为有利,但投资大,不宜大面积使用。滴灌是利用低压管道系统,使灌溉水成滴状,缓慢而经常不断地浸润植株根系活动范围的土壤,必要时可分别给予不同的需水量,此法节约用水,植株间土面干燥,能抑制杂草生长,但投资大,管道与滴头易堵塞,在0℃以下低温时不能使用。

灌水量、灌水时间和灌水次数因季节、土质及植物种类不同而异。就每次的灌水量来说,应以浇透为原则,避免"拦腰水"对根系产生伤害。夏季气温高,蒸发量大,土壤较干旱,灌水次数较多,冬季气温低,蒸发量小,植物进入休眠状态,需水量小,一般可以不浇。黏土的灌水次数宜少,砂土的次数要多。草本花卉和幼苗根系较浅,应勤灌水;木本观赏植物根系分布深,抗旱能力强,灌水次数可相应减少。在一天中,夏季应在早晚灌水,此时水温与土温相差较小,不致影响根系活动,而冬季灌水应在中午前后进行。灌溉水用河水、塘水、湖水、井水或自来水;城市及工厂废水常有污染,对植物有害,未经处理,不宜使用。

6.1.4 施肥

无论是化肥还是有机肥,均不得含有毒物质。商品无机肥,有氮肥如尿素、硝酸铵、硫酸铵、碳酸氢铵,磷肥如过磷酸钙、磷酸二氢钠等,钾肥如硫酸钾、氯化钾、磷酸二氢钾等。此外还有复合肥料,其中氮、磷、钾的百分比可能不同,如肥料袋上标明5-10-10的肥料,为含氮5%、含磷10%、含钾10%。无机肥肥效高,常为有机肥的10倍以上。有机肥来自动植物的遗体或排泄物,如堆肥、厩肥、饼肥、鱼粉、骨粉、屠宰场的废弃物以及制糖残渣等。由于有机肥肥效慢,多作基肥使用。

施肥应在观赏植物需肥或是表现缺肥时进行。植物养分的分配首先是满足生命活动最旺盛的器官,一般生长最快及器官形成时,也是需肥最多的时期。因此,春季应多施氮肥,夏季不宜重施氮肥,否则会促使秋梢生长,入冬前不能成熟老化,易遭冻害。施肥后应随即灌水。在土壤干燥的情况下,还应先行灌水再施肥,以利于吸收并防止伤根。

6.1.5 覆盖

覆盖是将一些对植物生长无害而有益的材料覆盖在圃地上(株间)。它具有防止水土流失、水分蒸发、地表板结、杂草滋生的效果以及调节土温的作用。有机覆盖物在夏季能降低地表温度,秋冬两季覆盖对土壤又有保温作用,给根部创造了一个较稳定的温度环境。覆盖物应是容易获得、使用方便、价格低廉的材料,应因地制宜进行选择。常用的天然覆盖物有堆肥、秸秆、腐叶、松毛、锯末、泥炭藓、树皮、甘蔗渣、花生壳等。覆盖厚度一般为3~10cm。目前还有用黑色聚乙烯薄膜、铝铂片等作覆盖物的。

6.1.6 松土除草

在降雨或浇水后,土壤易板结,不利于根系的生长,杂草生长速度反而较快,与观赏植物争夺水分、养分及阳光,所以要及时松土除草,使表土疏松,减少水分蒸发,增加土温,使土壤内空气流通,促进土壤中有机质的分解,为观赏植物的生长创造良好的生长环境。松土的次数和深度因植物种类及生长时期不同而异。一般草本花卉的松土次数较多,木本植物的松土次数较少;根系分布浅的应浅锄,根系分布深者应深锄。幼苗期应浅锄,以后随植物生长逐渐加深。除草工作应在杂草发生的早期进行，在杂草结籽之前必须清除干净。对多年生宿根杂草应将其根系全部挖出深埋或烧掉。小面积以人工除草为主，大面积可用机械除草或化学除草。

6.1.7 整形修剪

整形是指根据植物生长发育特性和人们观赏与生产的需要，对植物施行一定的技术措施以培养出所需要的结构和形态；修剪是指对植物的某些器官（茎、叶、花、果、根）进行部分疏删和剪截的操作。实际上两者密切联系，互为依靠，整形是通过修剪技术来完成的，修剪又是在整形的基础上实行的。一般在植物幼年期以整形为主，当经过一定阶段冠形骨架基本形成后，则以修剪为主。但任何修剪时期都须有整形的概念，二者统一于栽培管理目的。

(1) 整形修剪的时期

一般来说，园林树木的修剪可分为冬季修剪和夏季修剪。冬季修剪又叫休眠期修剪，一般在12月～翌年2月进行，冬季修剪对观赏树木树冠的形成、枝梢生长、花果枝形成等有很大影响；夏季修剪又叫生长期修剪，一般在4～10月进行，具体修剪的日期还应根据当地的气候条件及树种特性而不同。

(2) 整形修剪的方法

①摘心　又称打顶，是指摘除正在生长中的嫩枝顶端或芽尖。摘心的目的是抑制其长高，使植株矮化并增加分枝数，以形成丰满而矮壮的株形。摘心也有抑制生长、推迟开花的作用。

②抹芽　是将枝条上发生的幼小侧芽抹除。目的是减少过多的侧枝，以减少养分分散，使留下的枝条茁壮生长。

③疏蕾　是摘除生长过多的花蕾。单株上花蕾过多，营养供应不足，所开花密集而小，不利于观赏。疏蕾可使花期整齐一致，或使花期相错以延长开花时间，有时为了使主蕾有充足的营养供应，在花蕾形成后，应剥除侧蕾。

④剪枝　包括疏剪和短截，疏剪是指把枝条从基部剪除，不留残桩，伤口面尽量小。一般剪除病枝、虫枝、重叠枝、过密枝、细弱枝、徒长枝，以使植株内部通风透光，枝条分布均匀，使养分集中在有效枝条上，促进生长与开花。短截是截除一部分枝条的修剪方法，短截能刺激剪口下的侧芽萌发，修剪时，要注意留芽的方向，当需要新枝向上生长时，留内侧芽；需要新枝向外开展时，留外侧芽。留下的芽应在剪口对侧，剪口应高于所留芽1cm，不宜过高或过低。剪口应为一斜面，以防积水腐烂。

⑤拉枝　采用拉引的办法，使骨干枝条或大枝改变方向和方位，按预定的方位和干形生长。通常应用于盆景及各种造型植物，常用拉、扭、曲、弯、牵引等办法让树苗到达所需的形状。

⑥支撑和绑扎　由于草花茎干柔软，易于下垂和倒伏；或茎干细长质脆，易于折断；或需要调整枝形和进行造型，在生长期给予适当的支撑和绑扎。常用的支撑材料有竹签、

塑料网、金属丝网等，结扎材料有棕线、铁丝、尼龙丝等。

6.1.8 防寒越冬

防寒越冬是对一些耐寒力差的观赏植物实行的一项保护措施，以保证其成活和正常生长发育。防寒越冬的方法很多，一般常采用以下3种措施：

（1）覆盖法

在霜冻到来之前，在地面上覆盖稻草、落叶、马粪、蒲帘、草帘以及塑料薄膜等，待翌年春季晚霜后再把覆盖物清理掉，此法常用于一些二年生花卉、宿根花卉和一些在露地越冬的球根花卉。在苗圃培育木本植物幼苗时也多采用此法。

（2）培土法

雍土压埋或开沟压埋植株基部或地上部分，等冬季过后再将土除去，使其继续生长。此法适用于一些宿根花卉和较低矮的花灌木。

（3）包扎法

对于一些大型观赏植物，因植株高大，无法培土或覆盖，常用草或塑料薄膜包扎防寒，如芭蕉、夹竹桃和一些新移植的木本植物。

6.2 观赏植物设施栽培

设施栽培也称设施园艺，是指在不适于观赏植物露地生长的季节或地区，利用特定的保护设施（温室、塑料大棚或其他设施），人为地创造适于植物生长发育的环境条件（光照、温度、水分、二氧化碳等），按照需要有计划地培育园艺产品的一种高效的生产方式。设施栽培是与露地栽培相对应的一种生产方式，是随着人类对自然界的不断认识和社会经济不断发展，在露地栽培的基础上形成并发展起来的。设施栽培的优点在于：不受季节和地区的限制，可全年生产；能集约化栽培，提高单位面积产量；设施内环境条件可控，能生产出优质高档的产品，有显著的经济效益。

6.2.1 栽培设施

（1）塑料拱棚

塑料拱棚是指不用砖石结构围护，只以竹、木、水泥或钢材等作骨架，在表面覆盖塑料薄膜的拱形保护设施。棚顶结构多为拱圆形，一般不进行加温，主要靠太阳光能增温，依靠塑料薄膜保温。为了提高保温效果，可以在塑料薄膜外覆盖草毡等保温覆盖物。

根据空间大小，可分为小拱棚、中拱棚和大拱棚。小拱棚是我国目前应用最为普遍的保护设施之一，小拱棚跨度一般为1.5~3m，高1.0~1.5m，长度根据地形而定，但一般不超过30m。主要以毛竹片、细竹竿、钢筋等为支持骨架，拱杆间距30~50cm，小拱棚结构简单，取材方便，成本低廉，主要用于春提早、秋延后栽培，也可用于育苗，为了保证光照均匀，宜东西方向延长；跨度在 6m 以上，高度 2.5m 以上的拱棚称为塑料大棚。跨度在 3~6m，高度在 1.8~2.3m 的拱棚称为中棚。根据使用材料和结构特点的不同，目前我国使用的大棚主要有竹木大棚、无立柱钢架大棚、装配式镀锌钢管大棚等。

(2) 温室

温室是以采光覆盖材料为全部或部分围护结构材料，可以人工调控温度、光照、水分、气体等环境因子的保护设施。

①按覆盖材料的不同可分为硬质覆盖材料温室和软质覆盖材料温室。硬质覆盖材料温室最常见的为玻璃温室，近年出现有聚碳酸树脂（PC 板）温室；软质覆盖材料温室主要为各种塑料薄膜覆盖温室。

②按屋面类型和连接方式的不同，可分为单屋面、双屋面和拱圆形温室；也可分为单栋和连栋类型。

③按主体结构材料的不同可分为金属结构温室（包括钢结构、铝合金结构）和非金属结构温室（包括竹木结构、混凝土结构等）。

④按有无加温可分为加温温室和不加温温室，其中日光温室是我国特有的不加温或少加温温室。

6.2.2 环境调控设备

(1) 光控设备

①遮光设备　根据遮光目的的不同，可分为光合遮光和光周期遮光 2 类。

光合遮光：又叫部分遮光，是指夏季强光会使某些阴生植物的光合强度降低，为了削弱夏季强光，减少太阳辐射，需要遮蔽部分阳光。因此，此类遮光材料应具有一定的透光率、较高的反射率和较低的吸收率。遮阳网最为常用，其遮光率的变化范围为 25%~75%，遮阳率与遮阳网的颜色、网孔大小和纤维粗细有关。

光周期遮光：又叫完全遮光，其主要目的是通过遮光来缩短每天的日照时数，延长暗期，以调节植物的开花或育苗。常用的遮光材料有黑布和黑色塑料薄膜。

②补光设备　补光的目的是增加植物的光合作用，或者满足植物开花对光周期的要求。目前用于补光的光源有荧光灯、高压汞灯、金属卤化灯、植物钠灯和 LED 灯等。

(2) 温控设备

温控设备包括保温设备、加温设备和降温设备。

①保温设备　设施的保温途径主要是增加外围结构的热阻、减少冷风渗透及底部土壤的传热。常用的材料有草毡、棉被、保温薄膜、草帘等。

②加温设备　目前冬季加热多采用集中供热、分区控制方式，主要有热水管道加热和热风加热 2 种系统。

热水管道加热系统：由锅炉、锅炉房、调节组、连接附件及传感器、进水及回水主管、温室内的散热管等组成。其优点是室温均匀，停止加热后室温下降速度慢，水平式加热管道还可兼作温室高架作业车的运行轨道；缺点是室温升高慢，设备材料多，一次性投资大，安装维修费时费工。

热风加热系统：利用热风炉通过风机把热风送入温室各部分加热的方式。该系统由热风炉、送气管道、附件及传感器等组成。热风加热系统的特点是室温升高快，但停止加热后降温也快；热风加热系统还有节省设备资材，安装维修方便，占地面积少，一次性投资小等优点，适于面积小、加温周期短的温室。

③降温设备　设施内的降温途径主要是减少投入设施内的太阳辐射、增加设施的通风换气量和增加设施内的潜热消耗，降温方式有遮阳降温、通风降温和蒸发降温。常用的降温设备有微雾降温系统和湿帘降温系统。

微雾降温系统：利用系统形成的微雾在温室内迅速蒸发，大量吸收空气中的热量，然后将潮湿空气排出室外以达到降温的目的，如配合强制通风效果更好。其降温能力在 $3\sim10℃$。

湿帘降温系统：系统的降温过程是在其核心"湿帘纸"内完成的。当室外热空气被风机抽吸进入布满冷却水的湿帘纸时，冷却水由液态转化成气态的水分子，吸收空气中大量的热能从而使空气温度迅速下降，与室内的热空气混合后，通过负压风机排出室外。湿帘通常安装在温室北墙上，以避免遮光影响作物生长。风扇则安装在南墙上，当需要降温时启动风扇将温室内的空气强制抽出并形成负压。

(3) 灌溉和施肥系统

灌溉和施肥系统包括水源、储水池及供给设施、水处理设施、灌溉和施肥设施、田间管道系统、灌水器如喷头、滴头等。

(4) 补气系统

补气系统包括二氧化碳施肥系统和风机环流系统两部分。CO_2 气源可直接使用贮气罐或贮液罐中的工业用 CO_2，也可利用 CO_2 发生器将煤油或石油气等碳氢化合物通过充分燃烧而释放 CO_2，我国普通温室多使用强酸与碳酸盐反应释放 CO_2。在封闭的温室内，CO_2 通过管道分布到室内，均匀性较差，启动环流风机可提高 CO_2 分布的均匀性。

(5) 计算机自动控制系统

自动控制是现代温室环境控制的核心技术，可自动测量温室的气候和土壤参数，并对温室内配置的所有设备都能实现优化运行和自动控制，如开窗、加温、降温、加湿、光照和补充 CO_2、灌溉施肥和环流通气等。

6.2.3　切花的栽培管理

(1) 栽植地设置

设施内切花栽培一般采用栽培床或地栽。栽植床四周由砖或混凝土砌成，内置培养土。地栽是在地面直接作畦种植，怕积水的切花应采用高畦种植。栽植床和畦的高度、大小根据切花种类和操作方便而定。

(2) 土壤消毒

为防止土壤中的病菌、线虫及其他有害生物的危害，通常在栽植苗木前进行土壤消毒。常用方法包括干热、蒸汽进行物理消毒和施用药剂进行化学消毒。蒸汽消毒是将100~120℃的蒸汽通入土壤中消毒60min，即可消灭土中的病菌；用于土壤消毒的化学药剂有氯化苦、五氯硝基苯、福尔马林、敌克松、敌百虫、溴甲烷等。

(3) 定植

定植是根据切花的特点确定合适的株行距，定植时，经常切断主根以控制苗期旺长和促进分枝与开花。

(4) 施肥

切花种植前施以有机肥作为基肥，生长季节进行多次追肥，以腐熟的人粪尿或化肥为主。

(5) 修剪

切花生产中经常产生徒长枝、老弱枝和病虫枝，应及时修剪，以促使新梢和花枝的形成。此外，设施内的植株生长旺盛，可以通过修剪来调节生长、控制开花和更新复壮。

(6) 灌水、中耕、除草和病虫害防治

设施内温度高、水分蒸发大，需要经常补充浇水。此外，还要根据设施内的环境状况和苗木的生长情况进行中耕、除草和病虫害防治。

6.2.4 盆花的栽培管理

(1) 盆土配制

由于盆栽植物的根系伸展受到限制，加上浇水频繁容易破坏土壤结构，造成养分流失，盆土就显得十分重要，往往是植物正常生长发育的关键。盆土容量有限，这就要求土壤中的营养物质要丰富、性能要好，通常需要人工配制。培养土通常由园土（菜园土、田园土）、腐叶土、河沙、山泥、草木灰、木屑（锯末）、树皮、珍珠岩、蛭石、骨粉和其他肥料各按一定的比例组成。不同的花卉，用不同配比的培养土壤。肉质根的花卉以园土和腐叶土为主要原料来配制；山茶、兰花、杜鹃花等喜酸性的花卉以腐叶土、山泥为主要原料来配制；仙人球类多肉多浆植物所用培养土一般用园土、河沙、煤灰和腐叶土配制。总的要求是降低盆土的容重、增加孔隙度、增加持水力、提高腐殖质含量等。一般营养土的容重应低于$1g/cm^3$，孔隙度不低于10%。

(2) 培养土消毒

参照切花土壤消毒。

(3) 上盆

当播种的苗长出4~5片嫩叶或者扦插的花苗已生根时，就要将其及时移栽到大小合适的花盆中，这个操作过程叫作上盆。上盆前，应根据苗木大小和生长快慢，选择适当的花盆。使用新盆要先用水泅透，旧盆要刷洗干净，盆孔垫上瓦片，对怕涝的花卉，应根据花盆的大小，在盆底垫上1~4cm厚筛出的残渣或粗一些的沙石作排水层，陶、瓷类花盆需用碎瓦片作排水层，并比瓦盆厚一些。排水层上铺垫一层底土，其厚度根据花盆深浅和植株大小而定，上盆时一般要填土到植株原栽植深度。茎秆和根须健壮的植株可以深栽，肉质茎和根的植株填土不可过深。

　　苗木上盆前，要剪掉过长的须根及伤残根，如果根系损伤太多，还要剪掉一些叶片，以减少其蒸腾作用。裸根苗上盆时，应在盆心把底土堆成小丘，用左手扶正苗木放至深浅适宜的位置，使根系向四周均匀分布，用右手填土，随填土随把苗木稍微上提，使根系舒展。接着用手轻轻压紧泥土，使根系舒展，填土后再用手压紧泥土，使根系与土壤紧密接触，最后加培养土到距盆沿2~3cm即可，以便浇水与施肥。注意填土时不能将根部压得过紧，使土壤之间因没有空隙而造成通气排水不良，影响根系呼吸，导致花苗生长衰弱，甚至死亡。

　　花苗栽好后立即浇一次透水，使盆土的土壤全部吸足水，然后放置在避风阴凉的地方缓苗，缓苗期间不要急于浇第二次水，更不要施肥，因为此时新根尚未长出，吸水能力弱，水多会影响成活，待盆土表面发灰白时再浇第二次水，这样不仅能防止须根腐烂萎缩，而且能够促发新根，迅速恢复生长。待花苗恢复生长后，再根据花卉习性，移至阳光充足处或阴棚处，转入正常养护。

　　(4) 换盆

　　随着花卉植株逐渐长大，需要将花卉由小盆移到较大的盆，或者盆土物理性质已经变劣或为老根所充满，需要修整根系和更换新土，这个过程叫作换盆。换盆也叫翻盆。与上盆比较，需要特别注意：换盆时倒出的根系土坨，必须用锋利的花铲削去外层老根，根系表土也要用铲子掘松，否则根系弯曲在盆壁周围不得伸展，容易受旱、涝、寒、热变化的影响，植株往往发育不好；换盆时最好保留1/3老土，添进2/3新土，增加肥料；新土换盆后，必须将盆土压实，避免浇水后盆土出现洞穴，影响根系吸收水分；换盆半天后浇足浇透水，换盆后第一次浇水最好用浸盆法，第一次浇水后，要待盆土干到表面发白时再浇，掌握"不干不浇"的原则；换盆后应放在阴凉处，切不可暴晒，要经常向叶面喷水，等半个月左右花木逐步恢复生机适应盆土环境后，再移到有阳光的地方转入正常管理。

6.2.5　观赏植物无土栽培

　　无土栽培是指用营养液或固体基质代替天然土壤进行植物栽培的方法。利用无土栽培技术可有效防止土传病害及盐分积累，从而有效防止连作障碍；无土栽培用的基质和营养液可以循环利用，因此具有省水、省肥、省工、减少污染和高产优质等特点；无土栽培不受区域、土壤、地形等条件限制，可在空闲荒地、河滩地、盐碱地、沙漠以及房前屋后、楼顶阳台等栽培应用。无土栽培也存在一次性投资较大、病害容易随营养液循环传播蔓延、营养液配制技术要求高等局限性。无土栽培的方式很多，分类方法也不相同，但基本上可分为2类：一类是需要用固体基质来固定根部的有基质栽培，简称基质培；另一类是不用固体基质固定根部的无基质栽培，简称营养液栽培或水培。

　　(1) 营养液栽培(水培)

　　①营养液　营养液是将含有园艺作物生长发育所需的各种营养元素的化合物和少量能使某些营养元素的有效性更为长久的辅助材料，按一定的数量和比例溶解于水中所配制

而成的溶液。营养液是无土栽培的关键，不同植物要求不同的营养液配方。配制营养液必须注意以下几点：

• 应含有植物生长所必需的大量元素 N、P、K、Ca、Mg、S 和微量元素 Fe、Cu、Mn、Zn、B、Cl、Mo。

• 含各种营养元素的化合物必须是根部可以吸收的状态，也就是可以溶于水并呈离子状态的化合物；营养液中各营养元素的数量比例应符合植物生长发育的要求，而且是均衡的。

• 水的硬度应在 10° 以下，pH 值在 6.5~8.5 之间，无有害微生物（病原菌），重金属等有害元素不超标。

• 营养液中各营养元素的无机盐类构成的总盐分浓度及其酸碱反应保持平衡，并在较长时间内保持其有效状态，以适合植物生长要求。

②栽培形式

深液流栽培技术：是采用营养液循环流动且营养液层较深的水培方法。这种设置形式的营养液总盐分浓度、各种离子浓度、溶存氧、酸碱度、温度以及水分存有量等都不易发生急剧变动，为根系提供了一个比较稳定的环境条件。

营养液膜栽培技术：是一种将植物种植在浅层流动的营养液中的水培方法。该技术一次性投资少，施工简单，液层浅，可较好地解决根系需氧问题，但要求精细管理。

浮板毛管栽培技术：种植槽由定型聚苯乙烯板做成长 1m 的凹形槽，然后连接成长 15~20m 的长槽，宽 40~50cm，高 10cm，槽内铺 0.3~0.8cm 厚的聚乙烯薄膜，营养液深度为 3~6cm，液面漂浮 1.25cm 厚、宽 10~20cm 的聚苯乙烯泡沫板，板上覆盖一层亲水性无纺布（作为湿毡，规格为 $50g/m^2$），两侧延伸入营养液内，通过毛细管作用，使浮板始终保持湿润。植株栽入定植杯内，然后悬挂在定植板的定植孔中，正好把槽内的浮板夹在中间，根系从定植杯的孔中伸出后，一部分根爬伸生长到浮板上，产生根毛吸收氧气，一部分根伸到营养液内吸收水分和营养。定植板用 2.5cm 厚、40~50cm 宽的聚苯乙烯泡沫板，覆盖于种植槽上，定植板上开 2 排定植孔，孔径与育苗杯外径一致，孔间距为 40cm×20cm。

雾培：是利用喷雾装置将营养液雾化喷到在黑暗条件下生长的作物根系上，使作物正常生长的一种栽培方法。

(2) 固体基质栽培

无土栽培基质主要是起固定和缓冲作用，给植物根系提供水分和空气，但有些基质也含有营养成分，可供植物生长之需要。由于无土栽培的设置形式不同，所采用的基质及基质在栽培中的作用也不尽相同。

根据基质的性质和使用组合分为无机、有机和混合基质三大类。无机基质如沙砾、陶粒、珍珠岩、岩棉、蛭石等；有机基质如草炭（泥炭）、芦苇末、锯末、炭化稻壳、腐化秸秆、棉籽壳、树皮等。混合基质是由 2 种以上基质混合配制而成的，如草炭和蛭石、草炭和沙子、有机肥及农作物废弃物混合制成。栽培基质必须具有良好的物理性状，疏松、保水、保肥又透气，理想的基质的物理性状为：粒径 0.5~10mm，总孔隙度 >55%，容重为

0.1~0.8g/cm³，空气容积为25%~30%，基质的水气比为1:(2~4)。同时还必须具有稳定的化学性状，本身不含有害成分，不使营养液发生变化。栽培形式是在尼龙袋或专用塑料袋内填充泥炭、珍珠岩、树皮、锯木屑等栽培基质，将植物定植其中，采取开放式滴灌或营养液循环进行水分和矿质营养供给。

6.3 观赏植物花期调控

根据植物开花习性与生长发育规律，人为地改变花卉生长环境条件并采取某些特殊技术措施，使之提前或推迟开花的技术称为花期调控。较自然花期提前开花的为促成栽培，较自然花期推迟开花的为抑制栽培。应用花期调控技术，不仅可以增加节日期间观赏植物开花的种类，缩短栽培期，保证周年开花，解决市场上的旺淡矛盾。而且还可使花期不遇的杂交亲本同时开花，解决杂交授粉上的矛盾，有利于培育出更多更美的优良花卉品种。常用的方法有温度处理、光照处理、植物生长调节剂处理和栽培措施处理等。

6.3.1 温度处理

温度处理调节花期主要是通过温度的作用调节休眠期、成花诱导与花芽形成期、花茎伸长期等主要进程而实现对花期的控制。大部分越冬休眠的多年生草本和木本花卉以及越冬呈相对静止状态的球根花卉，都可采用温度处理的方法调节花期。

(1) 增加温度

适用于入室前已完成花芽分化过程或入室后能够完成花芽分化过程的植物种类。保护地提供适当的生长发育条件，通过升温可达到提前开花的目的。这种方法适应范围较广，包括露地经过春化作用的草本、宿根花卉，如石竹、桂竹香等；春季开花的低温温室花卉，如天竺葵、仙客来；南方的喜温花卉，如非洲菊、五色茉莉等；经过低温休眠的露地花木，如牡丹、杜鹃花等。开始加温的日期应根据植物生长发育至开花所需要的天数而定。温度是逐渐升高的，一般用15℃的夜温，25~28℃的日温，初加温时，每天要在植物的枝干上喷水。

①直接加温催花　入室前已完成花芽分化的种类，如瓜叶菊、山茶、白兰、蜡梅等，升温可以使花期提前。

②入室前经过预处理　部分花卉如郁金香、百合等在室内加温前需一个低温过程完成花芽分化和休眠，然后再入室进行加温处理。

③高温打破休眠　有时加温可以打破部分植物的休眠，常用的方法是温水浴法，即把植株或植株的一部分，浸入温水中，一般为30~35℃。如用30~35℃温水处理丁香、连翘的枝条，只需几个小时即可解除休眠。

(2) 降低温度

①延长休眠期　常用低温的方法使花卉在较长时间内处于休眠状态，达到延迟花期的目的。处理温度一般在1~3℃，常有一个逐渐降温的过程。在低温休眠期间，要保持根部

适当湿润。根据需要开花的日期、植物种类和当时的气候条件，推算出低温后培养至开花的天数，来决定低温停止处理的日期。一般在开花前20d左右移出冷室，逐渐升温、喷水和增加光照，施用磷、钾肥。这种方法管理方便，开花质量好，延迟花期时间长，适用范围广。各种耐寒、耐阴的宿根花卉、球根花卉及木本植物，如牡丹、梅花、山茶等都可用此法调节花期。

②低温打破休眠　休眠器官经一定时间的低温作用后，休眠即被解除，再转入生长的条件，就可控制花期。牡丹在落叶后挖出，经过1周的低温贮藏，温度在1~5℃，再进入保护地加温催花，元旦可上市。对于高温休眠的种类，如郁金香、仙客来等用5~7℃的低温处理种球可打破休眠并诱导和促进开花。

③低温春化　二年生花卉、球根花卉，在生长发育中需要一个低温春化过程才能抽薹开花，如毛地黄、桔梗等；对秋播花卉，若改变播种期至春季，在种子萌发后的幼苗期给予0~5℃的低温，使其完成春化阶段，才可正常开花；秋植球根也需要6~9℃的低温才能使花茎伸长，如风信子、水仙等；某些花木须经0℃的低温，强迫其通过休眠阶段后，才能开花，如桃花等。

④低温延缓生长　采用降温的方法延长花卉的营养生长期达到延迟开花的目的。降温通常要逐渐进行，最后保持在2~5℃。如盆养水仙，用4℃以下的冷水培养，可推迟开花。但这种方法在生产中不常用，因为延缓生长意味着产量下降。

6.3.2　光照处理

光照处理是通过光周期调节来促进花芽分化、成花诱导、花芽发育和打破休眠。

(1) 长日照处理

用于长日照植物的促成栽培和短日照植物的抑制栽培。长日照处理的方法有多种，如彻夜照明法、延长明期法、暗中断法、间隙照明法、交互照明法等。目前生产上应用较多的是延长明期法和暗中断法。

①延长明期法　在日落后或日出前给予一定时间的照明，使明期延长到该植物的临界日长小时数以上。较多采用的是日落后进行初夜照明。

②暗中断法　也称"夜中断法"或"午夜照明法"。在自然长夜的中期（午夜）给予一定时间照明，将长夜隔断，使连续的暗期短于该植物的临界暗期小时数。通常夏末、初秋和早春夜照明1~2h，冬季照明3~4h。

③间隙照明法　也称"闪光照明法"，该法以"夜中断法"为基础，但午夜不用连续照明，而改用短的明暗周期，一般每隔10min闪光几分钟，其效果与夜中断法相同。间隙照明法是否成功，取决于明暗周期的时间比。如荷兰栽培切花菊，夜间做2.5h中断照明，在2.5h内，进行6min明24min暗，或7.5min明22.5min暗等间隙周期，使总照明时间减少至30min。大大节约了电能，节省电费2/3。

④交互照明法　此法是依据在诱导成花或抑制成花的光周期需要连续一定天数方能引起诱导效应的原理而设计的节能方法。例如，长日照抑制菊花成花，在长日照处理期间采

用连续2~3d(因品种而异)夜中断照明,随后间隔1d非照明(自然短日),依然可以达到长日照的效应。

照明光源通常用白炽灯或荧光灯。不同植物适用的光源有所差异。菊花等短日照植物多用白炽灯,因白炽灯含远红外光比荧光灯多;锥花丝石竹等长日照植物多用荧光灯。植物接受的光照度与光源安置方式有关,100W白炽灯相距1.5~1.8m时,其交界处的光照度在50lx以上。生产上常用的方式是100W白炽灯相距1.8~2m,距植株高度为1~1.2m(表6-1)。如果灯距过远,交界处光照不足,长日照植物会出现开花少、花期延迟或不开花现象,短日照植物则出现提前开花、开花不整齐等弊病。

表6-1 不同功率白炽灯的有效范围

功率(W)	有效半径(m)	有效面积(m²)
50	1.4	6.2
100	2.2	15.2
150	2.9	26.4

(2)短日照处理

用于短日照植物的促成栽培和长日照植物的抑制栽培。在日出之后至日落之前利用黑色遮光物,如黑布、黑色塑料膜等对植物进行遮光处理,使日长短于该植物要求的临界小时数的方法称为短日照处理。每天遮光处理时间的小时数不能超过临界夜光的小时数太多,否则会影响正常的光合作用,从而影响开花质量。如一品红的临界日长为10h,经30d以上短日照处理可诱导开花,其做短日照处理时日长不宜少于10~8h。另外,临界日长受温度的影响而改变,温度高时临界日长小时数相应减少;遮光程度保持低于各类植物的临界光照强度,一般不高于22 lx,特殊花卉有不同要求,菊花应低于7 lx,一品红应低于10 lx;不同品种需要遮光日数不同,通常为35~50d。短日照处理以春季及初夏为宜,夏季做短日照处理,在覆盖物下易出现高温危害或降低花品质。为减轻短日照处理可能带来的高温危害,应采用透气性覆盖材料;在日出前和日落前覆盖,夜间揭开覆盖物使与自然夜温相近。一般短日照遮光处理多以遮去傍晚的阳光为好;另外,植物已展开的叶片中,上部叶比下部叶对光照敏感。因此在检查时应着重注意上部叶的遮光度。

6.3.3 植物生长调节剂处理

花卉开花调节中,常用植物生长调节剂来打破休眠,促进茎叶生长,促进成花、花芽分化和花芽发育。常用的药剂有赤霉素(GA)、萘乙酸(NAA)、2,4-D、比久(B_9)、矮壮素(CCC)、吲哚乙酸(IAA)、秋水仙素、脱落酸(ABA)等。

(1)应用方法

①促进诱导成花 矮壮素、比久可促进多种植物的花芽形成。矮壮素浇灌盆栽杜鹃花与短日照处理相结合,比单用药剂更为有效。有些栽培者在最后一次摘心后5周,叶面喷施矮壮素1.58%~1.84%溶液可促进成花。应用0.25%比久在杜鹃花摘心后5周喷施叶

面,或以0.15%喷施2次,其间间隔1周,有促进成花的作用。比久可促进桃等木本花卉的花芽分化,于7月以0.2%喷施叶面,促使新梢停止生长,从而增加花芽分化数量。乙烯利、乙炔对凤梨科的多种植物有促进成花作用,凤梨科植物的营养生长期长,需2.5~3年才能成花。以0.1%~0.4% 2-肼基乙醇(BOH)溶液浇灌叶丛中心,在4~5周内可诱导成花,之后在长日条件下开花,对果子蔓属、水塔花属、光萼荷属、彩叶凤梨属等有作用。赤霉素对部分植物种类有促进成花作用,可代替二年生植物所需低温而诱导成花。细胞分裂素对多种植物有促进成花效应。

②诱导打破休眠　常用的有赤霉素、激动素、吲哚乙酸、萘乙酸、乙烯等。10~12月用100mg/L的赤霉素处理桔梗的宿根,可代替低温,打破休眠。通常用一定浓度的10~100mg/L赤霉素喷洒花蕾、生长点、球根、雌蕊或整个植株,可促进开花,也可用快浸和涂抹的方式,处理时期在花芽分化期,对大部分花卉都有效。

③促进花芽分化　促进花芽分化与解除休眠是一致的,可促进生长,提早开花。赤霉素、激动素、乙烯利、萘乙酸等在生长期喷洒或涂抹球根、生长点、芽等部位会促进侧芽萌发、茎叶生长与提早开花。

④抑制生长,延迟开花　常用生长抑制剂喷洒处理。用0.1%~0.5%的矮壮素溶液,在生长旺盛期处理植物,可明显延迟花期。

(2) 应用特点

①相同的药剂对不同植物种类、品种的效应不同　例如,赤霉素对一些植物,如花叶万年青有促进成花的作用,而对多数其他植物,如菊花等则具有抑制成花的作用。

②相同的药剂因浓度不同而产生不同的效果　如生长素低浓度时促进生长,而高浓度则抑制生长。相同药剂在相同植物上,因不同施用时期而产生不同效应。如吲哚乙酸(IAA)对藜的作用,在成花诱导之前应用可抑制成花,而在成花诱导之后应用则有促进开花的作用。

③根据药剂特点选用不同施用方法　易被植物吸收、运输的药剂如赤霉素、比久、矮壮素,可用于叶面喷施;能由根系吸收并向上运输的药剂如嘧啶醇、多效唑等,可用土壤浇灌;对易于移动或需在局部发生效应时,可用局部注射或涂抹,如6-苄基腺嘌呤(BA)可涂于芽际促进落叶,为打破球根休眠可用浸球法。

④根据药剂特点选择合适的环境条件　有的药剂以低温为有效条件,有的则需高温;有的需在长日照条件中发生作用,有的则需短日照相配合。此外,土壤湿度、空气相对湿度、土壤营养状况以及有无病虫害等都会影响药剂的正常效果。

6.3.4　栽培措施处理

(1) 调节播种期

不需要特殊环境诱导,在适宜的生长条件下只要生长到一定大小即可开花的植物种类可以通过改变播种期来调节开花期。多数一年生花卉属于日中性植物,对光周期没有严格的要求,在温度适宜生长的地区或季节采用分期播种,可在不同时期开花。如一串红于春季晚霜后播种，可于9~10月开花；2~3月在温室育苗，可于8~9月开花；8月播种，入冬后假植、上盆，可于次年4~5月开花。二年生花卉需在低温下形成花芽。在温度适宜的季节或冬季保护地栽培条件下，也可调节播种期使其在不同的时期开花。紫罗兰12月播种，5月开花；2~5月播种，则6~8月开花；7月播种，则2~3月开花。

(2) 采用修剪、摘心、抹芽等栽培措施

月季花、茉莉花、香石竹、倒挂金钟、一串红等多种花卉，在适宜条件下一年中可多次开花。通过修剪、摘心等技术措施可以预定花期。月季花从修剪到开花的时间，夏季为40~45d，冬季为50~55d。9月下旬修剪可于11月中旬开花，10月中旬修剪可于12月开花，不同植株分期修剪可使花期相接。一串红修剪后发出的新枝约经20d开花，4月5日修剪可于5月1日开花，9月5日修剪可于国庆节开花。

(3) 肥水控制

通常氮肥和水分充足可促进营养生长而延迟开花，增施磷肥、钾肥有助于抑制营养生长而促进花芽分化。菊花在营养生长后期追施磷、钾肥可提早约1周开花。能连续发生花蕾，总体花期较长的花卉，在开花后期增施营养可延长总花期。如仙客来在开花近末期增施氮可延长花期约1个月。干旱的夏季，充分灌水有利于生长发育，促进开花。例如，在干旱条件下，在唐菖蒲抽穗期充分灌水，可提早约1周开花。

技能训练 6-1　培养土的配制与消毒

1. 目的要求

掌握3种不同类型培养土的配制方法及培养土的消毒技术。

2. 材料准备

(1) 用具：钢筛、铁锹、土筐、花盆、喷雾器、手铲等。

(2) 材料：菜园土(一般为壤土)、腐叶土(堆肥)、河沙。

3. 方法步骤

分组完成3种培养土的配制和消毒工作。

(1) 熟悉各类土料，将各种土料粉碎、过筛后备用。

(2) 按下列比例要求(材料以容积计算)配制扦插育苗土、播种育苗土和盆栽培养土：

①扦插育苗土：菜园土:河沙 = 5:5。

②播种育苗土：腐叶土:菜园土:河沙 = 5:3:2。

③盆栽培养土：腐叶土:菜园土:河沙 = 4:5:1。

(3) 培养土的药物消毒，分别用下列3种消毒方法对3种培养土进行消毒。

①高锰酸钾消毒：对扦插育苗土用0.1%~0.5%的高锰酸钾溶液浇透，再用塑料薄膜密封闷土2~3d，然后揭去塑料薄膜晾摊3~4d。

②多菌灵消毒：每立方米播种育苗土施50%多菌灵粉40g，拌匀后用薄膜覆盖2~3d，揭膜后待药味挥发掉即可。

③福尔马林消毒：盆栽培养土配制后，用浓度40%的福尔马林50倍液均匀喷洒，每

立方米培养土用量为 400~500mL，再用塑料薄膜密封一昼夜，使起熏蒸消毒作用。然后揭去塑料薄膜，再晾摊 3~4d 可装盆栽植。

4. 成果展示

记录各类培养土的配制过程和消毒过程，提交实训报告。

技能训练 6-2　观赏植物上盆与换盆（翻盆）

1. 目的要求

掌握上盆、换盆（翻盆）的技术要领。

2. 材料准备

（1）用具：土筐、花盆、枝剪、刀片、喷壶、移植铲、筛子等。

（2）材料：三色堇、孔雀草、一串红等草本花卉的播种苗或扦插苗，白兰花、山茶、君子兰等盆栽花卉，培养土，碎瓦片，复合肥等。

3. 方法步骤

（1）花盆处理：

①新盆：新用陶盆、瓦盆应先放在清水中浸泡一昼夜，刷洗、晾干后再使用，以除去燥性和碱性。

②旧盆：应将旧盆放在阳光下曝晒 4~5h，或喷洒 1% 的福尔马林溶液密闭 1~2h，晾晒 5~6h 后用刷子内外刷洗干净，以防除病菌、虫卵。

（2）幼苗上盆：

①起苗：从播种或扦插苗床挖起幼苗。

②选择与幼苗规格相应的花盆，用一块碎片盖于盆底的排水孔上，将凹面朝下，盆底可用粗粒或碎盆片、碎砖块，以利排水，上面再填入一层培养土，以待植苗。

③用左手拿苗放于盆口中央深浅适当位置，填培养土于苗根周围，用手指压紧，做到"上不埋心、下不露根"，土面与盆口留有适当高度（3~5cm）。

④栽植完毕，浇透水，暂置阴处数日缓苗。待苗恢复生长后，逐渐移于光照充足处。

（3）换盆（翻盆）：

①控水收边：选取需要换盆的盆栽花卉，暂停浇水 2~3d，达到收边效果。若不收边，可用花铲沿盆壁插一圈，使土与盆壁分开。

②倒盆取苗：分开左手手指，按置于盆面植株基部，将盆提起倒置，并以右手轻扣盆边，土球即可取出（不易取出时，将盆边向他物轻扣）。

③修理根坨：土球取出后，对部分老根、枯根、卷曲根进行修剪。宿根花卉可结合分株，并刮去部分旧土；木本花卉可因种类不同将土球适当切除一部分；一、二年生花卉按原土球栽植。

④定植：垫瓦片，填盆底砂、底肥，填培养土，放入幼苗，调整高度，填好土，留出沿口，浇透水，置放阴处。

4. 成果展示

记录上盆、换盆(翻盆)的操作过程,分析上盆、换盆(翻盆)的不同之处,提交实训报告。

技能训练 6-3　露地观赏植物移植

1. 目的要求

掌握掌握露地观赏植物移植的技术要领。

2. 材料准备

(1)用具:喷壶、营养钵、花铲等。

(2)材料:一串红、三色堇、矮牵牛、鸡冠花等草本播种苗,金叶女贞、红叶石楠、四季桂等木本扦插苗,复合肥,培养土。

3. 方法步骤

(1)整地:露地移栽前,整地深度根据幼苗根系而定。春播花卉根系较浅,整地一般浅耕 20cm 左右,同时施入一定量的有机肥(厩肥、堆肥等)作基肥。

(2)起苗:起苗前一天或数小时应充分浇水,使土壤湿润。根据幼苗移栽成活的难易可分为裸根移植和带土移植。裸根移植时,可用手铲将苗带土掘起,然后轻轻抖落根土,勿伤须根;带土移植的苗,先用手铲铲开苗周土壤,然后从侧下方将苗掘出,保持完整土球,勿令破碎。

(3)栽植:按照一定的株行距开沟(穴),然后将幼苗放入沟(穴)中,覆土压实。注意起苗后应及时栽植,不可使幼苗失水过多,影响成活。

(4)移植后管理:移栽后及时浇足水,适当遮阴,以后注意扶苗和松土保墒,切忌连续灌水。幼苗成活之后进行常规浇水、施肥、中耕除草等管理。

4. 成果展示

记录露地观赏植物的移植过程,并分析成败原因,提交实训报告。

技能训练 6-4　观赏植物整形修剪

1. 目的要求

(1)掌握园林树木辅助修剪的方法。

(2)了解各种树木、绿篱的基本形态,掌握树木整形的基本方法。

2. 材料准备

(1)用具:修枝剪、手锯、电动锯等。

(2)材料:校园内乔灌木(悬铃木、紫薇、海棠、月季花、连翘等)及绿篱,伤口保护剂。

3. 方法步骤

(1)连翘:前一年夏季高温时进行花芽分化,经冬后第二年春季开花。因此,应在花残后叶芽开始膨大尚未萌发时进行修剪,连翘可在基部留 2~4 个饱满芽进行短截。每灌丛自基部留主枝 10 条,每年疏去老主枝 3~4 个,新增主枝 3~4 个,促进灌丛的更新复壮。

(2)紫薇:夏秋季开花,花芽着生在当年生枝条的花灌木。冬天进行极重短截(留 1~2 个芽),剪除过密枝和干上的萌蘖枝;春天修剪措施为当新枝长至 15cm 时摘心,长出两叉枝,当 20cm 时摘心。花后剪去残花(其下有 2~3 个芽),花可开至国庆节前后。

(3)月季花(花灌木):一年多次抽梢,多次开花的花灌木,休眠期短剪或回缩强枝,剪除交叉枝、病虫枝、并生枝、弱枝及内膛过密枝。生长期可多次修剪,于花后新梢饱满芽处短剪(花梗下方第 2~3 芽处),剪口芽很快萌发抽梢,形成花蕾,花谢后再剪,如此重复。

(4)绿篱:每年最好修剪 2~4 次,使新枝不断发生,更新和替换老枝。整形时,应兼顾顶面与侧面,否则顶部枝条旺长。用花灌木栽植的绿篱不能进行规整式的修剪,修剪工作最好在花谢以后进行,这样既可防止大量结实和新梢徒长而消耗养分,又能促进新花芽的分化,为来年或以后开花做好准备。

(5)西府海棠(花芽着生在短枝上的花灌木):这类灌木早期生长势较强,每年自基部发生多数萌芽,自主枝上发生大量直立枝,当进入开花年龄时,多数枝条形成开花短枝,在短枝上连年开花,一般不进行修剪,可在花后剪除残花,夏季生长旺盛时,适当摘心,抑制生长,并疏剪过多的直立枝、徒长枝。

(6)悬铃木(杯状行道树):在苗高 3.5~4.0m 处去梢,将分枝点以下主干上的侧枝剪去。待来年苗木萌芽后,选留 3~5 个分枝点附近、分布均匀、与主干成 45°左右夹角、生长粗壮的枝条作为主枝,其余分批剪去。冬季主枝留 50~80cm 短截,剪口芽留在侧面,尽量使其处于同一水平面上,翌春萌发后各选留 2 个三级侧枝斜向生长,形成"3 股 6 杈 12 枝"的造型。

4. 成果展示

记录整形修剪过程,观察整形修剪后的生长状况,总结效果,提交实训报告。

练习与思考

1. 名词解释

整形,修剪,温室,塑料拱棚,无土栽培,水培,基质培。

2. 填空题

(1)整地可以改变土壤的_____,有利于_____的活动,加快_____的分解和转化,使土壤疏松,便于根系伸展。

(2)作畦的目的主要是利于_____和_____,作畦方式依地区、地势、植物种类和栽培目的不同而异。

(3)_____是把幼苗从苗床或圃地挖掘出来,通常可以分为_____和_____2 种方式。

(4)灌水按其方式不同可分为_____、_____和_____3 种。

(5)根据遮光目的不同,遮光设备可分为_____和_____2 类。

(6)温控设备包括_____、_____和_____3 类。

（7）通常在栽植苗木前要进行土壤消毒，常用方法包括_____和_____两大类。

3. 问答题

（1）病虫害防治有哪些基本方法？

（2）常用的整形修剪方法有哪些？

（3）设施栽培相对于露地栽培有哪些优越性？

（4）设施栽培中的环境调控设备主要包括哪些类别？

（5）无土栽培有哪些优缺点？

自主学习资源库

（1）花卉设施栽培．林锋．科学出版社，2012.

（2）中国无土栽培技术网．http：//www.china-sct.com/

（3）无土栽培网．http：//www.wutu8.com/

（4）园林花卉学精品课程．北京林业大学，刘燕．http：//sns.icourses.cn/jpk/getCourseDetail.action?courseId=6598/

（5）设施园艺学精品课程．华中农业大学，别之龙．http：//www.icourses.cn/coursestatic/course_2739.html/

单元 7
观赏植物产后技术

【学习目标】
知识目标：
(1) 了解鲜切花的采收标准、采收时间和包装的基本要求。
(2) 熟悉鲜切花采收的基本方法和切花保鲜的一些基本概念。
(3) 掌握不同保鲜方法的基本原理和技术要点。
技能目标：
(1) 能根据植物的类别进行科学的采收和包装处理。
(2) 能根据切花品种和状态进行相应的保鲜处理和配制保鲜液。

【案例导入】
母亲节当天，李阿姨收到女儿特意差人送来的一束漂亮的康乃馨。由于李阿姨没有摆插鲜切花的经验，于是向小区里的姐妹们请教鲜切花保鲜的方法，大家你一言我一语给她推荐了以下保鲜方法：
(1) 在插着鲜花的花瓶里加入一点啤酒。
(2) 将雪碧和清水以1:4的比例混合，然后将鲜花插入其中。
(3) 将洗洁精溶解于温水中，配成2%~4%浓度的溶液，将斜切好的鲜花枝浸入水深5cm左右。
(4) 每天要换水，如果气温很高，还可以往花瓶里放几块冰。
(5) 及时清除残花、残叶，适当剪短花枝，以利于花材吸水。
(6) 不要将花瓶放在阳光直射或接近水果、热源的地方。
请帮李阿姨分析一下，以上方法科学吗？为什么？

7.1 观赏植物的采收及包装

7.1.1 采收

(1) 鲜切花
①采收标准　采收标准因植物种类、品种、季节、环境条件、距离市场远近和消费者

的特殊要求而异，采收原则是要让产品到达消费者手中时处于最佳状态，并且有足够长的货架期。在能保证花蕾正常开放、不影响品质的前提下，应尽可能在花蕾期采切。比如香石竹、百合、郁金香等切花适宜在花蕾显色阶段采收，月季花、菊花在外缘花瓣初展时采收最佳，花烛、非洲菊、蝴蝶兰适宜在花朵及花序小花朵开放时采切，紫罗兰、风铃草、勿忘我适宜在1/2花朵开放时采切，金鱼草则在1/3花朵开放时即可采切。

②采收时间　多以清晨或者傍晚为宜，避免高温干燥或强光下采收，尤其采后失水快的种类。采收时要注意在露水、雨水或其他水汽干燥后进行。

③采切方法　要用锋利的刀剪进行斜剪，若刀刃较钝或者刀口、刀面较脏就容易挤压或感染花茎，剪口应光滑，避免压破茎部，否则会引起含糖汁液渗出，利于微生物侵染（可以在水中放杀菌剂来解决感染的问题）。在剪切茎内存有大量汁液的切花时，剪切后应立即把流出的汁液清除干净，否则汁液会在切口凝固而堵塞导管，影响水分的吸收。切花采切之后，应立即放入保鲜液中，尽快预冷或置于冷库之中，以防止水分丧失。

(2)盆栽植物

盆花通常于蕾期或初绽期上市，需长途运输的可稍早些。盆栽观叶植物则根据市场需求灵活掌握，不同发育阶段均可。盆栽植物上市前宜做产前驯化，以提高其应对环境变化的能力，通常在出圃前2~4周进行，例如，依据不同需光特性适当减少光照、降低温度及控制水肥，避免新梢过度生长、叶片黄化、花蕾不开或花叶脱落现象等。

7.1.2　包装

(1)鲜切花

①包装材料　包装材料的选择要根据产品的需要、包装方法、预冷方法、材料强度、成本、购买者的要求和运费而定，包装应有良好的承载力并不易变形，方便操作。常用的包装材料有纤维板箱、木箱、加固胶合板箱、板条箱、纸箱、塑料袋、塑料盘、泡沫箱等，内部填充物有细刨花、泡沫塑料和软纸等，防止产品碰伤和擦伤。园艺产品含水量高，常使包装箱内湿度很高，有时还需在包装箱内加冰，这都要求包装材料能耐水湿，保持一定的强度。

此外，各种类型的薄膜均可用于保护切花免于失水，最常用的是聚乙烯膜，但在使用气密膜包装后，因切花呼吸造成氧气减少，二氧化碳增高，而高浓度的二氧化碳会使一些切花受害。因此，最好采用超薄聚乙烯膜（厚度为0.04~0.06mm），这样的膜可让部分气体透过，或采用软纸或塑料网包裹保护，或置于用塑料或卡片纸板特制的模子中，还可以用充满空气或氮气的塑料袋包装。

②包装要求　根据切花大小或购买者的要求，切花以10、12、15枝或更多枝捆扎，花束捆扎不能太紧，以防止切花受伤和滋生霉菌，花束可用耐湿纸、湿报纸或塑料套包裹。单枝切花（如鹤望兰和菊花）或成束切花（如小苍兰和郁金香），可用塑料网或塑料套保护花朵。具单生花的兰花可包裹于碎聚酯纤维中，茎端放入充满花卉保鲜液的玻璃小瓶中，再用胶带将小瓶粘在箱底上。

应小心地把切花分层交替放置于包装箱内，直至放满，但不能压伤切花。各层之间放纸衬垫。为保护一些名贵切花(如火鹤花、鹤望兰、红姜花)免受冲击和保持湿度，要在切花中放置塑料衬里和碎湿纸，应放满所有的箱子，以保持箱内的较高湿度。

强制空气冷却所用包装箱应在两端留有通气道，大小为箱子侧壁面积的4%~5%，有适当通气的箱子可保证切花在贮运期间保存良好。

(2) 盆栽植物

小型盆栽植物常用牛皮纸或塑料膜包好，放入编织聚酯袋，有抗湿底盘的纤维板箱、木箱中，或紧密嵌入聚苯乙烯泡沫特制的模子中；对乙烯敏感的盆花不宜用厚塑料薄膜套袋，宜用打孔膜、纸或编织袋，植株顶部应具有开口。

大型盆栽植物可直接用塑料膜或牛皮纸包裹。

7.2　切花贮藏与保鲜

花卉保鲜对花卉保存期长短的影响很大，花卉包装和运输前后，都应注意切花的保鲜，延缓衰老。

7.2.1　冷藏保鲜

低温可使切花生命活动受阻，呼吸缓慢，能量消耗少，乙烯的产生也受到抑制，从而延缓其衰老过程，同时还可避免切花变色、变形及微生物的滋生。花卉从生产基地运到消费基地后，也应立即放入冷库中贮藏以待销售。据研究，在相对湿度85%~90%，温度0℃时，菊花切花可保鲜30d，2℃保鲜14d，20~25℃保鲜7d。各种花卉的贮藏温度不同，一般来说，原产于温带的花卉适宜的冷藏温度为0~1℃，原产于热带及亚热带的花卉适宜的冷藏温度分别为7~15℃和4~7℃，适宜的湿度为90%~95%。

7.2.2　气体调节保鲜

气体调节保鲜是通过精确控制气体比例的方式来达到贮藏保鲜的目的，主要以降低O_2含量，并结合低温来贮存植物器官。主要有自然降氧和充氮降氧等方式，气体调节可减少切花的呼吸强度，从而减缓组织中营养物质的消耗，并抑制乙烯的产生和作用。这会使切花所有代谢过程变慢、延缓衰老。

7.2.3　低压贮藏保鲜

低压贮藏是把植物材料置于低气压(相对于周围大气正常气压条件)、低温，并有连续湿空气流供应的环境下贮藏的方法。原理是，在低气压中贮藏的植物器官所产生的CO_2和乙烯气体从气孔和细胞间隙中逸出的速度会大大加快，把气压降至0.1个大气压时，气体从体内逸出的速度会比正常气压下快10倍。这一方法易引起植物材料迅速丢失水分,故需输送湿空气进入贮室,以防止植物材料脱水。

7.2.4 化学保鲜

(1) 保鲜剂类型

切花保鲜剂保鲜是近几年发展起来的一种切花保鲜方法,它利用保护性化学药剂解决切花体内的生理障碍,可分为以下3种:

①预处理液 在切花采收运输前进行预处理所用的保鲜液。其主要目的是促进花枝吸水、灭菌及减少运输贮藏时乙烯的伤害。

②开花液 又称催花液,可促使蕾期采收的切花开放。

③瓶插液 又称保持液,是切花在瓶插观赏期所用的保鲜液。其配方成分、浓度因切花种类而异,种类繁多。

(2) 保鲜剂成分

①水 是保鲜剂中必不可少的成分。由于水中钠、钙、镁、氟等离子对一些种类的切花有毒害作用,应尽量使用蒸馏水或去离子水。

②糖 最常用的是蔗糖。糖的主要作用是补充能量,改善切花营养状况,促进生命活动。不同的切花,保鲜剂中糖的浓度不同,一般处理时间越长,糖的浓度越低。

③杀菌剂 为降低微生物对花枝的影响,各保鲜剂配方中均含有杀菌剂,如8-羟基喹啉(8-HQ)可杀死各类真菌和细菌,同时还能减少花茎维管束组织的生理堵塞。

④无机盐 许多无机盐类能增加溶液的渗透势和花瓣细胞的膨压,有利于花枝的水分平衡,延长瓶插寿命。如铝盐能促使气孔关闭,降低蒸腾作用,有利于水分平衡。

⑤有机酸及其盐类 保鲜剂的pH值对切花有一定影响,低pH值可抑制微生物滋生,阻止花茎维管束的堵塞,促使花枝吸水。有机酸可降低保鲜液的pH值,有些还有抑制乙烯的作用。

⑥乙烯抑制剂和颉颃剂 如Ag^+、STS、AVG、AOA、乙醇等,可抑制乙烯产生和干扰其作用,延缓切花的衰老进程。

⑦植物生长调节物质 切花的衰老是通过激素平衡控制的,在保鲜剂中添加一些植物生长调节物质,能延迟切花的衰老,并改善切花的品质。在切花保鲜上应用较广的是细胞分裂素,如激动素(KT)、6-苄基氨基嘌呤(6-BA)、异戊烯基腺苷(IPA)等,它们能延缓香石竹、月季、郁金香、菊花等多种切花的衰老。

7.2.5 瓶插切花的保鲜处理

延长花枝瓶插时间的简易处理方法,大致有以下7种:

(1) 热处理法

有浸烫法和灼伤法。浸烫法是将草本花卉(如唐菖蒲、晚香玉、大丽花等)的枝条基部浸入80℃热水中，2~3min后取出插入瓶中，可使浸在水中的末端不易受细菌感染，同时不至于使花枝中的黏液流出堵塞导管，从而延长花期。灼伤法是将木本花卉的枝条末端放在火焰上烧焦，然后将烧焦部分剪去一些，放在酒精中浸泡约1min，取出放在清水中漂洗干净后插入瓶中。

(2) 剪枝法

每天或隔天剪去发黏的花枝末端，使切口保持清爽、新鲜，保持吸水功能畅通。

(3) 末端击碎法

一些木本花卉，如玉兰、丁香、牡丹等，可将其花枝末端3~4cm处轻轻击碎，以扩大吸水面，延长插花寿命。

(4) 深水急救法

当花枝刚开始萎蔫时，可剪去花枝末端3~6cm，然后放在盛满冷水的容器中，仅露花头于水面，经1~2h就会恢复。

(5) 涂盐法

用少许食盐（或淡盐水）涂抹在花枝切口上，桔梗、彩叶芋、百合、马蹄莲等可用此法。

(6) 浸醋法

插花前可先将花枝切口浸在食用醋中10s左右，波斯菊、绣球菊、玫瑰、一品红、银柳等可用此法。

(7) 洗洁精溶液培养法

用洗洁精和25℃左右的温水配成4%左右的溶液，把取来的插花材料置于其中，并根据需要重新剪切，然后迅速插入相同浓度的洗洁精溶液中，保持水深4cm左右。因为洗洁精的主要成分是表面活性剂、微量盐和香精，溶液酸碱度呈中性，有去污灭菌、活化水质的功效，能杀灭水中的细菌，消除污染，并能溶解插花材料切口流出的果胶，保持其维管束细胞的畅通，使之能充分吸水。在高温季节，插花溶液必须2~3d更换1次，低温季节应至少1周更换1次，以保持水质清鲜，发挥洗洁精的保鲜作用。大部分花卉均适用此法，它可延长插花寿命2~3倍。

7.3 观赏植物的运输

7.3.1 苗木的运输

城市交通情况复杂，而树苗往往超高、超长、超宽，应事先办好必要的手续。在运输途中押运人员要和司机配合好，尽量保证行车平稳。运苗提倡迅速及时，短途运苗中不应停车休息，要一直运至施工现场；长途运苗应经常给树根部洒水，中途停车应停于有遮阴的场所。

(1) 裸根苗的装车方法及要求

裸根小苗可散置于筐篓中,在筐底放上一层湿润物,筐装满后,最后在苗木上面再盖上一层湿润物即可。装车不宜过高过重,不宜压得太紧,以免压伤树枝和树根。裸根大苗要用绳子将树枝拴拢起来,树根朝前,树梢向后,顺序排码,但树梢不准拖地,绳子与树身接触部分和卡车后厢板上都要用蒲包等垫好,以免擦伤树皮,碰坏树根。长途运苗最好用毡布将树根盖严捆好,以减少树根失水。

(2) 带土球大苗的装车方法与要求

树高 2m 以下的苗木,可以直立装车,2m 以上的树苗,则应斜放,或完全放倒,土球朝前,树梢向后,并立支架将树冠支稳,以免行车时树冠摇晃,造成散坨。土球规格较大,直径超过 60cm 的苗木只能码 1 层;小土球则可码放 2~3 层,土球之间要码紧,还须用木块、砖头支垫,以防止土球晃动。土球上不准站人或压放重物,以免压碎土球。

(3) 盆栽植物的装车方法与要求

盆栽植物往往套在专用套袋材料中,然后直立装入包装箱中,装入数量视盆栽植物的大小而定。包装箱的纸板要有足够抗颠簸和抗压的硬度。包装箱的净高度应该以植株连盆高度再加上 4~6cm 为宜。如果盆栽植物对物理损伤的抗性较大,装箱时可以选择水平放置。水平放置时,一般是将盆栽植物的花盆放在箱子的两头,植株地上部分面向箱子中间。长途运输时,应该在箱子内侧 4 个角上支一些支杆,避免因箱子在运输过程中受到挤压而导致植物受到损害。运输时,应尽可能保持植物处于冷环境,并保持温度稳定。同时应注意保持空气循环及通风。冬季运输时,除了给植物本身套袋外,还应在箱子外侧加一些塑料布、保温棉等,以保温防冻。从南往北运输时,应适当多加几层保温棉;从北往南运输时,则可少加。

7.3.2 切花的运输

由于切花栽培地与销售市场之间常常距离很远,需用飞机、卡车和轮船远距离运输。为保证切花有优良的上市质量,需采用以下先进技术:

(1) 确保采收质量

由于长途运输对切花质量的负面影响,切花应在成熟的较早阶段(如蕾期)采切,无病虫害,无机械损伤。切花粗壮健康,对病害、缺水和低温伤害有较强的抗性,能忍耐较长时间的黑暗环境。

(2) 化学保鲜处理

对灰霉病敏感的切花,应在采前或采后喷布杀菌剂,防止该病在运输途中蔓延。切花运前的脉冲处理十分重要。脉冲处理液一般包含糖、无机盐、杀菌剂、乙烯抑制剂和赤霉素、植物生长调节剂等物质。在包装前,切花表面应干燥,不宜进行湿包装。

(3) 运输前的预冷处理

温度是决定切花运输质量和寿命的关键因子。所有切花在采切后应尽快预冷,在其最适宜的低温下运输。低温可以延缓花蕾开放和花朵老化,减少切花水分丧失,降低其呼吸作用，防止运输途中过热，降低切花对乙烯的敏感性，减少自身乙烯的产生，减缓贮藏于切花组织内部的糖类和其他营养物质的消耗。

(4) 运输过程中环境因子的控制

①温度　预冷之后的切花，在运输过程中应继续保持制冷状态，在该切花最适宜的低温下运输。如无制冷设施，运输容器内应有隔热材料，减少周围环境对切花的影响。

②湿度　在运输过程中，应保持95%~98%的高相对湿度，防止切花水分丧失和萎蔫，一般气密包装可以达到这一要求。

③乙烯　当切花在运输过程中置于过于拥挤和无通气孔的箱内，或周围温度过高，乙烯常导致切花的严重损失。因此，运输容器内应适当通风和保持低温，不要与能产生大量乙烯的水果、蔬菜混装运输，并及时清除腐烂植物材料。

技能训练 7-1　不同保鲜液的配制及其保鲜效果观察

1. 目的要求

(1) 熟悉切花保鲜液的种类、成分及用量。

(2) 掌握常用切花保鲜液的配制方法。

2. 材料准备

(1) 切花月季。

(2) 蔗糖、8-羟基喹啉(8-HQ)、柠檬酸、水杨酸、乙醇等。

(3) 电子天平、烧杯、量筒、标签、游标卡尺、透明玻璃杯、剪刀等。

3. 方法步骤

(1) 保鲜液的配制：

①取4个大小一致、透明度相似的玻璃杯，分别标号为1、2、3、4。在1号玻璃杯中加入200mL蒸馏水。

②在2号玻璃杯中加入4g蔗糖、40mg浓度为200mg/L的8-HQ(用乙醇溶解)，加水至200mL。

③在3号玻璃杯中加入4g蔗糖、40mg浓度为200mg/L的8-HQ(用乙醇溶解)、20mg浓度为100mg/L的柠檬酸，加水至200mL。

④在4号玻璃杯中加入6g蔗糖、40mg浓度为200mg/L的水杨酸(用乙醇溶解)、60mg浓度为100mg/L的柠檬酸，加水至200mL。

(2) 切花插瓶：将2~4号玻璃杯中试剂用玻璃棒搅拌均匀，然后用保鲜膜给4个玻璃杯封口。挑选12枝花苞大小、新鲜度、开放度一致的切花月季，去叶，花梗剪至适宜长度，然后分成4组，每组3枝，分别插入4个玻璃杯中。

(3) 观测记录：测量记录3d后每枝花的花苞、花梗直径和溶液的变化。

4. 成果展示

提交不同保鲜液保鲜效果观测记录表(表7-1)，总结分析观测结果。

表 7-1　不同保鲜液保鲜效果观测记录表

组别	样枝	花苞直径(cm)			花梗直径(mm)			溶液状态		花瓣状态	
		实验前	实验后	增大值	实验前	实验后	缩小值	实验前	实验后	实验前	实验后

练习与思考

1. 名词解释

气调保鲜，低压贮藏，开花液，瓶插液。

2. 填空题

（1）鲜切花的采收时间多以_____或者_____为宜，避免_____或_____下采收，尤其采后失水快的种类。

（2）采切鲜切花要用锋利的刀剪进行，剪口应当_____，避免压破茎部，否则会引起含糖汁液渗出，利于微生物侵染。

（3）盆栽植物上市前宜作产前驯化以提高其_____应对环境变化的能力，_____通常在出圃前进行。

（4）低温可使切花生命活动受阻，呼吸_____，能量消耗_____，乙烯的产生也受到抑制，从而延缓其衰老过程。

3. 问答题

（1）切花保鲜剂的成分主要有哪些？

（2）延长花枝瓶插时间有哪些简易处理方法？

自主学习资源库

（1）花卉产品采收保鲜．韦三立．中国农业出版社，2004．

（2）鲜切花生产技术．王朝霞．化学工业出版社，2009．

（3）中国鲜切花交易网．http：//xqh.99114.com/

（4）米贝花卉．http：//www.mibei.com/

（5）中国鲜花网．http：//www.e-xianhua.com/

单元 8
观赏植物应用

【学习目标】

知识目标：

(1)了解室内植物景观布置形式、插花和树木盆景的主要类别。

(2)熟悉室内装饰植物的功能、装饰设计依据。

(3)掌握插花艺术作品和树木盆景的制作方法和技巧。

技能目标：

(1)能根据室内环境需求合理配置室内装饰植物。

(2)能熟练进行插花艺术作品的创作和鉴赏。

(3)能熟练进行树木盆景的制作和鉴赏。

【案例导入】

小强公司最近新建了一栋办公楼，公司分给他所在部门(1名主管,4名工作人员)一间 80m² 的办公室，需要进行室内盆栽植物装饰后才能入驻。部门主管得知小强选修过相关课程，对观赏植物比较了解，因此安排小强做一个盆栽植物配置方案。小强接到任务后却十分茫然，不知从何处着手。

如果你是小强，你将怎样完成这项任务？

8.1 观赏盆栽室内装饰

盆栽植物装饰是指根据室内环境的特点，利用以室内观叶植物为主的观赏材料，结合人们的需要，对使用器物和场所进行美化和装饰。

8.1.1 室内装饰植物的功能

(1)改善室内环境

①释氧固碳 室内观赏植物通过光合作用，可以吸收二氧化碳，释放氧气，从而使室内空气中的氧气和二氧化碳达到动态平衡，以保持空气新鲜。

②降温调湿 植物叶片能吸热和蒸发水分，可使室内气温降低。植物还能调节室内相对湿度，在干燥季节，植物能提高室内相对湿度；而在雨季，植物又具有吸湿性，可降低

室内相对湿度。

③滞尘降噪　室内观赏植物能吸附空气中的尘埃，加速室内微粒的沉降，使空气得到净化，如兰花、桂花、蜡梅、花叶芋、红背桂等是天然的除尘器，其纤毛能截留并吸滞空气中的飘浮微粒及烟尘。室内观赏植物还具有良好的吸声性，它能降低室内噪音，使室内环境更安宁，特别是靠近门、窗布置的绿化带能有效地减轻室外噪音的影响。

④吸收有害气体　很多植物能够吸收室内环境中的甲醛、氟气、硫化氢、甲苯、二氧化硫和氨气等有害气体，降低有毒化学物质的浓度，减轻室内气体污染。

⑤抑制有害微生物　空气中的微生物种类分布广泛，植物种类及其抑菌杀菌作用强度对空气中的含菌量有很大影响。如松柏、樟树、臭椿等的分泌物具有杀菌作用，玫瑰、桂花、紫罗兰、茉莉花、柠檬、蔷薇、石竹、铃兰、紫薇等芳香花卉产生的挥发性油类具有显著的杀菌作用。

(2) 组织室内空间

在室内环境美化中，植物绿化装饰对空间的构造也能发挥一定的作用。通过植物配置不仅能够突出空间的主题，而且能用植物对空间进行分隔、限定与疏导。如根据人们的生活需要，可运用成排的植物将室内空间分为不同区域；攀缘格架的藤本植物可以成为分隔空间的绿色屏风，同时又将不同的空间有机地联系起来。此外，室内房间如有难以利用的角隅，可以选择适宜的室内观叶植物来填充，以弥补房间的空虚感，还能起到装饰作用；运用植物本身的大小、高矮可以调整空间的比例感，充分提高室内有限空间的利用率。

在一些建筑空间灵活而复杂的公共娱乐场所，通过植物配置可起到组织路线、疏导人流的作用，主要出入口的导向可以用观赏性强或体量较大的植物，以引起人们的注意；还可以用植物作屏障来阻止错误的导向，使人不自觉地随着植物布置的路线行进。

(3) 美化室内环境

室内绿化比起一般的室内装饰品更有生气、更有活力，更能使内部环境有动感，它姿态万千，能从色彩、质地、形态等方面与建筑实体、家具和设备形成对比，以其特有的自然美增强内部环境的表现力。室内绿化对环境的美化作用主要有2个方面：一是绿化植物本身的美——形体美、线条美、色彩美和生命美；二是通过不同的植物组合与室内环境有机结合，从形态、质感、色彩和空间上产生美化效果，使居室生机盎然，充满情趣。

(4) 陶冶情操，抒发情怀

植物生长的过程，是争取生存及与大自然搏斗的过程，显示出蓬勃向上、充满生机的力量，使人热爱生活、奋发向上。不少生长在缺水少土的山岩、墙垣之间的植物，盘根错节，横延纵伸，广布深钻，充分显示出其自强不息、生命不止的顽强生命力，在形式上是一幅抽象的天然图画，在内容上是一首生命的赞歌。从中可以使人们得到许多启迪，以陶冶情操，净化心灵。

室内装饰植物是生命的体现，人们根据不同植物的生长特点来寄托自己的理想、志向、爱憎，并赋予其真、善、美的涵义与幸福美好、吉祥如意的寓意，借以抒发自己的感情。

8.1.2 室内观赏植物的选择

室内观赏植物的选择应根据装饰的空间大小、生境条件及色彩和风格等特殊要求综合考虑，既要满足人们的审美要求，又要为植物提供一个正常的生长发育条件。

(1) 空间大小

在选材时，首先要根据空间的大小，选择体量、高度适宜的植物，一般原则是面积较大的空间选择体量较大、叶片较大的植物，如龟背竹、滴水观音、马蹄莲、大花君子兰、苏铁、斑叶万年青等花卉；空间较高时可选择有一定高度的植物，如巴西木、发财树、橡皮树、白玉兰、富贵竹等，也可以布置一些悬挂植物对高处进行美化，或布置攀缘植物，如常春藤、文竹、天门冬、吊兰、鸭跖草、虎耳草等；在较小的空间中则应选择体型较小巧的植物，如肾蕨、波士顿蕨、红宝石、孔雀竹芋等。

(2) 生境条件

在选择植物时应充分考虑植物的习性。比如，在光照充足的阳台、窗口等处，可选用发财树、变叶木、垂叶榕等喜光植物；在楼梯口、卧室内侧等较阴暗的地方可选用绿萝、棕竹、喜林芋等耐阴植物；冬季在门旁、窗口等易漏风的地方宜选用一叶兰、洒金珊瑚、八角金盘等抗寒性强的植物。

(3) 色彩和风格

利用植物叶、花、果的不同色彩特点进行美化居室是室内绿化美化的重要组成部分，在布置时要与家具和其他的装饰材料、装饰物的色彩进行协调配合，形成既对比又调和的统一体。同时，植物选择还必须与建筑风格相统一，比如，用苍劲的松柏盆栽和盆景来装饰古香古色的大厅，用椰枣、榕树和铁树等装饰宽敞明亮建有水池的大厅，可营造一种南国风情；如果大厅内建有江南风格的园林，则可配置几丛翠竹，显得灵秀清雅，有超凡脱俗之感。

8.1.3 室内植物景观布置

室内植物景观布置主要是创造优美的视觉形象，也可通过人们的嗅觉、听觉及触觉等生理及心理反应，使人们感觉到空间的完美。在进行室内植物景观设计时应结合具体情况，不拘一格，根据室内空间的不同功能，做到既和谐统一，又能体现艺术效果。

(1) 布局形式

一般来讲，现代室内植物景观设计的布局方式有点、线、面 3 种。一般室内绿化可将三者有机结合，按实际灵活应用。

①点状布局　是独立或成组设置盆栽植物，它们往往是室内的景观点，具有较强的观赏价值和装饰性，以使点状绿化清晰突出，成为室内引人注目的景观点。安排点状绿化的原则是突出重点，要从形态、质地、色彩等各个方面精心挑选绿化材料。

②线状布局　是将植物植于花槽内或连续摆放一排或几排盆栽植物，植物材料在形体

大小、颜色上的要求都是一致的，以便使其外貌达到整体统一。线状布局多呈均衡对称状，借以划分室内空间，有时也用来强调线条的方向性，设计线状绿化要充分考虑空间组织并以构图的规律为依据。

③片状布局　是应用植物群排布于室内墙壁前。片状绿化多用作背景，这种绿化的体、形、色等都以突出其前景物为原则，组成一幅生动的画面，其作用犹如一幅天然画面，使室内气氛更加生机勃勃，选用的植物群要高矮搭配，反映出植物的群体美，适于较大的居室。

(2) 植物布置样式

①陈列式　是室内绿化装饰最常用和最普通的装饰方式，以点状布局最为常见，即将盆栽植物置于桌面、茶几、柜角、窗台及墙角，或在室内高空悬挂，构成绿色视点。也可进行线状和片状布局，起到组织室内空间、区分室内不同用途场所的作用，或形成一个花坛，产生群体效应，同时可突出中心植物主题。采用陈列式绿化装饰，主要应考虑陈列的方式和使用的器具是否符合装饰要求。

②攀附式　需要分割大厅和餐厅等室内某些区域时，选用攀附植物进行隔离，或带某种条形或图案花纹的栅栏，再附以攀附植物，攀附材料在形状、色彩等方面要协调，以使室内空间分割合理、协调，而且实用。

③悬垂吊挂式　在室内较大的空间内，结合天花板、灯具，在窗前、墙角、家具旁吊放一定体量的阴生悬垂植物，可改善室内人工建筑的生硬线条造成的枯燥单调感，营造生动活泼的空间立体美感，且"占天不占地"，可充分利用空间。这种装饰要使用金属吊具或塑料吊盆，使之与所配材料有机结合，以取得意外的装饰效果。

④壁挂式　预先在墙上设置局部凹凸不平的墙面和壁洞，供放置盆栽植物；或在靠墙的地面上放置花盆，或砌种植槽，然后种植攀附植物，使其沿墙面生长，形成室内局部绿色空间；或在墙壁上设立支架，在不占用地的情况下放置花盆，以丰富空间。采用这种装饰方法时，主要应考虑植物姿态和色彩。以悬垂攀附植物材料最为常用。

⑤栽植式　这种装饰方法多用于室内花园及室内大厅有充足空间的场所。栽植时，多采用自然式，即平面聚散相依、疏密有致，并使乔灌木及草本植物和地被植物形成层次，注重姿态、色彩的协调搭配，适当注意采用室内观叶植物的色彩来丰富景观画面；同时可考虑与山石、水景组合成景，模拟大自然的景观，给人以回归大自然的美感。

⑥迷你型观叶植物绿化装饰　这种装饰方式在欧美、日本等地极为盛行。其基本形态源自插花手法，利用迷你型观叶植物配置在不同容器内，摆置或悬吊在室内适宜的场所。布置时，要考虑室内观叶植物如何与生活空间内的环境、家具、日常用品等搭配，使装饰植物材料与其环境、生态等因素高度统一。其应用方式主要有迷你吊钵、迷你花房、迷你庭园等。

8.2　插花装饰与设计

插花艺术是以切花花材(包括植物的枝、叶、芽、花、果、根等)为主要素材，通过艺术构思和修剪整形与摆插来表现自然美与生活美的一门造型艺术。具有时间性强、随意性强、装饰性强和充满生命活力等特点。

8.2.1 插花的类别

(1) 按艺术风格分

①传统东方式插花　以中国和日本为代表,其特点是以线条造型为主,注重自然典雅,构图活泼多变,讲究情趣和意境,重写意,用色淡雅,插花用材多以木本花材为主,不求量多色重,但求韵致与雅趣。创作手法简练,内蕴厚重,作品典雅高贵、以神取胜。

②传统西方式插花　以美国、法国和荷兰等欧美国家为代表,其特点是色彩浓烈,以几何图形构图,讲究对称和平衡,注重色块的整体艺术效果,富于装饰性。用材多以草本花材为主,花朵丰腴,色彩鲜艳,用花较多。创作手法热情奔放,作品雍容华贵、气度非凡、以盛取胜。

③现代插花　融合了东西方插花艺术的特点,既有优美的线条,也有明快艳丽的色彩和较为规则的图案。更融入了现代人的意识,追求变异,不受拘束,自由发挥。追求造型美,既具装饰性,也有一些抽象的意念。

(2) 按使用目的分

①礼仪插花　为了喜庆迎送、社交等礼仪活动,用来增添团结友爱、表达敬重、欢庆等快乐气氛,因而造型要求简单整齐、色彩鲜明等,一般有花篮、花束、花钵、桌饰、瓶花等形式。

②艺术插花　主要为美化装饰和艺术欣赏之用。

(3) 按艺术表现手法分

①写实的手法　以现实具体的植物形态、自然景色、动物或其他物体的特征为原型进行艺术再现。用写实手法插花的形式有自然式、写景式和象形式3种。

②写意的手法　是东方式插花所特有的手法。利用花材的谐音、品格或形态等各种属性,来表达某种意念、情趣或哲理,寓意于花,配以贴切的命名,使观赏者产生共鸣。

③抽象的手法　不以具体的事物为依据,也不受植物生长的自然规律约束,只将花材作为造型要素中的点、线、面和色彩因素来造型。可分为理性抽象和感性抽象2种。

8.2.2 插花艺术设计

(1) 造型的基本要素

①质感　质感是物品的表面特性,如滑顺、粗糙等,是设计中最重要的元素之一。插花艺术所用的材质是植物,植物种类繁多,质感各异,有刚柔轻重、粗犷娇嫩的差异。由于生长环境不同,野生的芒草和温室里的花朵以及旱地高山植物与水生阴生植物在质感上均有显著的差异。插花时选用不同材质插出的作品风格迥然不同,情趣各异。花材除了具有天然的质感外,经过人工处理还可表现出特殊的质感,如剥除了粗糙的树皮,就会呈现

出光滑的枝条，鲜嫩的叶子风干后也会变得硬挺粗糙，表面光滑的竹子，锯开竹子的截面后呈现的是粗糙的纤维断面，同一种花材，不同部位也会有不同的质感，如小麦的麦穗表面粗糙，而麦秆则光滑油润，所以必须细心地观察和掌握各种花材的质感特性，加以灵活运用。

②形态 "形"是花材的基本形状，"态"则为姿态。造型的基本形态由点、线、面组成，面积较小的花材可视作点，如小菊、满天星，或一些小片的叶子等，多点聚合则可连成线、面。

③色彩 是构成美的重要因素，西方插花特别强调色彩的运用。色彩是富有象征性的，它有冷暖、远近、轻重以及情感的表现机能。例如，红色表达艳丽、热烈、富贵、兴奋之情；橙色表示明朗、甜美、成熟和丰收；黄色有一种富丽堂皇的富贵气，象征光辉、高贵和尊严；绿色富有生机，富有春天气息，又具有健康、安详、宁静的象征意义；蓝色有安静、深远和清新的感觉，往往和碧蓝的大海联系在一起，使人心胸豁达；紫色有华丽高贵的感觉，淡紫色还能使人觉得柔和、娴静；白色是纯洁的象征，具有一种朴素、高雅的本质。西方婚礼上，新娘喜用白色等。一件插花作品的色彩不宜太杂，配色时不仅要考虑花材的颜色，同时还要考虑所用的花器以及周围环境的色彩和色调，只有相互协调才能产生美的视觉效果。通常有同色系配色、近似色配色、对比色配色和三等距色配色等。

(2) 造型基本原理

①比例与尺度 是指作品的大小、长短、各个部分之间以及局部与整体的比例关系。插花时要视作品摆放的环境大小来决定花型的大小，使花型大小与所用的花器尺寸成比例。黄金分割比率是公认最美的比例。通常花形的最大长度为花器的高度与花器的最大直径(或最大宽度)之和的 1.5~2 倍；三主枝构图中，一般 3 个主枝之间的比例取 8:5:3 或 7:5:3。

②动势与平衡 动势就是使整个作品处于运动状态，是一种动态的感受。花材的俯仰、顾盼、高低、曲直、疏密、大小、深浅、张弛、斜垂等变化会产生一定的动势。有动势，作品才有生气，动势是作品形象生动的主要源泉。平衡有对称平衡和不对称平衡。对称平衡是指处在对称轴两边的力、量、形、矩完全相同，是最简单、最稳定的均衡，作品一目了然，给人庄重、高贵的感觉，但显得严肃呆板，多用于较正规的场合，如餐桌插花，会议桌花和庆典礼花；而不对称平衡给人活泼多变的感觉，更具自然情趣。插花时应遵循杠杆原理，花形重心偏向一侧时，另一侧可用分量较轻、线条较长的花材去平衡它。

③多样与统一 多样是指一个作品是由多种成分构成的，如花材、花器、几架等；统一是指构成作品的各个部分应相互协调，形成一个完美的有机整体。多样与统一是矛盾的两个方面，统一是主要方面。一个作品，无论由多少部分组成，都必须表现出统一性，否则就不是一件完整的艺术品；但过分统一，不注意多样，又会使作品显得呆板。因此，应在统一中求多样。

④对比与调和 影响对比与调和的核心因素是差异感，差异感来自材料的色彩、大小、形状、方向、质感等，差异大的形成对比，差异小的形成调和，对比过强使作品失去和谐，对比过弱则容易导致作品平淡，只有二者之间的调和达到一定的程度，整个作品的

部分与部分、部分与整体之间相互依存，没有分离排斥的现象，从内容到形式才是一个完美的整体。

⑤节奏与韵律　在造型艺术中，韵律美是一种动感，插花通过有层次的造型、疏密有致的安排、虚实结合的空间、连续转移的趋势，由线条的流动、色块形体、光影明暗等因素的反复重叠来体现，使插花富有生命活力与动感。插花中讲韵律是要使作品具有节奏感和动态的美感。主要有连续韵律、间隔韵律、交替韵律、渐变韵律、起伏曲折韵律、拟态韵律等。

(3) 造型法则

①高低错落　指花朵设计不应插在同一横线或直线上，花朵的位置应高低起伏，前后错开。

②俯仰呼应　指上下左右花朵和枝叶要围绕中心，相互呼应，顾盼传神，这样既能反映作品的整体性，又能保持作品的均衡性。

③疏密有致　花与叶在安插中不应等距安排，不宜过密或过稀，过密嫌繁，闷不透气，过疏显得空荡。更不能杂乱无章，要尽量做到线、点、面相配适宜，空间安排得当。

④虚实结合　在插花创作中，一般花为实，叶为虚，有花无叶缺陪衬，有叶无花缺实体。以虚烘实，能给实以生命、灵动和活力，使实格外有情味。虚中有实，实中有虚，才能余味无穷。虚景的运用，实际是一种"藏景"的手法，景愈藏，意愈深，能给人更多想象的空间。

⑤上轻下重　一般指花朵小的(花蕾)在上、花朵大的(盛花)在下，或陪衬的枝叶小的在上、大的在下，花朵淡色的在上、深色的在下，使作品保持均衡、稳定，显得自然而有生命力。

⑥上散下聚　指花果枝叶安插的基部要聚集，似同生在一株或一丛上，不分散，上部可按构图适当散开，婀娜多姿。

8.2.3　插花创作过程及操作技艺

(1) 立意

立意就是确定插花作品主题，即插花作品所要表达的中心思想。可从以下 3 个方面立意构思：

①明确插花作品的用途　根据用途，确立插花的格调与花材。

②明确作品摆放的位置　根据环境大小、位置高低和气氛等来选定合适的花材与花型，达到与环境协调的目的。

③明确作品表现的内容或情趣　是表现植物的自然美还是借花寓意、抒发情怀，其内容或情趣不同，选材也不同。

(2) 选材

根据立意选取合适的花材、器皿、辅助材料及工具。根据主题和花材的形态特点、习性、季相景观、谐音及象征意义进行选择，尤其要注意不宜选用污染环境、有毒、有异味、花粉易引起人过敏或当地习惯上忌讳的植物。

(3) 造型

造型就是把艺术构思变成具体的艺术形象，插花作品的造型必须根据立意来选择。可以选用单一造型来制作插花作品，也可以将2种或2种以上造型组合起来制作复合式造型的插花作品。花材选好后，边插边看，捕捉花材的特点与感情，务求以最美的角度将花材的形态表现出来。

①枝条的弯曲造型　枝条的枝节和芽的部位及交叉点处都较易折断，故应避开，在两节之间进行弯曲为好。一些易折断的枝条，压弯时可稍做扭转。根据枝条的粗细和硬度不同，采用的手法也有所不同。

粗大枝干：可用锯或刀先锯1~2个缺口，深度为枝粗的1/3~1/2，嵌入小楔子，强制其弯曲。

较硬枝条：可用两手持花枝，手臂贴着身体，大拇指压着要弯的部位，注意双手要并拢，才能有效控制力度，慢慢地用力向下弯曲，否则容易折断。如枝条较脆易断，则可将弯曲的部位放入热水中（也可加些醋）浸渍，取出后立刻放入冷水中弄弯。花叶较多的树枝，须先把花叶包扎遮掩好，直接放在火上烤，每次烤2~3min，重复多次，直到树枝柔软、足以弯曲成所需的角度为止，然后将其放入冷水中定型。

软枝：较易弯曲，如银柳、连翘等枝条，用两只拇指对放在需要弯曲处，慢慢掰动枝条即可。

草本花枝：可用右手拿着草茎的适当位置，左手旋扭草茎，即可弯曲成所需的形态，如文竹等纤细的枝条。

此外，茎枝的其他造型包括枝茎的加粗加固造型、花茎的延长插枝、缠绕铁丝造型、绑扎造型及枝条打结造型等。

②花头的造型

金属丝穿心：将铁丝前端弯成小钩状，由上向下穿过花蕊中心，直到看不见铁丝为止。凡是铁丝穿过后，花材的茎不易损害的，皆可使用此法，尤其是花梗中空或组织柔软的花材。

金属丝缠绕：将铁丝一端弯成小钩状，另一端从花朵中心竖直穿下，或横穿花心或花托，使金属丝一端附在花梗上，另一端螺旋缠绕于花梗上，即可随意弯曲造型。

滴蜡处理：针对荷花、睡莲、虞美人等花瓣容易脱落的花材，可将蜡滴入花朵的基部，以固定花瓣，防止脱落。

③叶片的造型

折叶：细长的叶片或花梗可在一定部位折曲，构成一定的几何图形以增加变化。折曲部分可用大头针、回形针、订书针或胶带固定。

卷叶：将条形或带形叶片由顶端卷起，用双手搓卷后放开，叶片即自然弯卷；或者把叶片卷成不同形状后，用大头针、回形针、订书针或胶带固定。

撑叶：对于大型柔软叶片，可用铁丝穿入叶背主脉中或用胶带将铁丝粘在叶片下，叶片即可撑出不同的角度。

剪叶：将叶片剪成各种形状和图案。

切叶：用刀顺着叶脉方向切开，保留两端，可产生拉丝状的叶片造型，使大而实的叶片变得轻而柔。

圈叶：叶尖扎小孔，叶柄插其中。

翻叶：叶中间切小口，叶前部分插入。

(4) 命名

命名对插花作品的意境有着画龙点睛的作用，这也是中国插花引人入胜、赏乐无穷之所在。插花作品的命名有2种：规定命题命名和自由命题命名。

①规定命题命名　插花作品的命名，有的是先命名，然后根据命名进行创作，围绕该主题进行构思、选材。同一命题有不同的表现形式，目前一些插花大赛，往往规定一些题目，按题目评定作品的优劣。

②自由命题命名　有些插花作品的命名，是在创作完成之后，根据其表现的题材、主题及意境等内容再命名。给插花作品命名要贴切、含蓄并富有新意，能令人回味无穷，需要一定的文学修养和表现技艺，要求文字精练、意趣飘逸、诗意盎然，命名亦有其艺术魅力。命名方法，在传统的插花创作中称为"借景传情""以形传神"。常见的命名方法有以下6种：

以花材的象征含义和特性命名：如"凌波仙境"因水仙有凌波仙子的雅号而命名。

借助植物的季相景观变化命名：这类命名体现了日月星辰及四季的变化，具有较强的时令感，极能引起欣赏者的共鸣。如以银芽柳、迎春花为素材创作的"春之歌"，以菊花为主要素材创作，表现秋季景观的作品"金秋"。

以插花作品的造型命名：给作品命名时，依形写神，以假当真，运用形象思维去展开联想，去比拟真景，依其神态恰当命名。如用富贵竹和竹签插成风车状的"风轮旋转"。

以自然界山水风光命名：春夏秋冬，雨雪风霜，朝霞晚露，名山大川，草木花卉，均是自然界中的美丽景观，如"春之韵""行云流水"等。

借鉴诗词曲赋命名：这类命名纵越历史，寓意深刻，意境悠远，以古托今，借古抒怀，常能产生别开生面、意境深刻的艺术效果。如"庭院深深""似水年华""小荷才露尖尖角"等，这些精湛古雅的命名，将作品刻画得淋漓尽致，令人浮想联翩，回味无穷。

以一种情愫和情感命名：这类命名需要平时的文学积累，才能恰如其分地表达作品的思想感情。如"一片冰心""童年的回忆""忘忧"等。

(5) 清理现场

这是插花不可缺少的一环，也是插花者应有的品德。日本人插花都先铺上废报纸或塑料布，花材在垫纸上进行修剪加工，作品完成后把垫纸连同废枝残叶一起卷走，现场不留下一滴水痕和残渣，保持环境清洁。这种插花作风值得发扬和学习。

8.3　树木盆景制作与鉴赏

树木盆景是选用观赏树木的幼树或老树桩，经过培养、艺术加工，并栽植布置在精致盆钵中的艺术作品。树木盆景也是从自然中来，经过提炼、概括、升华而成的立体的"树画"。

8.3.1 树木盆景分类

(1) 依选取的木本植物材料分类

①桩景　从山野掘取的树木根桩，经过养胚，加工成型而做成的一种树木盆景称为桩景，又称为树桩盆景。

②树景　由1~3年生或树龄稍大一些的小树做成的树木盆景，称为树景。扬派、川派盆景都有"自幼培养"的传统技法，要求从小树开始造型。

(2) 依观赏目的分类

①观叶类　此类树木盆景除了观赏其根、茎、干、枝的艺术造型外，突出叶片的观赏价值。大多数树木盆景都具有观叶的特性。

②观花类　此类盆景以观花为主要目的，对其枝、干造型及叶的观赏价值要求居次。如紫薇、梅花、桃花、九里香等。

③观果类　此类盆景以观果为主要目的。如用苹果、桃、山楂等制作的树木盆景，观赏植物中的火棘、果石榴、胡颓子、佛手、金柑等也可做成观果盆景。

④综合类　此类盆景通常包含2种或2种以上的观赏特性。如虎刺、爬地蜈蚣、枸骨、银杏具有观叶与观果2种特性；花石榴具有观叶与观花的两种特性；锦松具有观叶与观茎的特性。

8.3.2 树木盆景制作技艺

(1) 树桩的采掘与培育

树木盆景的素材主要来源于2个方面：繁殖育苗和采掘树桩。前者采用播种、扦插、压条、嫁接、分株等繁殖方法取得树苗，进行自幼培养，造型比较自由，树木枝干的粗细比较匀称，但费时较长；后者从山野挖取多年的树桩，因材处理，进行培育加工，可以大大缩短时间，还能常常选到形态自然优美、古雅朴拙的老桩，制作成盆景佳品，缺点是受到树桩固有形态的限制，主干与侧枝之间的粗细比例不易匀称。

关于繁殖育苗技术，前文已有介绍，此处不再赘述。这里重点介绍树桩的采挖与培育方法。

①采掘时间　根据树种的生理特性，并结合本地区的气候条件、设备等确定具体时间。一般有2个挖掘的有利时机：一个是在树木进入休眠期而又未完全进入冬眠状态；另一个是在早春土壤开冻之后，树木未萌发之前。对于常绿阔叶树种和一些不耐寒的树种，则应在早春稍晚一些，在3~4月挖掘为好，以免遭受冻害。古人总结了一套移植树木的经验："移树无时，勿叫树知，多留宿土，记取南枝"。但是如果有养护管理的设施条件，任何时候都可采集。

②采掘方法　首先要了解资源和环境条件，带好镐、铲、手锯、枝剪等工具，清除要挖的树桩四周的杂物障碍。然后，为了挖掘方便，要剪去树桩的大部分枝条，仅留主干及部分主枝，但又要考虑为以后的造型修剪留有选择余地。对萌发力弱的常绿树，不能将枝叶修剪光，必须留下枝叶才能成活。要根据根系的走向和分布，决定下镐挖掘的部位，先截断其主根，留下主根的长度为树干直径的5倍左右，再断侧根。要多留须根，粗根截口要平，以便于其愈合。对松、柏类或常绿野桩，必须带土球挖掘。挖掘大的树桩，为了保证其成活，最好先断根培养，即第一年将野桩根部挖掘一半，填换新土；第二年再挖掘另一半，填换新土；第三年就可带土球起出包扎。

③养胚　山野采掘的树桩，无论其自然形态如何优美，要制成盆景还必须经过一定时期的培育，称作养胚。养胚最好选择土壤肥沃疏松、排水良好、阳光充足的地方进行地植，或采取泥盆栽植，以便于进行造型加工。栽植要适当深埋，最好仅留芽眼在土外，主干较高的树桩，可用苔藓包在主干上。栽后要浇一次透水，并用少许稻草盖在树桩上，以保持湿度。夏季要遮阴降温，冬季要防寒保暖，平时要注意水肥管理和防治病虫害。

(2) 树胚造型技艺

自幼培养的树苗，一般在3~5年后开始加工造型；山野采掘的树桩，大多数在养胚一年后即可进行加工造型。

①蟠扎　蟠扎是树木盆景制作的传统造型技法之一，各流派虽称谓不同，如有的流派称为盘扎、攀扎、绑扎、作弯、摆形等，其作用和目的都是盘出枝干以造就千变万化、丰富多彩的外形。

不同树种在蟠扎的时间上存在较大的差异。大多数落叶树种适宜在秋末至初春蟠扎，因此时期蟠扎既容易操作又没有碰掉叶子的顾虑，且不影响枝干生长，更主要的是此时期枝条柔韧度较高，易于达到要求。对一些枝条特别柔软的种类，如石榴、罗汉松、银杏等树种，一年四季均可蟠扎。而枝条特别脆硬的一些种类，如木槿、蜡梅、梅花、杏梅等树种，则宜在春、夏间进行嫩枝绑扎。

根据使用的蟠扎材料不同可分为金属丝蟠扎和棕丝蟠扎2种。

金属丝蟠扎：该法简便易行，伸屈自如，但拆除时稍麻烦。最好是用经过火烧的铁丝，但通常用的是较经济的铅丝，根据所蟠扎枝干的粗度来选用适度粗细的铁丝。蟠扎时，先将金属丝一端固定于枝干的基部或交叉处，然后紧贴树皮徐徐缠绕，使金属丝与枝干约成45°角。如要将枝干向右扭旋下弯，金属丝应按顺时针方向缠绕；反之，则按逆时针方向缠绕。注意边扭旋边弯曲，才能使金属丝紧贴树皮，同时枝干也不易断裂，且用力不可过猛，以免损伤树皮或扭断枝干。对石榴、红枫等一些皮薄易受损伤的树种，可先用麻皮包卷枝干，然后蟠扎金属丝。在一根枝上如有重复的金属丝缠绕，须注意缠绕方向的一致，尽量避免交叉。

棕丝蟠扎：是我国盆景制作的传统造型方法。它的优点是：棕丝与枝干颜色调和，加工后即可供欣赏，并且不易损伤树皮，拆除方便，但蟠扎难度较大。一般先将棕丝捻成不同粗细的棕绳，将棕绳的中段缚住需弯曲的树干下端(或打个套结)，将两头相互绞几下，放在需要弯曲的枝干上端，打一活结，再将枝干徐徐弯曲至所需弧度，再收紧棕绳打成死结，即完成一个弯曲。弯曲一般不宜过分，否则易失去自然形态。棕丝蟠扎的关键在于掌握好力点，要根据造型的需要，选择下棕与打结的位置。棕丝蟠扎的顺序是：先扎主干，后扎枝叶；先扎干基，后扎干顶；先扎大枝，后扎小枝。各地盆景老艺人在长期实践中，总结出了许多种棕丝蟠扎方法，称作棕法。这种棕法因地区或流派的不同而略有区别，但基本原则是相同的，目的都是利用棕丝将树木枝干扎成所需要的形态。

无论采用金属丝还是棕丝蟠扎，一般在1年以后拆除就能定型。如不及时拆除，就会因为枝条长粗，而使金属丝或棕丝陷入皮层，影响树木的生长及美观。但对于生长较慢的树种及较粗的枝干，时间则可稍延长半年或1年。

②修剪　通过枝干的修剪，去除多余部分，保留精华，使树形更为美观，这是树木盆景造型的一种主要手段。修剪有削弱、矮化、改变树形的功能。修剪时，对杂乱的交叉枝、重叠枝、平行枝、对生枝等进行调整。留下的枝条则养分集中，长得粗壮，当培养枝长到适合粗度时，再进行强度修剪，使之短缩，生出第二节枝；待第二节枝长到适合粗度时，再加剪截，第三、第四节枝都依次如此施行。一般每一节枝上留2个小枝，一长一短，经多年的修剪，枝干短缩、粗壮、苍劲有力，逐步形成需要的树形。修剪方法有摘、截、疏、伤等。

修剪时期要适时适树，一般落叶树种可四季修剪，但以落叶后、萌芽前修剪为宜。松柏类由于剪后容易流树脂，宜于冬季修剪；生长快、萌发性强的树种，如柽柳、榆树等，一年可多次修剪；观花类树种，当年生新枝条开花的海棠、苹果、紫薇、石榴等，宜在萌发前修剪；一年生枝上开花的树种如碧桃、梅花、迎春花等宜在开花后修剪。

③雕凿　为了呈现出树木苍古的姿态，有时可用凿子或锋利刻刀依照造型技法对树干进行雕凿，形成自然的凹凸变化，还可剥去部分树皮，甚至将树干劈去一半，使树木呈现自然枯朽的苍老姿态。但雕凿时不可露出人工刀刻斧凿的痕迹。该法多用于松柏类及体量较大的老树桩。

④提根　树桩盆景讲究悬根露爪、盘根错节，这也是盆景欣赏的重要内容之一。提根技法通常是先将树木种在深盆中，以后逐年去掉上面的壅土，使粗根提出土面。同时还可对根部进行盘曲艺术处理，使其显得更苍古奇特，古朴野趣。但提根时要适度，不可使根系一下子露出过多，以免影响树桩的生长，甚至造成死亡。常用的提根方法有签筒育根、垫瓦育根、壅土育根和苔藓包扎等。

(3) 选盆

经过加工整形的树胚，如已接近成型，则可上盆配景。造型优美的树木，只有配上大小适中、深浅恰当、款式相配、色彩协调、质地相宜的盆钵，才能成为完美的盆景艺术品。

①大小适中　一般矮壮型树木孤植时所用的盆口面必须小于树冠范围，盆长必须大于树干的高度；高耸型树木孤植时所用的盆口面必须大于树冠范围，盆长必须小于树干的高度；合栽式的宜稍大一些，以表现一定的空间环境。此外，用浅盆时，盆口面宁大勿小；用深盆时，则宁小勿大。

②深浅恰当　一般合栽式宜用最浅的盆；直干式宜用较浅的盆；斜干式、卧干式、曲

干式宜用深度适中的盆；悬崖式宜用最深的签筒盆，但大悬崖式有时反而用中深盆，以对比显示下垂枝的长度。此外，规则形的树木盆景，习惯上用深一点的盆；而自然形的树木盆景，特别是盆中放置配件的，用盆不可深。

③款式相配　选配盆钵必须使款式与景物内容在格调上一致。如树木的姿态苍劲挺拔，则盆钵的线条也宜刚直，用正方形、长方形及各种有棱角的盆钵，以集中表现一种阳刚之美；如树木的姿态虬曲婉转，则盆钵的轮廓应以曲线条为佳，用圆形、椭圆形及各种外形圆浑的盆钵，以表现一种阴柔之美。生长快、根系发达的树木宜用瓢口或直口的盆；生长缓慢、根系不发达的树木可用各种盆口形式的盆钵。无明显方向性的树木宜用圆形、方形一类较浅的盆；斜干式宜用长方形、椭圆形盆；多干式、丛林式、连根式、附石式盆景内容较复杂，宜用形状简单的长方形、椭圆形浅盆。

④色彩协调　盆与树木景物的色彩既要有对比又能调和。松柏类四季苍翠，配上红色、紫色盆，更见古雅浑朴；花果类色彩丰富，配盆宜色彩明快，如红梅、贴梗海棠、紫藤、火棘等可配白色、淡绿色、淡黄色等浅色盆，黄花杜鹃、白梅、金雀、迎春等可配深色盆；观叶类、杂木类更须注意盆的色彩，如红枫宜配浅色盆，银杏宜配深色盆。此外，配盆也要考虑到树木主干的色彩。

⑤质地相宜　盆的质地对于观赏和栽种植物都有一定的影响。松柏类一般宜用紫砂陶盆；杂木类一般多用釉陶盆；观花、观果类宜用瓦盆培养，利于开花结果，观赏时再外加瓷盆或釉陶盆；微型盆景宜用紫砂陶盆或釉陶盆；特大型盆景可用凿石盆或水泥盆。

(4) 上盆

上盆时应首先选好盆和土，用碎瓦片和铁丝网(塑料丝网更好)填塞盆底排水孔。浅盆多用铁丝网，较深盆可用碎瓦片，两片叠合填一个孔，最深的签筒盆需用较多瓦片及砂土垫于盆底，以利于排水。填孔工作很重要，如不注意处理，将水孔堵塞，浇水后水无法排出来，盆土积水，会造成植物烂根现象。用浅盆栽种较大的树木时，须用金属丝将树根与盆底扎牢。可先在盆底放一铁棒，将金属丝穿过盆孔拴住铁棒，这样树根在栽种时便可固定下来，不致因盆土浅而摇动，影响根系生长发育。

树木的位置确定后，即可将事先筛好的培养土放入盆内。如盆土有粗细之分，先将粗粒土放在盆下，再放细粒土壅根填实。培土时一边放入，一边用竹竿将土与根贴实，但不要将土压得太紧，只要没有大的空隙即可，有利于透气透水。土放到接近盆口处，稍留一点水口，以利于浇水。如系浅盆，则可不留水口，有时还要堆土栽种。树木栽种的深浅，也要根据造型的需要，一般将根部稍露出土面即可。树木栽植完毕要浇透水，新栽土松，最好用细喷壶喷水，而后将其放置在无风半阴处，每天喷水，半月后便生新根，转入正常管理。

8.3.3　树木盆景鉴赏

树木盆景是活的艺术品，是大自然中各种树木景观在盆钵中的缩影。欣赏盆景实际上就是对盆景的审美，产生联想、想象、移情和思维等一系列心理活动的过程。对树木盆景的审美体现在以下2个方面：

(1) 自然美

树木盆景是以活的植物体为材料，具有生命活动的特征。其自然美包括根、树干、枝叶、花果和整体的姿态美，以及随着季节变化的色彩美，主要由根盘、隆基、干形、肌理、枝态及花、叶、果的特征共同体现。

①根盘　树头四周有较多粗细适当的根，紧伏地面呈辐射状延伸，先端分出小根，美好的根盘不但使树稳固，还能展现盆树的"力度"，对作品的欣赏价值有着举足轻重的影响。

②隆基　是指树干靠近根的部位（即"树头"部），它应相对膨大，与根部相接成喇叭状为好。

③干形　由粗而细自然过渡的圆形树干，对于任何形式的盆树而言都是最佳干形。至于收尾的快与慢，干形的修长与矮壮，将形成不同的风格，并无优劣之别。

④肌理　指树干表皮的纹理，因树种不同而异。山松的鳞甲状肌理、柏树的丝状肌理、榆树的石状肌理，这些肌理能增加树的苍老古朴美感。

⑤枝态　好的枝态能提升树木盆景的形态美，它应当粗细长短合适，生长情况正常，疏密得当。枝态之美以岭南盆景"脱衣换锦"的展示最为突出，将树叶全部摘除，以展示落叶后的"寒树"相，而后又能陆续观赏到新叶初萌的春树和枝繁叶茂的夏树。

⑥叶、花、果　盆树之叶以小为好，叶子宜平展、有光泽。盆树之花以形简、型小、色鲜、气馨为好；果则以色艳、形美、型小为好。

(2) 画境美

树木盆景的画境美，就是将大自然中的树木景色进行高度概括和提炼，通过艺术加工，使之成为有主次、有动势、有疏密、有烘托、有呼应的造型布局，达到凝聚大自然景色的艺术境界。一个盆景作品就像一幅动人的立体画。表现画境美，重点在于构图与布局，必须运用各种艺术手法，如主次分清，疏密得当，虚实相生，巧拙互用，平中见奇，露中有藏等。

8.4　观赏植物室外造景

8.4.1　乔木

乔木体量大，在园林中具有构筑空间骨架的作用。乔木树种的选择及其配置形式反映了植物景观的整体形象和风貌。根据乔木在园林中的应用目的，大体可分为孤植、对植和列植、丛植、群植等配置方式。

(1) 孤植

孤植树在园林中通常有2种功能：一是作为园林空间的主景，展示树木的个体美；二是发挥遮阴功能。用作主景时，要求姿态优美，色彩鲜明，树体高大，寿命较长，特色显著；用于遮阴时，孤植树应树冠宽大，枝叶茂盛，冠大荫浓，病虫害少，无飞毛、飞絮污染环境。孤植树是园林构图中的主景，因而要求栽植地点位置较高，四周空旷，便于树木向四周伸展，并有合适的观赏视距，中间不能有其他景物遮挡视线。

(2) 对植

对植是将2株树按一定的轴线关系相互对称或均衡的种植方式，在园林构图中作为配景，起陪衬和烘托主景的作用。对植多应用于大门、建筑物入口、广场或桥头的两旁。

(3) 列植

列植是将观赏树木按一定的株行距成排成行栽种，形成整齐、单一、气势宏大的景观。列植在园林中可作园林景物的背景，种植密度较大的可以起到分割隔离的作用，形成树屏，使夹道中间形成较为隐秘的空间。列植在规则式园林中运用较多，如道路、广场、工矿区、居住区、建筑物前的基础栽植等，常以行道树、绿篱、林带或水边列植的形式出现在绿地中。

(4) 丛植

将几株至一二十株同种类或相似种类的树种较为紧密地种植在一起，使其林冠线彼此密接而形成一个整体的外轮廓线，这种配置方式称为丛植，主要表现群体美。

①二株丛植　2株树结合的树丛最好采用同一树种，并在姿态上、动势上、大小上有显著的差异。

②三株丛植　3株配合时，树木的大小、姿态要有对比和差异。栽植时2株宜近，1株宜远，忌在同一直线上或按等边三角形栽植。如果是2个不同的树种，最好同为常绿树或落叶树。

③四株丛植　4株树可依3:1分为两组，组成不等边三角形或正边形，单株为一组者选中偏大者为好。若选用2种树，应一种树3株，另一种树1株(为中小号树)，植于3株一组中。

④五株丛植　5株树可分为3:2或4:1两组，任何3株树的栽植点都不能在同一直线上。若用2种树，株数少的2株树应分植于两组中。

(5) 群植

二三十株以上至数百株左右的乔木、灌木成群种植时称为群植，这个群体称为树群。可由单一树种组成，也可由数个树种组成。树丛不但有形成景观的艺术效果，还有改善环境的效果。树群的设计要求如下：

①树群的位置　应选在有足够面积的开阔场地上，如靠近林边开阔的大草坪上、小山坡、小土丘上，小岛及有宽广水面的水滨，其观赏视距至少为树高的4倍、树群宽的1.5倍。树群在园林植物配置中常作为主景或邻界空间的隔离，其内不允许有园路经过。

②单纯树群　由1个树种组成。为丰富其景观效果，树下可用耐阴的宿根花卉作地被植物。

③混交树群　是具有多层结构，水平与垂直郁闭度均匀的植物群落。其组成层次至少3层，多至6层。

(6)林植

凡成片、成块大量栽植乔木，构成林地或森林景观的称为林植或树林。林植多用于大面积公园安静区、风景游览区或休、疗养区及卫生防护林带。根据郁闭度可将树林分为密林(0.70以上)、中度郁闭(0.20~0.69)、疏林(0.20以下)，密林又有纯林和混交林之分。密林纯林应选用最富有观赏价值且生长健壮的地方树种。疏林的树种应有较高的观赏价值，生长健壮，树冠疏朗开展，落叶树居多，四季有景可观。疏林多与草地结合，成为"疏林草地"，夏季可庇荫，冬季有阳光，草坪空地可供游玩、休息、活动。

8.4.2 灌木

灌木在观赏植物群落中属于中间层，起着乔木与地面、建筑物与地面间的连贯和过渡作用。其平均高度基本与人的平视高度一致，极易形成视觉焦点，在园林造景中具有极其重要的作用。

(1)独自构成景

灌木以其自身的观赏特点既可单株栽植、对植，又可以丛植、群植形成整体景观效果。

(2)与其他观赏植物配置

灌木与乔木树种配置能丰富园林景观的层次感，创造优美的林缘线，同时还能提高植物群体的生态效益。以草坪为基调，山坡上的树丛为背景，彩叶灌木、紫叶黄栌的观赏效果十分明显。此外，还可以草坪植物为背景，上面配置一些花灌木，既能引起地形的起伏变化，丰富地表的层次感，克服色彩上的单调感，还能起到相互衬托的作用。

(3)配合和联系景物

灌木通过点缀、烘托，可以使主景的特色更加突出，假山、建筑、雕塑、凉亭都可以通过灌木的配置而显得更加生动。同时，景物与景物之间或景物与地面之间，由于形状、色彩、地位和功能上的差异，彼此孤立，缺乏联系，而灌木可使它们之间产生联系，获得协调。作为绿篱的灌木还有组织空间和引导视线的作用。花灌木对园路的装饰，园路两旁的花灌木可使园路显得曲折幽深。建筑物旁配置灌木，显得生动活泼。

(4)布置专类园

花灌木中的很多种类品种多，应用广泛，深受人们的喜爱，如月季花已有2万多个品种，有藤本的、灌木的、树状的、微型的等，花色更是十分丰富，适合布置成专类园供人们集中观赏。另有牡丹园、碧桃园、丁香园、杜鹃花园、梅园等。

(5)基础种植

低矮的灌木可以用于建筑物的四周、园林小品和雕塑基部作为基础种植，既可遮挡建筑物墙基生硬的建筑材料，又能对建筑物和小品雕塑起到装饰和点缀的作用。

8.4.3 园林花卉

草本花卉在园林中的应用主要起细部刻画和局部渲染、烘托气氛的作用。花卉布置的形式可分为花坛、花境、花台等。

(1) 花坛

花坛是指在有一定几何形轮廓线的范围内按照一定的规则栽种多种花卉或不同颜色的同种花卉，使其发挥群体美的一种布置方式。其所要表现的是花卉群体的色彩美以及由花卉群体所构成的图案美。

①花坛的分类　按形态可分为立体花坛和平面花坛：

平面花坛：其外廓多为规则的几何体。常用于环境较为开阔的城市出入口及市内广场。一般情况下，以大面积草坪作陪衬。

立体花坛：以三维的花卉造型为主。时常用于城市的重要路口或主要道路交叉口，一般情况下，用于表现重大节日庆典的浓缩氛围及刻画大型活动的标志物。

按表现形式可分为盛花花坛和模纹花坛：

盛花花坛：集合几种花期一致、色彩调和的不同种类的花卉，配置而成的花丛花坛。它的外形可根据地形呈自然式或规则式的几何形等多种形式。而内部的花卉配置则根据观赏的位置不同而异。

模纹花坛：此种花坛是以色彩鲜艳的各种矮生性、多花性的草花或观叶草本为主，在一个平面上栽种出各种图案，犹如地毯。花坛外形均是规则的几何图形。花坛内图案除用大量矮生性草花外，也可配置一定的草皮或建筑材料，如色砂、瓷砖等，使图案、色彩更加突出。

②花坛的设计要点

植物选择：

- 盛花花坛。以观花草本为主体，特别是一、二年生花卉，也可以是多年生球根或宿根花卉，可以适当选用少量的常绿及观花小灌木作辅助材料。花坛用草花宜选择株形整齐、具有多花性、开花整齐而花期长、花色鲜明、耐干旱、抗病虫害和矮生性的品种。常用的一、二年生花卉有金盏菊、雏菊、万寿菊、翠菊、三色堇、一串红、鸡冠花、半枝莲、羽衣甘蓝、矮牵牛、彩叶草等；宿根花卉有四季秋海棠、荷兰菊、小菊类、鸢尾类、石竹、玉簪等；球根花卉有郁金香、风信子、大丽花中的小花品种、美人蕉、水仙等。

- 模纹花坛。模纹花坛要求图案纹样清晰、精美细致，有长期的稳定性。一般选用低矮细密、生长缓慢、枝叶细小、株丛紧密、萌蘖性强、耐修剪的观叶植物作材料。模纹花坛材料有五色草、矮黄杨、香雪球、四季秋海棠、半枝莲、雏菊、孔雀草、酢浆草、银叶菊、千日红等。

色彩设计：

- 盛花花坛。盛花花坛追求大的色块对视觉的冲击力，花坛配色不宜太多，一般花坛2~3种颜色，大型花坛4~5种颜色即可。如红色+绿色（星红鸡冠+扫帚草）、橙色+蓝紫色（金盏菊+雏菊，金盏菊+三色堇）等对比色的应用，如红+黄+白（黄早菊+白早菊+一串红或一串白）等暖色调配色，显得热烈而庄重，再加白色来调剂，提高花坛的明亮度。

- 模纹花坛。模纹花坛的色彩设计应该以图案纹样为依据，用植物的色彩突出纹样，使之清晰而精美。

图案设计：

- 盛花花坛。以平面应用居多，图案设计应尽量简洁，避免烦琐，以大的色块取胜。外部轮廓主要是几何图形的组合。正方形、矩形可以更合理地利用空间，能突出地表现整齐、大方、稳重、庄重的效果；三角形以锐为特征，可以反映进取、斗争、奋发向上的精神；圆形是理想、圆满的造型，给人以平稳、安静、柔和、完美、松弛的感觉，具有包容性，可以表现团圆、团结、幸福美好、柔和、舒畅、轻盈的感觉；由各种曲线组成的不规则自然式花坛给人以优美、柔和、舒畅、轻盈的感觉，有的给人热情、奔放的感觉，在各类园林绿地、水畔、道路两侧等应用较多。花坛大小要适度，平面过大在视觉上会引起变形，观赏轴一般在10~20m之间，最大直径不超过20m。平面布局上可以采取对称、拟对称或自然式，花坛的轴线应与所在地建筑物或广场的轴线方向一致，两者的轴线应采用平行的方向。

- 模纹花坛。模纹花坛以突出内部纹样的精美华丽为主，其外部轮廓应该尽量简单，面积不宜过大，否则容易在视觉上造成图案变形。纹样条纹不可过细，以五色草为例，不可窄于5cm。装饰纹样风格应与周围环境协调一致。

(2) 花台

花台是将花卉栽植于高出地面(40~100cm)的台座上，类似花坛但面积较小，它是以观赏植物的体形、花色、芳香及花台造型等综合美为主的。花台的形状各种各样，有几何形体，也有自然形体。一般种植小巧玲珑、造型别致的松、竹、梅、丁香、天竺葵、铺地柏、枸骨、芍药、牡丹、月季花等。在中国古典园林中常采用此种形式。现代公园、花园、工厂、机关、学校、医院、商场等庭园中也常见。还可与假山、坐凳、墙基相结合作为大门旁、窗前、墙基、角隅的装饰，但必须在花台下面设盲沟以利于排水。

(3) 花境

花境是介于规则式和自然式构图之间的一种长形花带。从平面布置来说，它是规则的，从内部植物栽植来说则是自然的。花境中的观赏植物要求造型优美，花色鲜艳，花期较长，管理简单，平时不必经常更换植物，就能长期保持其群体的自然景观。在配置上既要注意个体植株的自然美，还要考虑整体美；要考虑花期一致或稍有迟早，开花成丛或疏密相间，显示出季节的特色。花境多设在建筑物的四周、斜坡、台阶的两旁和墙边、路旁等处。在花境的背后，常用粉墙或修剪整齐的深绿色灌木作为背景来衬托，使二者对比鲜明。花境中常用的植物材料有月季花、杜鹃花、山梅花、蜡梅、麻叶绣球、珍珠梅、连翘、迎春花、榆叶梅、飞燕草、波斯菊、金鸡菊、美人蕉、蜀葵、大丽花、黄葵、金鱼草、福禄考、美女樱、蛇目菊、萱草、紫菀、芍药等。

8.4.4 草坪

(1) 草坪的应用环境

草坪在现代园林绿地中应用广泛，几乎所有的空地都可利用草坪进行地面覆盖，防止水土流失和二次飞尘，或创造富有自然气息的游憩活动场所和运动健身空间。就空间特性而言，草坪是具有开阔、明朗特性的空间景观。因此，草坪最适宜的应用环境是面积较大的集中绿地；就环境地形而言，观赏与游憩草坪适用于缓坡地和平地，陡坡草坪则以水土保持为主要功能，或作为坡地花坛的绿色基调，水畔设计草坪常常能取得良好的空间效果，起伏的草坪可以从山脚一直延伸到水边。

(2) 草坪植物选择

草坪植物的选择应根据草坪的功能与环境条件而定。游憩活动草坪和体育草坪应选择耐践踏、耐修剪、适应性强的草坪草，如狗牙根、结缕草、马尼拉草、早熟禾等。干旱少雨地区则要求草坪草具有抗旱、耐旱、抗病性强等特性，以减少草坪的养护费用，如假俭草、狗牙根、野牛草等。观赏草坪则要求草坪植株低矮，叶片细小美观，叶色翠绿且绿叶期长，如天鹅绒、早熟禾、马尼拉草、紫羊茅等。护坡草坪要求选用适应性强、耐旱、耐瘠薄、根系发达的草种，如结缕草、白三叶、百喜草、假俭草等。湖畔河边或地势低凹处应选择耐湿草种，如剪股颖、细叶苔草、假俭草、两耳草等。树下及建筑阴影环境应选择耐阴的草种，如细叶苔草、羊胡子草等。

(3) 草坪坡度设计

草坪坡度因草坪的类型、功能和用地条件不同而异。

①体育草坪坡度　为了便于开展体育活动，在满足排水的条件下，一般越平坦越好，自然排水坡度为0.2%~1.0%。如果场地有地下排水系统，则草坪坡度可以更小。草地网球场的草坪由中央向四周的坡度为0.2%~0.8%，纵向坡度大一些，而横向坡度小一些；足球场草坪由中央向四周的坡度以小于1%为宜；高尔夫球场草坪因具体使用功能不同而变化较大，如发球区和果岭草坪坡度一般以小于0.5%为宜，障碍区则可起伏多变，坡度可达到15%或更高；赛马场草坪的直道坡度为1%~2.5%，转弯处坡度为7.5%，弯道坡度为5~6.5%，中央场地草坪坡度为1%左右。

②游憩草坪坡度　规则式游憩草坪的坡度较小，一般自然排水坡度以0.2%~5%为宜。而自然式游憩草坪的坡度可大一些，以5%~10%为宜，通常不超过15%。

③观赏草坪坡度　观赏草坪可以根据用地条件及景观特点，设计不同的坡度。平地观赏草坪坡度不小于0.2%，坡地观赏草坪坡度不超过50%。

(4) 草坪植物造景原则

草坪的应用，既要注意发挥它的防护功能，又要处理好与其他因素的关系，所以在草坪与其他植物造景时应注意以下4个基本原则：

①草坪景观各种功能的有机配合　草坪植物属多功能性植物，在造景时应首先考虑它的主要功能，即环境保护功能，同时要适当注意草坪的其他综合性功能，如供人欣赏和休息、满足儿童游戏活动、开展各类球赛或固土护坡和水土保持等。如果在草坪造景时只片面强调它的防护功能，忽视其他功能功能，如把不耐践踏的草种播种在儿童活动场地上，就会导致其他功能的丧失。因此，在造景时必须考虑草坪的各种功能，才能正确地提高它在绿地中的作用。

②充分挖掘草坪景观的艺术效果　草坪植物自身具有不同的季相变化，如初春逐渐由

淡黄转向嫩绿，会使人感到大地回春；夏日夕阳西下，绿毯翻波随风而来，使人心情愉悦。另外，草坪的开朗、宽阔，林缘线的曲折变化都能产生各种不同的意境。因此，在草坪与植物造景时，除了注意它的实用功能外，还必须充分发挥其艺术效果。

③合理搭配草坪植物　各种草坪植物均具有不同的生长习性，有喜光的阳性草坪植物，也有不喜光的草坪植物和半阳性的草坪植物；有耐干旱的，也有不耐干旱的；有耐寒的，也有喜夏季凉爽气候的。因此，在选择草种时，必须根据不同的立地条件，选择生长习性适合的草种。

④与其他构景元素协调配合　草坪是绿地景观设计的主要素材之一，它本身不仅具有独特的季相，而且极具划分空间的能力。因此，注重草坪植物的季相变化与建筑物、山石、地被植物、树木等其他构景元素的协调关系，才能增添和影响整个草坪的空间变化，给草坪增色添彩。

技能训练 8-1　插花艺术作品的创作

1. 目的要求

(1) 综合应用插花构图原理和操作技艺，创作一件插花艺术作品。

(2) 掌握插花艺术创作的操作程序。

2. 材料准备

(1) 材料：校园内常见花材，如月季花、杜鹃花、棕榈等各种花材、枝材和叶材等。

(2) 用具：花泥、剑山、枝剪、铁丝、绿胶带、折叠刀、丝带等。

3. 方法步骤

(1) 立意：写出所要创作的作品的立意，如何用植物材料来表达？

(2) 选材：根据立意，选取相应的花材，要求主花材、焦点花、配花明确，花材的色彩要协调，同时要有对比。

(3) 插作：插作过程要求干净利落，表现到位。

(4) 命名：要对创作的作品命名，同时写出赏花所需的环境。

4. 成果展示

记录插花作品的创作过程，完成插花作品的设计说明，分享和鉴赏各组的插花作品，提交实训报告。

技能训练 8-2　微型盆景的制作

1. 目的要求

(1) 综合应用树木盆景造型原理和制作技艺，创作一件微型盆景作品。

(2) 掌握树木盆景的操作程序。

2. 材料准备

(1) 材料：清香木、榔榆或杜鹃花等植物的二年生小苗。

(2) 用具：园艺剪刀、老虎钳、配置土、花盆、石英砂、铅丝、园艺铲等。

3. 方法步骤

(1) 选材：从清香木、榔榆或杜鹃花等植物的二年生小苗中选择枝细叶小、上盆易活而且根干奇特易造型的材料。

(2) 造型：制作前要对树木的姿态、习性等了如指掌，造型要"意在笔先"，要高度概括，按照树干的特征，适当地做些画龙点睛的加工，使之疏密有致、层次分明。

(3) 上盆：选好盆和土，用碎瓦片和铁丝网填塞盆底排水孔。确定树木位置后，先将粗粒土放在盆下，再放细粒土壅根填实。

(4) 养护：树木栽植完毕要浇透水。新栽土松，最好用细喷壶喷水。而后将其放置在无风半阴处，注意天天喷水，半月后便生新根，转入正常管理。

4. 成果展示

记录微型盆景的制作过程，鉴赏各组作品，分享创作经验，提交实训报告。

练习与思考

1. 名词解释

传统东方式插花，传统西方式插花，孤植，对植，丛植，群植，桩景，树景。

2. 填空题

(1) 室内装饰植物能够改善室内环境，具体表现在_____、_____、_____、_____和_____5个方面。

(2) 室内观赏植物的选择应根据装饰的_____、_____及_____等特殊要求综合考虑。

(3) 室内植物景观布置主要是创造优美的视觉形象。植物布置样式通常有_____、_____、_____、_____、_____和_____6种。

(4) 插花艺术设计造型的基本要素包括_____、_____和_____三方面。

(5) 插花作品创作程序包括_____、_____、_____、_____和_____5个步骤。

(6) 树木盆景依观赏目的分为_____、_____、_____和_____4类。

(7) 树木盆景的素材主要来源于_____和_____两个方面。

(8) 树胚造型处理方法包括_____、_____、_____和_____4个方面。

3. 问答题

(1) 室内装饰植物有哪些功能？

(2) 插花艺术造型的基本原理包括哪些方面？

(3) 艺术插花常见的造型形式有哪些？

(4) 礼仪插花常见的造型形式有哪些？

(5) 树木盆景的审美鉴赏主要包括哪些方面？

(6) 盛花花坛的设计要点包括哪些内容？

(7) 灌木在园林中的应用包括哪些方面？

自主学习资源库

(1) 插花艺术(第3版). 朱迎迎，张虎. 中国林业出版社，2015.

(2) 花艺在线. http://www.huadian360.com/

(3)中国盆景网．http：//www.cn-pjw.com/

(4)盆景艺术在线．http：//www.cnpenjing.com/

(5)插花艺术网易公开课．南京林业大学，田如男，杨秀莲．http：//open.163.com/special/cuvocw/chahuayishu.htm/

各 论

单元 9
一、二年生花卉

【学习目标】

知识目标：

(1) 了解一、二年生花卉的生态习性和栽培繁殖技术要点。

(2) 熟悉常见一、二年生花卉的观赏应用方式。

(3) 掌握常见一、二年生花卉的形态识别要点。

技能目标：

(1) 能识别本地区常见的一、二年生花卉。

(2) 能栽培繁育本地区常见的一、二年生花卉。

(3) 能根据具体条件和要求合理选用常见的一、二年生花卉。

【案例导入】

学校每年的国庆节（或劳动节）期间都要在大门口布置一个盛花花坛，这个花坛一般都用一、二年生花卉布置，场地为5m×5m的平地。

请你给学校设计国庆节（或劳动节）盛花花坛，并配置相应的一、二年生花卉（包括植物品名、颜色、规格及数量）。

9.1 概述

一、二年生花卉是指整个生活史在1或2个年度完成的草本观赏植物。包括一年生花卉、二年生花卉和多年生作一、二年生栽培的花卉。

9.1.1 生态习性

(1) 对光照的要求

大多数一、二年生花卉喜欢阳光充足的环境，仅少部分喜欢半阴环境。

(2) 对土壤的要求

除了重黏土和过于疏松的土壤外都可以生长，以深厚肥沃、排水良好的壤土为好。

(3) 对水分的要求

根系分布浅，不耐干旱，要求土壤湿润。

(4)对温度的要求

一年生花卉喜温暖，不耐严寒，大多数不能耐受0℃以下的低温，生长发育主要在无霜期进行，因此主要在春季播种；二年生花卉喜冷凉，耐寒性强，可耐0℃以下的低温，需要在0~10℃下完成春化作用，不耐炎热。

9.1.2 繁殖方法

以播种繁殖为主。一年生花卉通常在春季晚霜过后，气温稳定在大多数花卉种子萌发的适宜温度时进行露地播种。为提早开花或开花繁茂，也可借助温室、温床、冷床等保护地提早播种。二年生花卉一般在秋季播种，种子发芽适宜温度低，播种早不易萌发，只要保证出苗后根系和营养体有一定的生长量即可。一些二年生花卉也可以在11月下旬土壤封冻前露地播种，种子在休眠状态下越冬，并经冬、春低温完成春化作用；也可于早春土壤化冻10cm时露地播种，利用早春低温完成春化作用，但不如秋播生长好。

为了保持品种特性，有些多年生花卉作一、二年生栽培的种类，也可以扦插繁殖。

9.1.3 栽培管理

(1)苗期管理

多采用穴盘育苗。种子萌发后，浇水不宜过多，水多则根系发育不良并易引起病害，应施稀薄水肥。苗期应避免阳光直射，适当遮阴。为培育壮苗，苗期还应进行多次间苗或移植，移苗最好选在阴天进行。

(2)摘心与抹芽

摘心是为了使植株整齐，株形丰满，促进分枝控制植株高度或延迟花期；抹芽是为了促使植株向高处生长，减少花朵的数目，使养分集中供应顶花。

(3)设支柱与绑扎

一、二年生花卉中有些株形高大，上部枝叶花朵过于沉重，遇风尤其易倒伏，还有一些蔓生性花卉，均需设支柱绑扎。

(4)剪除残花

对于单株花期长的花卉，如一串红、金鱼草、石竹类等，花后应及时剪除残花，同时加强水肥管理，以保证植株生长健壮，继续开花繁茂，同时还有延长花期促使二次花形成的作用。

9.1.4 应用特点

①株形整齐，花期集中，色彩鲜艳，群体效果好，既可布置成花坛、花台，也可与球根花卉和观赏草搭配布置成花境或缀花草坪。

②种类繁多，品种丰富，既有繁花似锦的种类，也有花大色艳的种类，有的种类可作

切花使用。

③生长周期短，在园林应用中美化装饰速度快；且观赏期长，通过不同种类的搭配可以实现周年有花。

④种子形成量大，出苗率高，繁殖容易，栽培简单，投资少，成本低。

9.2 常见一、二年生花卉

1. 鸡冠花（图9-1）

[学名] *Celosia cristata*

[别名] 老来红、芦花鸡冠、笔鸡冠、大头鸡冠、凤尾鸡冠、鸡公花

[科属] 苋科 青葙属

[花期] 7~10月

[形态特征] 多年生作一年生栽培。全株无毛，粗壮，分枝少，近上部扁平，绿色或带红色，有棱纹凸起。单叶互生，具柄，先端渐尖或长尖，基部渐窄成柄，全缘。花密生成扁平肉质鸡冠状、卷冠状或羽毛状的穗状花序，一个大花序下面有数个较小的分枝，圆锥状矩圆形，表面羽毛状，花被片红色、紫色、黄色、橙色或红色黄色相间。种子肾形，黑色，有光泽。

图9-1 鸡冠花

[观赏应用] 鸡冠花因其花序红色、扁平状，形似鸡冠而得名。高型品种用于花境，还是很好的切花材料，也可制作干花，经久不凋，矮生种用于栽植花坛或盆栽观赏。鸡冠花对二氧化硫、氯化氢具有良好的抗性，可起到绿化、美化和净化环境的多重作用。

2. 雁来红（图9-2）

[学名] *Amaranthus tricolor*

[别名] 老来少、三色苋、叶鸡冠、老来娇、老少年、向阳红

[科属] 苋科 苋属

[花期] 8~10月

[形态特征] 一年生花卉。茎直立，粗壮，绿色或红色，分枝少。单叶互生，卵形或菱状卵形，有长柄，初秋时上部叶片变色，普通品种变为红、黄、绿三色相间，优良品种则呈鲜黄或鲜红色，叶色艳丽，顶生叶尤为鲜红耀眼。花序小而不明显，簇生叶腋或呈顶生穗状花序。

[观赏应用] 雁来红是优良的观叶植物，可作花坛背景、篱垣，或在路边丛植，也可大片种植于草坪之中，与各色花草组成绚丽的图案，还可作盆栽、切花之用。

图9-2 雁来红

3. 千日红（图9-3）

[学名] *Gomphrena globosa*

[别名] 百日红、火球花

[科属] 苋科　千日红属

[花期] 8~10月

图9-3　千日红

[形态特征] 一年生花卉。茎粗壮，有分枝，略成四棱形，节部稍膨大。叶片纸质，长椭圆形或矩圆状倒卵形，顶端急尖或圆钝，凸尖，基部渐狭，边缘波状，两面有小斑点、白色长柔毛及缘毛。花多数，密生，成顶生球形或矩圆形头状花序，常紫红色，有时淡紫色或白色；苞片卵形，白色，顶端紫红色；小苞片三角状披针形，紫红色，内面凹陷，顶端渐尖，背棱有细锯齿缘；花被片披针形，顶端渐尖，外面密生白色绵毛。胞果近球形。

[观赏应用] 花期长，花色鲜艳，为优良的园林观赏花卉，是花坛、花境的常用材料，且头状花序经久不败，除用作花坛及盆景外，还可作花圈、花篮装饰之用。

4. 凤仙花（图9-4）

[学名] *Impatiens balsamina*

[别名] 指甲花、急性子、女儿花、金凤花、桃红

[科属] 凤仙花科　凤仙花属

[花期] 6~8月

[形态特征] 一年生花卉。茎粗壮，肉质，直立。叶互生，最下部有时对生，披针形、狭椭圆形或倒披针形，先端尖或渐尖，基部楔形，边缘有锐锯齿，向基部常有数对无柄的黑色腺体，叶柄上面有浅沟，两侧具数对具柄的腺体。花单生或2~3朵簇生于叶腋，白色、粉红色或紫色，单瓣或重瓣；花梗密被柔毛；苞片线形，位于花梗的基部；侧生萼片卵形或卵状披针形。蒴果宽纺锤形，两端尖，密被柔毛。

[观赏应用] 凤仙花因其花色、品种极为丰富，是美化花坛、花境的常用材料，可丛植、群植，还可盆栽观赏，或作切花水养。

图9-4　凤仙花

图9-5　半支莲

5. 半支莲（图9-5）

[学名] *Portulaca grandiflora*

[别名] 松叶牡丹、龙须牡丹、洋马齿苋、午时花、太阳花

[科属] 马齿苋科　马齿苋属

[花期] 6～10月

[形态特征] 多年生作一年生栽培。茎平卧或斜升，多分枝，稍带紫色，光滑。叶圆柱形，叶腋有丛生白色长柔毛。花单独或数朵顶生，基部有8～9枚轮生的叶状苞片，并有白色长柔毛；萼片宽卵形；花瓣5或重瓣，有白、黄、红、紫、粉红等色，倒心脏形，无毛。蒴果盖裂。

[观赏应用] 布置花坛的优良材料，也可以用于花境镶边，或作盆栽观赏。

6. 福禄考（图9-6）

[学名] *Phlox drummondii*

[别名] 福禄花、桔梗石竹、草夹竹桃、洋梅花

[科属] 花葱科　福禄考属

[花期] 5～6月

[形态特征] 一年生花卉。茎直立，被腺毛。上部叶互生，下部叶对生，宽卵形、长圆形和披针形，顶端锐尖，基部渐狭或半抱茎，全缘，叶面有柔毛，无叶柄。圆锥状聚伞花序顶生，有短柔毛，花梗很短；花萼筒状，萼裂片披针状钻形，花冠高脚碟状，有淡红、深红、紫、白、淡黄等色，裂片圆形，比花冠管稍短。蒴果椭圆形，下有宿存花萼。

图9-6　福禄考

[观赏应用] 福禄考植株矮小，花色丰富，可作花坛、花境的植物材料，也可作盆栽供室内装饰。植株较高的品种可作切花。

7. 醉蝶花（图9-7）

[学名] *Cleome spinosa*

[别名] 西洋白花菜、凤蝶草、紫龙须、蜘蛛花

[科属] 白花菜科　白花菜属

[花期] 6～9月

[形态特征] 一年生花卉。性强健，高1～1.5m，全株被黏质腺毛，有特殊臭味。叶为具5～7小叶的掌状复叶，小叶草质，椭圆状披针形或倒披针形，中央小叶盛大，最外侧的最小，长约2cm，基部楔形，狭延成小叶柄，与叶柄相连处稍呈蹼状，顶端渐狭或急尖，托叶刺尖利，外弯，叶柄有淡黄色皮刺。总状花序密被黏质腺毛；苞片叶状、卵状长圆形；花蕾圆筒形；花梗被短腺毛，单生于苞片腋内；萼片长圆状椭圆形，顶端渐尖，外被腺毛；花瓣粉红色；果圆柱形。表面有细而密且不甚清晰的脉纹。

图9-7　醉蝶花

[观赏应用]醉蝶花花梗长而壮实,总状花序形成一个丰茂的花球,色彩红白相映,浓淡适宜,尤其是其长爪的花瓣,长长的雄蕊伸出花冠之外,形似蜘蛛,又如龙须,颇为有趣。地栽可植于庭院墙边、树下,盆栽可陈设于窗前、案头。由于醉蝶花对二氧化硫、氯气具有较强的抗性,适宜于工厂、矿山绿化。

8. 万寿菊(图9-8)

[学名]*Tagetes erecta*

[别名]臭芙蓉、蜂窝菊、臭菊花、金菊花

[科属]菊科 万寿菊属

[花期]6~10月

[形态特征]一年生花卉。茎直立,粗壮,具纵细条棱,分枝向上平展。叶羽状分裂,裂片长椭圆形或披针形,边缘具锐锯齿,上部叶裂片的齿端有长细芒,沿叶缘有少数腺体。头状花序单生,花序梗顶端棍棒状膨大;总苞杯状,顶端具齿尖;舌状花黄色或暗橙色,舌片倒卵形基部收缩成长爪,顶端微弯缺;管状花花冠黄色,顶端具5齿裂。瘦果线形,基部缩小。

图9-8 万寿菊

[观赏应用]万寿菊花大、花期长,常作花坛和花境观赏。

9. 向日葵

[学名]*Helianthus annuus*

[别名]向阳花、葵花、太阳花

[科属]菊科 向日葵属

[花期]7~10月

[形态特征]一年生花卉。茎直立,粗壮,圆形多棱角,有白色粗硬毛,高1.0~3.5m。叶通常互生,心状、卵形或卵圆形,先端锐突或渐尖,有基出3脉,边缘具粗锯齿,两面粗糙,被毛,有长柄。头状花序极大,单生于茎顶或枝端,常下倾;总苞片多层,叶质,覆瓦状排列,被长硬毛,夏季开花;花序边缘生不结实的黄色舌状花;花序中部生结实的棕色或紫色管状花。瘦果倒卵形或卵状长圆形,稍扁,果皮木质化,灰色或黑色,俗称葵花籽。

[观赏应用]向日葵矮生大花品种可作盆栽观赏,高杆品种可作花境或切花应用。此外,由于向日葵对金属污染物有较强的抵御能力,能深入土壤的根部将污染物吸收到枝干内部,降低土壤中的重金属含量。

10. 麦秆菊(图9-9)

[学名]*Helichrysum bracteatum*

[别名]蜡菊、贝细工

[科属]菊科 蜡菊属

图9-9 麦秆菊

[花期] 7～9月

[形态特征] 一年生花卉。茎直立，多分枝；叶互生，长椭圆状披针形，全缘、短叶柄；头状花序生于主枝或侧枝的顶端，总苞片多层，呈覆瓦状，外层椭圆形呈膜质，干燥具光泽，形似花瓣，有白、粉、橙、红、黄等色，管状花位于花盘中心，黄色；瘦果小棒状，或直或弯，上具四棱。

[观赏应用] 麦秆菊可布置花坛、花境，或自然丛植在林缘。苞片色彩艳丽，因含硅酸而呈膜质，干燥后花色不褪、花形不变，还有光泽，是做干花的重要植物材料。

11. 波斯菊（图9-10）

[学名] *Cosmos bipinnata*

[别名] 秋英、大波斯菊、秋樱

[科属] 菊科　秋英属

[花期] 6～8月

图9-10　波斯菊

[形态特征] 一年生花卉。茎直立，无毛或稍被柔毛，多分枝。叶二回羽状深裂，裂片线形或丝状线形。头状花序单生；总苞片外层披针形或线状披针形，近革质，淡绿色，具深紫色条纹，上端长狭尖，较内层与内层等长，内层椭圆状卵形，膜质；舌状花紫红色、粉红色或白色，舌片椭圆状倒卵形，有3～5钝齿；管状花黄色，管部短，上部圆柱形，有披针状裂片。瘦果黑紫色，无毛，上端具长喙，有2～3尖刺。

[观赏应用] 波斯菊株形高大，叶形雅致，花色丰富，适于布置花境，在草地边缘、篱边、山石、崖坡、树丛周围及路旁成片栽植，颇有野趣。重瓣品种可作切花材料。

12. 翠菊（图9-11）

[学名] *Callistephus chinensis*

[别名] 江西腊、五月菊、蓝菊

[科属] 菊科　翠菊属

[花期] 5～10月

[形态特征] 一、二年生花卉。茎直立，单生，有纵棱，被白色糙毛。下部叶花期脱落或生存；中部叶卵形、菱状卵形或匙形或近圆形，顶端渐尖，基部截形、楔形或圆形，边缘有不规则的粗锯齿，两面被稀疏的短硬毛，叶柄被白色短硬毛，有狭翼；上部叶渐小，菱状披针形、长椭圆形或倒披针形，边缘有1～2个锯齿，或线形而全缘。头状花序单生于茎枝顶端，有长花序梗，总苞半球形，总苞片3层，近等长，外层长椭圆状披针形或匙形，叶质，边缘有白色长睫毛，中层匙形，较短，质地较薄，染紫色，内层苞片长椭圆形，膜质，半透明，顶端钝。瘦果长椭圆状倒披针形。

图9-11　翠　菊

[观赏应用] 翠菊品种多，类型丰富，花期长，色鲜艳，中、

矮型品种适合盆栽观赏，也适宜用于花坛、花境布置，高型品种可作切花材料。

13. 百日草(图9-12)

[学名] *Zinnia elegans*

[别名] 百日菊、步步高、节节高、火球花、对叶菊、秋罗

[科属] 菊科　百日菊属

[花期] 6~10月

[形态特征] 一年生花卉。茎直立，被糙毛或长硬毛。叶宽卵圆形或长圆状椭圆形，两面粗糙，下面被密的短糙毛，基出3脉。舌状花深红色、玫瑰色、紫堇色或白色，舌片倒卵圆形，先端2~3齿裂或全缘，上面被短毛，下面被长柔毛；管状花黄色或橙色，先端裂片卵状披针形，上面被黄褐色密茸毛。舌状花瘦果倒卵圆形，管状花瘦果倒卵状楔形。

图9-12　百日草

[观赏应用] 百日草花大色艳，开花早，花期长，株形美观，可按高矮分别用于花坛、花境、花带，也常用于盆栽观赏。

图9-13　羽衣甘蓝

14. 羽衣甘蓝(图9-13)

[学名] *Brassica oleracea* var. *acephala* f. *tricolor*

[别名] 叶牡丹、牡丹菜、花包菜

[科属] 十字花科　芸薹属

[花期] 1~4月

[形态特征] 二年生花卉。根系发达，茎短缩。密生叶片，叶片肥厚，倒卵形，被有蜡粉，深度波状皱褶，呈鸟羽状。花序总状。角果扁圆形。

[观赏应用] 观赏羽衣甘蓝不同品种的叶色丰富多变，叶形也不尽相同，叶缘有紫红、绿、红、粉等色，叶面有淡黄、绿等色。公园、街头常用羽衣甘蓝镶边和组成各种美丽图案的花坛，也可盆栽观叶。

15. 三色堇(图9-14)

[学名] *Viola tricolor*

[别名] 三色堇菜、猫儿脸、蝴蝶花、人面花、猫脸花、阳蝶花、鬼脸花等。

[科属] 堇菜科　堇菜属

[花期] 4~6月

[形态特征] 多年生作二年生栽培。全株光滑，地上茎较粗，直立或稍倾斜，有棱，单一或多分枝。基生叶叶片长卵形或披针形，具长柄；茎生叶叶片卵形、长圆状圆形或长圆状披针形，先端圆或钝，基部圆，边缘具稀疏的圆齿或钝锯齿，上部叶叶柄较长，下部者较短；托叶大型，叶状，羽状深裂。花大，每个茎上有3~10朵，通常每花有紫、白、黄3

图9-14　三色堇

色；花梗稍粗，单生叶腋，上部具2枚对生的小苞片；小苞片极小，卵状三角形；萼片绿色，长圆状披针形，先端尖，边缘狭膜质，基部附属物发达，边缘不整齐；上方花瓣深紫堇色，侧方及下方花瓣均为三色，有紫色条纹，侧方花瓣里面基部密被须毛。蒴果椭圆形。

[观赏应用]三色堇在园林上用于布置花坛、花境，或栽植于草坪边缘，不同的品种与其他花卉配合栽植能形成独特的早春景观，另外，也可盆栽室内陈列观赏，布置于阳台、窗台、台阶，或点缀居室、书房、客堂。

16. 风铃草

[学名]*Campanula medium*

[别名]钟花、瓦筒花、风铃花

[科属]桔梗科　风铃草属

[花期]4~6月

[形态特征]二年生花卉。全株具有粗毛，茎粗壮直立。基部叶卵形或披针形。茎生叶披针状矩形，叶柄具翅，叶缘圆齿状波形，粗糙。总状花序顶生，小花1朵或2朵茎生，花冠膨大，钟状，形似风铃，有5浅裂，花色明丽素雅。

[观赏应用]风铃草植株较大，适于配置于小庭园，作花坛、花境背景材料，或林缘丛植，也可作切花或盆栽观赏。

图9-15　紫罗兰

17. 紫罗兰(图9-15)

[学名]*Matthiola incana*

[别名]草桂花、四桃克、草紫罗兰

[科属]十字花科、紫罗兰属

[花期]4~5月

[形态特征]二年生花卉。全株密被灰白色具柄的分枝柔毛，茎直立，多分枝，基部稍木质化。叶片长圆形至倒披针形或匙形，全缘或呈微波状，顶端钝圆或罕具短尖头，基部渐狭成柄。总状花序顶生和腋生，花多数，较大，花序轴果期伸长；花梗粗壮，斜上开展；萼片直立，长椭圆形，内轮萼片基部呈囊状，边缘膜质，白色透明；花瓣紫红、淡红或白色，近卵形，顶端浅2裂或微凹，边缘波状，下部具长爪。长角果圆柱形，果瓣中脉明显，顶端浅裂。

[观赏应用]紫罗兰花朵茂盛，花色鲜艳，香气浓郁，花期长，花序也长，适宜盆栽观赏，也适宜布置花坛、台阶、花径。

18. 古代稀

[学名]*Godetia amoena*

[别名]送春花、送别花、晚春锦、绣衣花

[科属]柳叶菜科　古代稀属

[花期]5~6月

[形态特征]二年生花卉。叶互生，形如柳叶。花单生或数朵簇生在一起成为简单的穗状花序，花瓣4瓣，色彩丰富，或白瓣红心，或紫瓣白边、粉瓣红斑等。

[观赏应用]古代稀可成片种植于花坛、花境，因植株匍匐生长，花芽直立，花朵离地面较近，盛开时，如同铺满地毯，非常艳丽，是重要的园林点缀花卉。此外，也可作盆栽观赏，高茎种可用作切花。

19. 金盏菊(图9-16)

[学名]*Calendula officinalis*

[别名]金盏花、黄金盏、长生菊、醒酒花、常春花、金盏

[科属]菊科　金盏菊属

[花期]3~6月

[形态特征]二年生花卉。全株被白色茸毛。单叶互生，椭圆形或椭圆状倒卵形，全缘，基生叶有柄，上部叶基抱茎。头状花序单生茎顶，形大；舌状花一轮，或多轮平展，金黄或橘黄色；筒状花黄色或褐色，也有重瓣(实为舌状花多层)、卷瓣和绿心、深紫色花心等栽培品种。瘦果船形或爪形。

[观赏应用]适用于中心广场花坛、花带布置，也可作为草坪的镶边花卉或盆栽观赏；长梗大花品种可用作切花。此外，金盏菊的抗二氧化硫能力很强，对氰化物及硫化氢也有一定的抗性，为优良的抗污花卉。

20. 矢车菊(图9-17)

[学名]*Centaurea cyanus*

[别名]蓝芙蓉、翠兰、荔枝菊

[科属]菊科　矢车菊属

[花期]4~6月

[形态特征]二年生花卉。茎直立，分枝，茎枝灰白色，被薄蛛丝状卷毛。基生叶及下部茎羽状深裂，中上部叶线形、宽线形或线状披针形。头状花序部分在茎枝顶端排成伞房花序或圆锥花序，蓝色、白色、红色或紫色。瘦果椭圆形。

图9-16　金盏菊

图9-17　矢车菊

[观赏应用]高型品种植株挺拔，花梗长，适宜作切花，也可作为花境材料，片植于路旁或草坪内，株形飘逸，花态优美；矮型品种可用于花坛、草地镶边或盆花观赏。

21. 虞美人(图9-18)

[学名]*Papaver rhoeas*

[别名]丽春花、赛牡丹、满园春、仙女蒿、虞美人草

[科属]罂粟科　罂粟属

[花期]5~6月

[形态特征]二年生花卉。全体被伸展的刚毛，稀无毛，茎直立，分枝细柔。叶片轮廓披针形或狭卵形，羽状分裂，裂片披针形。花单生于茎和分枝顶端，花蕾长圆状倒卵形，下垂；花瓣4枚，圆形、横向宽椭圆形或宽倒卵形，全缘，稀圆齿状或顶端缺刻状，花色丰富，通常基部具深紫色斑点。蒴果杯状。

图9-18　虞美人

[观赏应用]虞美人花色丰富多彩，开花时花瓣质薄如绫，光洁似绸，轻盈花冠似朵朵红云，片片彩绸，虽无风亦似自摇，风动时更是飘然欲飞，颇为美观。株上花蕾很多，此谢彼开，观赏期长，适用于花坛、花境栽植，也可盆栽或作切花材料。

22. 一串红(图9-19)

[学名]*Salvia splendens*

[别名]西洋红、墙下红、爆竹红、象牙红、炮仗红

[科属]唇形科　鼠尾草属

[花期]7~10月

[形态特征]多年生作一、二年生栽培。茎钝四棱形，具浅槽，无毛。叶卵圆形或三角状卵圆形，先端渐尖，基部截形或圆形，稀钝，边缘具锯齿。轮伞花序2~6花，组成顶生总状花序；苞片卵圆形，红色，在花开前包裹着花蕾，先端尾状渐尖；花萼钟形，红色；花冠红色，外被微柔毛，内面无毛，冠筒筒状，直伸，在喉部略增大，冠檐二唇形，上唇直伸，略内弯，长圆形，下唇比上唇短，3裂，中裂片半圆形，侧裂片长卵圆形，比中裂片长。小坚果椭圆形，长约3.5mm，暗褐色。

图9-19　一串红

[观赏应用]一串红有白花、紫花、红花品种，常用红花品种的花冠、花萼颜色鲜红，成片栽培鲜艳夺目，花期长，大量应用于节日花坛，也可盆栽观赏或用于花境、花丛等园林景观。

23. 蒲包花(图9-20)

[学名]*Calceolaria herbeohybrida*

[别名]元宝花、状元花、荷包花

[科属]玄参科　蒲包花属

[花期]2~5月

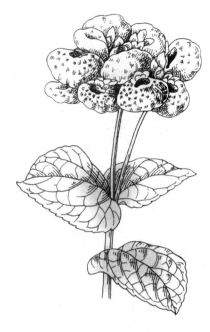

图 9-20 蒲包花

［形态特征］多年生作一、二年生栽培。全株有细小茸毛。叶片卵形对生。花形别致，花冠二唇状，上唇瓣直立较小，下唇瓣膨大似蒲包状，中间形成空室，柱头着生在两个囊状物之间；花色变化丰富，单色品种有黄、白、红等深浅不同的花色，复色则在各底色上着生橙、粉、褐红等斑点。

［观赏应用］由于花形奇特，色泽鲜艳，花期长，观赏价值很高，可做小巧盆栽，供人们家居摆设、室内装饰点缀之用。

24. 满天星

［学名］*Gypsophila paniculata*

［别名］丝石竹、霞草、锥花丝石竹、满天星、宿根满天星、锥花霞草

［科属］石竹科　石头花属

［花期］6~8月

［形态特征］多年生作一、二年生栽培。茎单生，直立，多分枝。叶片披针形或线状披针形，顶端渐尖，中脉明显。圆锥状聚伞花序，多分枝，疏散，花小而多；花梗纤细，无毛；苞片三角形，急尖；花瓣白色或淡红色，匙形，顶端平截或圆钝。蒴果球形，稍长于宿存萼，4瓣裂。

［观赏应用］满天星花开于每细枝尖端，如繁星点点，花形十分柔美，清丽高雅，是上等的切花花材，常用作花束的装饰和主花的衬材。阴干后即成天然干燥花。

25. 石竹（图9-21）

［学名］*Dianthus chinensis*

［别名］洛阳花、中国石竹、草石竹

［科属］石竹科　石竹属

［花期］4~9月

［形态特征］多年生作一、二年生栽培。全株无毛，带粉绿色，茎由根颈生出，疏丛生，直立，上部分枝。叶片线状披针形，顶端渐尖，基部稍狭，全缘或有细小齿，中脉较显；花单生枝端或数花集成聚伞花序，花色有白、粉、红、粉红、大红、紫、淡紫、黄、蓝等，顶缘不整齐齿裂。蒴果圆筒形，包于宿存萼内。

［观赏应用］石竹株形低矮，茎秆似竹，叶丛青翠，品种多样。园林中可用于花坛、花境、花台，也可作地被材料成片栽植，或作盆栽观赏，另外，石竹还能吸收二氧化硫和氯气，可作抗污染植物栽培。

图 9-21　石　竹

26. 美女樱（图9-22）

[学名] *Verbena hybrida*

[别名] 草五色梅、铺地马鞭草、铺地锦、四季绣球、美人樱

[科属] 马鞭草科　马鞭草属

[花期] 4~11月

[形态特征] 多年生作一、二年生栽培。全株有细茸毛，植株丛生而铺覆地面，茎四棱。叶对生，深绿色。穗状花序顶生，密集呈伞房状，花小而密集，有白色、粉色、红色、复色等，具芳香。小坚果短棒状。

图9-22　美女樱

[观赏应用] 美女樱茎秆矮壮匍匐，为良好的地被材料，可用于花坛、花境配置。

27. 翠雀花

[学名] *Delphinium grandiflorum*

[别名] 大花飞燕草、鸽子花

[科属] 毛茛科　翠雀属

[花期] 5~10月

[形态特征] 多年生作一、二年生栽培。茎直立，上部疏生分枝，茎叶疏被短柔毛。基生叶和茎下部叶有长柄，叶片三全裂，中央全裂片近菱形，小裂片线状披针形至线形，边缘干时稍反卷，侧全裂片扇形，不等二深裂近基部。顶生总状花序或穗状花序；小苞片生花梗中部或上部，线形或丝形；萼片紫蓝色，椭圆形或宽椭圆形；花瓣蓝色，无毛，顶端圆形。

[观赏应用] 翠雀花因其花色大多为蓝紫色或淡紫色，花形似蓝色飞燕落满枝头，因而又名"飞燕草"，是珍贵的蓝色花卉资源，具有很高的观赏价值，广泛用于庭院绿化、盆栽观赏和切花生产。

图9-23　金鱼草

28. 金鱼草（图9-23）

[学名] *Antirrhinum majus*

[别名] 龙头花、狮子花、龙口花、洋彩雀

[科属] 玄参科　金鱼草属

[花期] 5~10月

[形态特征] 多年生作一、二年生栽培。直立草本，茎基部有时木质化，茎基部无毛，中上部被腺毛，基部有时分枝。叶片无毛，披针形、长椭圆形，全缘，下部叶对生，上部叶互生。总状花序顶生，密被腺毛；花萼与花梗近等长，5深裂，裂片卵形，钝或急尖；花冠颜色多种，从红色、紫色至白色，基部在前面下延成兜状，上唇直立，宽大，2半裂，下唇3浅裂，在中部向上唇隆起，封闭喉部，使花冠呈假面状。蒴果卵

形，基部强烈向前延伸，被腺毛，顶端孔裂。

［观赏应用］金鱼草夏秋开放，适合群植于花坛、花境。高型品种可用作背景种植，也可作切花花材；矮型品种可作盆栽观赏。

29. 紫茉莉（图9-24）

［学名］*Mirabilis jalapa*

［别名］胭脂花、洗澡花、夜饭花、状元花、草茉莉、地雷花

［科属］紫茉莉科　紫茉莉属

［花期］6～10月

［形态特征］多年生作一、二年生栽培。茎直立，圆柱形，多分枝，无毛或疏生细柔毛，节稍膨大。叶片卵形或卵状三角形，全缘，两面均无毛，脉隆起。花常数朵簇生枝端，总苞钟形，5裂，裂片三角状卵形；花被紫红色、黄色、白色或杂色，高脚碟状。瘦果球形，革质，黑色，表面具皱纹。

［观赏应用］紫茉莉适宜庭院栽植，散植于庭院之中，开花时芬芳烂漫，富有原野气息。

30. 长春花（图9-25）

［学名］*Catharanthus roseus*

［别名］日日春、日日草、日日新、山矾花、四时春、时钟花

［科属］夹竹桃科　长春花属

［花期］6～9月

［形态特征］多年生作一、二年生栽培。亚灌木，略有分枝，全株无毛或仅有微毛，茎近方形，有条纹，灰绿色。叶膜质，倒卵状长圆形，先端浑圆，有短尖头，基部广楔形至楔形，渐狭而成叶柄。聚伞花序腋生或顶生，有花2～3朵；花萼5深裂，萼片披针形或钻状渐尖；花冠红色，高脚碟状，花冠筒圆筒状，内面具疏柔毛，喉部紧缩，具刚毛；花冠裂片宽倒卵形。蓇葖果双生，直立，平行或略叉开。

［观赏应用］长春花可用作夏秋花坛、花境材料，也可盆栽观赏。

图9-24　紫茉莉

图9-25　长春花

31. 羽扇豆（图9-26）

[学名] *Lupinus micranthus*

[别名] 多叶羽扇豆、鲁冰花

[科属] 豆科　羽扇豆属

[花期] 3~6月

[形态特征] 多年生作一、二年生栽培。茎基部分枝。掌状复叶，小叶披针形至倒披针形，叶质厚。总状花序顶生，花序轴纤细；花梗甚短；萼二唇形，被硬毛；花色艳丽多彩，有白、红、蓝、紫等色。荚果长圆状线形。

[观赏应用] 植株形态特别，花序颜色丰富，是园林植物造景中较为难得的配置材料，常用于布置花坛、花境，或林缘河边丛植、片植，也可盆栽或作切花观赏。

图9-26　羽扇豆

32. 四季报春

[学名] *Primula obconica*

[别名] 球头樱草、仙鹤莲、仙荷莲、鄂报春

[科属] 报春花科　报春花属

[花期] 1~5月

[形态特征] 多年生作一、二年生栽培。茎短，褐色，具根状地下茎。叶基生，具肉质长叶柄，长圆形至卵圆形，叶缘有浅波状裂或缺刻，叶面较光滑，叶背密生白色柔毛。花梗从叶中抽生，伞形花序，花萼漏斗状，裂齿三角状，花有白、洋红、紫红、蓝、淡紫至淡红色。

[观赏应用] 冬春季布置花坛、花境，或室内盆栽观赏。

33. 矮牵牛（图9-27）

[学名] *Petunia hybrida*

[别名] 碧冬茄、灵芝牡丹、毽子花、矮喇叭、番薯花

[科属] 茄科　碧冬茄属

[花期] 秋播花期4~6月，春播花期8~10月

[形态特征] 多年生作一、二年生栽培。茎匍地生长，被有黏质柔毛。叶质柔软，卵形，全缘，互生，上部叶对生。花单生，呈漏斗状，重瓣花球形，花色有红、白、粉、紫及各种带斑点、网纹、条纹等。蒴果。

[观赏应用] 矮牵牛花大而多，开花繁盛，花期长，色彩丰富，是优良的花坛和种植钵花卉，也可自然式丛植，还可用于景点摆设、窗台点缀、家庭装饰等。

图9-27　矮牵牛

34. 四季秋海棠

[学名] *Begonia semperflorens*

［别名］蚬肉秋海棠、玻璃海棠、虎耳海棠、四季海棠

［科属］秋海棠科　秋海棠属

［花期］4~10月，南方可全年开花

［形态特征］多年生作一、二年生栽培。茎直立，肉质，无毛，基部多分枝，多叶。叶卵形或宽卵形，基部略偏斜，边缘有锯齿和睫毛，两面光亮，绿色，但主脉通常微红。花淡红或带白色，数朵聚生于腋生的总花梗上，雄花较大，有花被片4，雌花稍小，有花被片5，花色有橙红、桃红、粉红、白色等。蒴果绿色，有带红色的翅。

［观赏应用］株形秀美，叶色油绿光洁，花朵玲珑娇艳，十分适合盆栽置于庭、廊、案几、阳台、台桌、餐厅等处观赏。此外，四季秋海棠株形圆整，花多而密集，应用于花坛布置，效果极佳。

35. 瓜叶菊（图9-28）

图9-28　瓜叶菊

［学名］*Pericallis hybrida*

［别名］富贵菊、千日莲、千叶莲

［科属］菊科　瓜叶菊属

［花期］12月~翌年4月

［形态特征］多年生作一、二年生栽培。茎直立，被密白色长柔毛。叶具柄，叶片大，肾形至宽心形，有时上部叶三角状心形，顶端急尖或渐尖，基部深心形，边缘不规则三角状浅裂或具钝锯齿，上面绿色，下面灰白色，被密绒毛；叶脉掌状。头状花序在茎端排列成宽伞房状；小花紫红色、淡蓝色、粉红色或近白色；舌片开展，长椭圆形，顶端具3小齿，管状花黄色。瘦果长圆形，具棱。

［观赏应用］瓜叶菊是元旦、春节期间主要的观赏盆花之一，其花朵鲜艳，可作花坛栽植或盆栽布置于庭廊过道，给人以清新宜人的感觉。

36. 花菱草（图9-29）

［学名］*Eschscholtzia californica*

［别名］加州罂粟、金英花、人参花、洋丽春

［科属］罂粟科　花菱草属

［花期］4~8月

［形态特征］多年生作一、二年生栽培。茎直立，明显具纵肋，分枝多，开展，呈二歧状。基生叶数枚，叶柄长，叶片灰绿色，多回三出羽状细裂，裂片形状多变，线形锐尖、长圆形锐尖或钝、匙状长圆形，顶生3裂片中，中裂片大多较宽和短；茎生叶与基生叶同，但较小，具短柄。花单生于茎和分枝顶端；花托凹陷，漏斗状或近管状，花开后呈杯状，边缘波状反折；花瓣4，三角状扇形，黄色，基部具橙黄色斑点。蒴果狭长圆柱形。

［观赏应用］花菱草叶形优美，花色鲜艳夺目，是良好的花带、花境材料，或丛植于草坪之中，也可盆栽观赏。

图9-29　花菱草

技能训练 9-1　设计国庆节(劳动节)盛花花坛

1. 目的要求

(1)熟悉本地区园林绿地常用一、二年生花卉观赏应用方式。

(2)掌握本地区园林绿地常用一、二年生花卉的识别要点。

2. 材料准备

铅笔、直尺、圆规、三角板、曲线板、绘图纸、水彩、彩笔等。

3. 方法步骤

(1)根据场地大小和位置确定体量。

(2)根据节庆日文化和学校内涵确定主题和风格。

(3)根据主题和风格进行花坛图案(外部轮廓和内部图案)设计和色彩设计，并手绘成图。

(4)配置一、二年生草本花卉，完成植物配置表(包括植物品名、颜色、规格及数量)。

(5)撰写设计说明(包括花坛的主题、构思，并说明设计图中难以表现的内容)。

4. 成果展示

提交设计方案，包括花坛平面图、植物配置表和设计说明书等。

练习与思考

1. 名词解释

一年生花卉，二年生花卉。

2. 填空题

(1)一、二年生花卉以_____繁殖为主。为了保持品种特性，有些多年生花卉作一、二年生栽培的种类，也可以_____繁殖。

(2)一、二年生花卉多采用_____育苗。苗期应避免_____，适当遮阴。为培育壮苗，苗期还应进行多次_____。

3. 问答题

(1)一、二年生花卉的应用有哪些特点？

(2)一、二年生花卉对环境的要求有哪些特点？

自主学习资源库

(1)一、二年生草本花卉. 孙光闻，徐晔春. 中国电力出版社，2011.

(2)草本花卉与景观. 王意成. 中国林业出版社，2014.

(3)草本花卉生产技术. 刘方农. 金盾出版社，2010.

(4)浴花谷花卉网. http://www.yuhuagu.com/tupian/yi/

(5)花之苑. http://www.cnhua.net/minghua/ynhh/

单元 10
宿根花卉

【学习目标】

知识目标：
(1) 了解宿根花卉的生态习性和栽培繁殖技术要点。
(2) 熟悉常见宿根花卉的观赏应用方式。
(3) 掌握常见宿根花卉的形态识别要点。

技能目标：
(1) 能识别本地区常见宿根花卉。
(2) 能栽培繁育本地区常见宿根花卉。
(3) 能根据具体条件和要求合理选用常见宿根花卉。

【案例导入】

近年来，国内花海、花田、花谷、花岭等花卉旅游项目呈现爆发式增长，对部分宿根花卉有明显的带动作用，宿根花卉销量大幅上升，尤其是部分新优品种的需求量明显上涨。据保尔世纪园艺(大连)有限公司介绍，2016年上半年，保尔世纪的宿根花卉种子总销量约1600万粒，比去年同期增长50%左右。其中松果菊、柳叶马鞭草的销量同比增长1倍左右。

请思考，松果菊、柳叶马鞭草等宿根花卉为何能在花海、花田、花谷和花境公园项目中广泛应用？

10.1 概述

宿根花卉是指植株地下部分宿存越冬，但不形成肥大的球状或块状根，翌年春天地上部分又可萌发生长、开花结籽的花卉。

10.1.1 生态习性

(1) 对光的要求

不同种类的宿根花卉对光照的要求不同，有些需阳光充足的环境方能生长良好，而有些种类则较为耐阴。

(2) 对土壤的要求

宿根花卉对土壤环境的适应能力存在着较大的差异，有些种类喜黏性土，而有些则喜砂壤土。

(3) 对温度的要求

根据宿根花卉对冬季低温的反应，分为落叶宿根花卉和常绿宿根花卉两大类。

①落叶宿根花卉　多原产于温带寒冷地区，耐寒性强，可露地过冬。冬季地上茎叶全部枯死，地下部分进入休眠状态，春季来临后，地下部分着生的芽或根蘖再萌芽生长、开花。

②常绿宿根花卉　多原产于温带的温暖地区，耐寒性较弱，冬季停止生长，但叶片仍保持绿色，呈半休眠状态。

(4) 对水分的要求

宿根花卉生长强健，根系较一、二年生花卉强大，入土较深，抗旱能力强。

10.1.2　繁殖方法

以分株繁殖为主，一般在休眠期进行；新芽少的种类可用扦插、嫁接等法繁殖；播种繁殖则多用于培育新品种。

10.1.3　栽培管理

(1) 土壤准备

由于宿根花卉根系入土较深，在栽植时应深翻土壤，并施入大量有机肥，以保证较长时期良好的土壤条件，并要求土壤排水良好。

(2) 水肥管理

育苗期间应注意灌水、施肥、中耕除草等养护管理措施，但在定植后，一般管理比较简单。为使植株生长茂盛、花多、花大，最好在春季新芽抽出时追肥，花前和花后再各追肥1次；秋季叶枯时，可在植株四周施以腐熟的厩肥或堆肥。

(3) 修剪和摘心

为保证其株形丰满，达到连年开花的目的，还要根据不同类别采取不同的修剪手段，移植时，为使根系与地上部分达到平衡，抑制地上部分枝叶徒长，促使花芽形成，可根据具体情况剪去地上或地下的一部分；对于多年开花、植株生长过于高大、下部明显空虚的，应进行摘心，有时为了增加侧枝数目、多开花，也会进行摘心；摘心一般对植物的生长发育有一定的抑制作用，对一株花卉来说，摘心次数不能过多，摘心量不可过大，仅摘生长点部分，有时可带几片嫩叶。

10.1.4　应用特点

①应用范围广，可以在园林景观、庭院、路边、河边、边坡等地应用；部分品种是切

花、盆花及干花的好材料。

②一次种植可多年观赏，方便、经济。

③宿根花卉比一、二年生花卉有着更强的生命力，大多数品种对环境条件的要求不高，节水、抗旱、易管理。

④品种繁多，株形、花期、花色变化较大，色彩丰富、鲜艳。

⑤许多品种有较强的净化环境与抗污染的能力及药用价值。

10.2　常见宿根花卉

1. 芍药（图10-1）

［学名］*Paeonia lactiflora*

［别名］将离、离草、婪尾春、余容、犁食、没骨花、红药

［科属］毛茛科　芍药属

［花期］5~6月

［形态特征］具肉质根。初生茎叶褐红色。二回三出羽状复叶，枝梢部分单叶状，小叶3深裂。花1~3朵生于枝顶或近顶端叶腋处，原种花白色，花瓣5~13枚，倒卵形，雄蕊多数，花丝黄色，花盘浅杯状，园艺品种花色丰富，有白、粉、红、紫、黄、绿、黑和复色等，花径10~30cm，花瓣可达上百枚，有的品种甚至有880枚，花形多变，呈纺锤形、椭圆形、瓶形等。

图10-1　芍　药

［观赏应用］芍药是布置花境、花坛和设置专类园的良好材料，也可在林缘或在草坪边缘作自然式丛植或群植，还可作切花观赏。

2. 耧斗菜（图10-2）

［学名］*Aquilegia viridiflora*

［别名］猫爪花

［科属］毛茛科　耧斗菜属

［花期］5~7月

［形态特征］根肥大，圆柱形。茎上部分枝，被柔毛，密被腺毛。基生叶少数，二回三出复叶，中央小叶具短柄，楔状倒卵形，上部三裂，裂片常有2~3个圆齿；茎生叶数枚，为1~2回三出复叶，向上渐小。花3~7朵，倾斜或微下垂，苞片三全裂，萼片黄绿色，长椭圆状卵形，花瓣瓣片与萼片同色，直立，倒卵形，比萼片稍长或稍短，顶端近截形，距直或微弯。蓇葖果。

图10-2　耧斗菜

[观赏应用] 花姿娇小玲珑，花色明快，适宜布置花坛、花径等，也宜于洼地、溪边等潮湿处作地被覆盖，花枝可供切花观赏。

3. 桔梗（图10-3）

[学名] *Platycodon grandiflorus*

[别名] 包袱花、铃铛花、僧帽花

[科属] 桔梗科　桔梗属

[花期] 7～9月

[形态特征] 茎直立，不分枝。叶全部轮生、部分轮生至全部互生，无柄或有极短的柄，叶片卵形、卵状椭圆形至披针形，基部宽楔形至圆钝，急尖，上面无毛而绿色，下面常无毛而有白粉，有时脉上有短毛或瘤突状毛。花单朵顶生，或数朵集成假总状花序，或有花序分枝而集成圆锥花序；花萼钟状5裂片，被白粉，裂片三角形，有时齿状；花冠大，蓝色、紫色或白色。蒴果球状，或球状倒圆锥形，或倒卵状。

图10-3　桔　梗

[观赏应用] 多用于布置花坛、花境，有时也用作切花或盆栽。

4. 菊花（图10-4）

[学名] *Dendranthema morifolium*

[别名] 黄华、秋菊、陶菊、节花、隐逸花

[科属] 菊科　菊属

[花期] 9～11月

[形态特征] 茎直立，分枝或不分枝，被柔毛。叶互生，有短柄，叶片卵形至披针形，羽状浅裂或半裂，基部楔形，下面被白色短柔毛，边缘有粗大锯齿或深裂，基部楔形，有柄。头状花序单生或数个集生于茎枝顶端，大小不一，单个或数个集生于茎枝顶端，因品种不同，差别很大。总苞片多层，外层绿色，条形，边缘膜质，外面被柔毛；舌状花白色、红色、紫色或黄色。花色则有红、黄、白、橙、紫、粉红、暗红等各色。培育的品种极多，头状花序多变化，形色各异，形状因品种而有单瓣、平瓣、匙瓣等多种类型，当中为管状花，常全部特化成各式舌状花。雄蕊、雌蕊和果实多不发育。菊花的品种繁多，变异也很大，以花瓣、花型两级作为分类的主要依据，大致确定菊花共分为5个瓣类，包括30个花型和13个亚型。

图10-4　菊　花

[观赏应用] 菊花生长旺盛，萌发力强，一株菊花经多次摘心可以分生出上千个花蕾，有些品种的枝条多而柔软，便于制作各种造型，组成菊塔、菊桥、菊篱、菊亭、菊门、菊球等形式精美的造型；又可培植成大立菊、悬崖菊、十样锦、盆景等，形式多变，蔚为奇观，为每年的菊展增添了无数的观赏艺术品。

5. 非洲菊(图 10-5)

图 10-5 非洲菊
（邓晶发）

[学名] *Gerbera jamesonii*

[别名] 太阳花、猩猩菊、日头花、灯盏花

[科属] 菊科 大丁草属

[花期] 5~10 月

[形态特征] 根状茎短，为残存的叶柄所围裹，具较粗的须根。叶基生，莲座状，叶片长椭圆形至长圆形，顶端短尖或略钝，基部渐狭，边缘不规则羽状浅裂或深裂。花莛单生，或稀有数个丛生，头状花序单生于花莛之顶；外层花冠舌状，舌片淡红色至紫红色，或白色及黄色，长圆形，顶端具 3 齿，内 2 裂丝状，卷曲。内层雌花比两性花纤细，管状二唇形，外唇具 3 细齿或有时为 2 齿和 1 裂片，内唇 2 深裂，裂片线形，卷曲；瘦果圆柱形，密被白色短柔毛。

[观赏应用] 非洲菊花朵硕大，花枝挺拔，花色艳丽，瓶插时间可达 15~20d，栽培省时省工，为世界十大著名切花之一；也可布置花坛、花境，或温室盆栽摆放在厅堂、会场等作为装饰。

6. 松果菊

[学名] *Echinacea purpurea*

[别名] 紫锥花、紫锥菊、紫松果菊

[科属] 菊科 松果菊属

[花期] 6~7 月

[形态特征] 株高 50~150cm，全株具粗毛，茎直立。基生叶卵形或三角形，茎生叶卵状披针形，叶柄基部稍抱茎。头状花序单生于枝顶，或数多聚生，花径达 10cm，舌状花紫红色，管状花橙黄色。

[观赏应用] 松果菊因头状花序很像松果而得名。其花朵较大，色彩艳丽，外形美观，具有很高的观赏价值，可作为庭院、公园、街头绿地的背景栽植或作花境、坡地美化植物材料。

7. 蜀葵(图 10-6)

[学名] *Althaea rosea*

[别名] 一丈红、大蜀季、戎葵、吴葵、卫足葵、胡葵、斗蓬花

[科属] 锦葵科 蜀葵属

[花期] 6~8 月

[形态特征] 茎枝密被刺毛。叶大而粗糙，近圆心形，掌状 5~7 浅裂或波状棱角，裂片三角形或圆形，叶柄被星状长硬毛。花腋生，单生或近簇生，排列成总状花序，小苞片杯状，常 6~7 裂，裂片卵状披针形，密被星状粗硬毛，基部合生，花大，有红、紫、白、粉红、黄和黑紫等

图 10-6 蜀 葵

色，单瓣或重瓣，花瓣倒卵状三角形，先端凹缺，基部狭。

[观赏应用] 宜成列或成丛种植在建筑物旁、假山旁，或点缀花坛、草坪，也可剪取作切花，供瓶插或作花篮、花束等用；矮生品种可作盆花栽培。

8. 君子兰（图 10-7）

[学名] *Clivia miniata*

[别名] 剑叶石蒜、大叶石蒜、大花君子兰

[科属] 石蒜科　君子兰属

[花期] 2~4 月

图 10-7　君子兰

[形态特征] 根肉质纤维状，乳白色，十分粗壮。茎基部宿存的叶基部扩大互抱成假鳞茎状，叶片从根部短缩的茎上呈二列迭出，排列整齐，宽阔呈带形，顶端圆润，质地硬而厚实，并有光泽及脉纹。花葶自叶腋中抽出，伞形花序顶生，花直立，有数枚覆瓦状排列的苞片，每个花序有小花 7~30 朵，多的可达 40 朵以上，小花有柄，花漏斗状，黄或橘黄、橙红色。浆果紫红色，宽卵形。

[观赏应用] 君子兰株形端庄优美，叶片苍翠挺拔，花大色艳，果实红亮，叶、花、果并美，可一季观花、三季观果、四季观叶；耐阴，也可盆栽室内摆设。

9. 红掌（图 10-8）

[学名] *Anthurium andraeanum*

[别名] 花烛、安祖花、火鹤花、红鹤芋、红鹅掌

[科属] 天南星科　花烛属

[花期] 1~12 月

[形态特征] 具肉质根。无茎。叶从根茎抽出，具长柄，单生、心形，鲜绿色，叶脉凹陷。花腋生，佛焰苞蜡质，正圆形至卵圆形，鲜红色、橙红肉色、白色，肉穗花序，圆柱状，直立。

图 10-8　红　掌

[观赏应用] 红掌花朵独特，佛焰花序色泽鲜艳华丽，色彩丰富，是高档的热带切花和盆栽花卉，切叶可作插花的配叶。花期长，切花水养可长达 1 个半月，盆栽单花期可长达 4~6 个月，可周年开花。

10. 鹤望兰（图 10-9）

[学名] *Strelitzia reginae*

[别名] 天堂鸟、极乐鸟花

[科属] 旅人蕉科　鹤望兰属

[花期] 9~6 月

[形态特征] 无茎。叶片长圆状披针形，顶端急尖，基部圆形或楔形，下部边缘波状；叶柄细长。花数朵生于一约与叶柄等长或略短的总花梗上，下托一佛焰苞；佛焰苞舟状，

绿色，边紫红色，萼片披针形，橙黄色，箭头状花瓣基部具耳状裂片，和萼片近等长，暗蓝色。

[观赏应用]鹤望兰花形奇特，切花瓶插可达15~20d之久，是高档名贵的切花材料；此外，因其四季常青，叶大姿美，植株别致，也可丛植用于庭院造景和花坛、花境的点缀。

图 10-9　鹤望兰　　　　　图 10-10　香石竹

11. 香石竹（图 10-10）

[学名]*Dianthus caryophyllus*

[别名]康乃馨、狮头石竹、麝香石竹、大花石竹、麝香石竹、荷兰石竹

[科属]石竹科　石竹属

[花期]5~10月

[形态特征]全株无毛，粉绿色。茎丛生，直立，基部木质化，上部稀疏分枝。叶片线状披针形，顶端长渐尖，基部稍成短鞘，中脉明显，上面下凹，下面稍凸起。花常单生枝端，有香气，粉红、紫红或白色；花梗短于花萼；苞片宽卵形，顶端短凸尖，花萼圆筒形，萼齿披针形，边缘膜质；瓣片倒卵形，顶缘具不整齐齿；蒴果卵球形，稍短于宿存萼。

[观赏应用]香石竹体态玲珑、斑斓雅洁、端庄大方、芳香清幽，是优良的切花品种，也是世界四大切花之一；矮生品种还可用于盆栽观赏，温室培养可四季开花。

12. 柳叶马鞭草

[学名]*Verbena bonariensis*

[别名]南美马鞭草、长茎马鞭草

[科属]马鞭草科　马鞭草属

[花期]5~9月

[形态特征]株高100~150cm，全株有纤毛。茎直立，细长而坚韧。叶为柳叶形，十字对生，初期叶为椭圆形边缘略有缺刻，花茎抽高后，叶转为细长形如柳叶状，边缘仍有尖缺刻。聚伞花序，小筒状花着生于花茎顶部，紫红色或淡紫色。

[观赏应用]柳叶马鞭草身姿摇曳，花色娇艳，观赏期繁茂而长久，花茎虽高却不倒伏，花色柔和，尤其适合与其他植物配置，最适合作花境的背景材料。

技能训练 10-1 调查本地区宿根花卉的种类及应用方式

1. 目的要求

(1) 熟悉本地区常见宿根花卉的观赏应用方式。

(2) 掌握本地区常见宿根花卉的识别要点。

2. 材料准备

调查表、铅笔、手机(带上网和照相功能)等。

3. 方法步骤

(1) 分别选取居住小区、学校校园、公园、工矿企业或街道做路线调查。

(2) 对照实物准确把握宿根花卉的主要识别特征。

(3) 记录宿根的花卉的种类及应用方式,填写表格。

(4) 拍摄照片,制作电子文档。

4. 成果展示

列表记述本地区常见宿根花卉的种类及应用方式(表 10-1)。

表 10-1　本地区常见宿根花卉的种类及应用方式调查记录表

序号	调查地点	类别	中名	科名	属名	学名	应用方式
1							
2							
⋮							

练习与思考

1. 名词解释

落叶宿根花卉,常绿宿根花卉。

2. 填空题

(1) 宿根花卉以_____繁殖为主,一般在_____期进行;新芽少的种类可用_____繁殖和_____繁殖;_____繁殖则多用于培育新品种。

(2) 宿根花卉是指植株地下部分_____,但不形成_____,翌年春天地上部分又可萌发生长、开花结籽的花卉。

3. 问答题

(1) 宿根花卉的应用有哪些特点?

(2) 宿根花卉对环境的要求有哪些特点?

自主学习资源库

(1) 园林植物图鉴丛书:宿根花卉. 孙光闻,徐晔春. 中国电力出版社,2011.

(2) 宿根花卉. 费砚良. 中国林业出版社,1999.

(3) 浴花谷花卉网. http://www.yuhuagu.com/tupian/su/

(4) 花之苑. http://www.cnhua.net/minghua/sghh/

(5) 花卉网. http://www.hua002.com/html/sugen/

单元 11
球根花卉

【学习目标】

知识目标：
(1) 了解球根花卉的生态习性和栽培繁殖技术要点。
(2) 熟悉常见球根花卉的观赏应用方式。
(3) 掌握常见球根花卉的形态识别要点。

技能目标：
(1) 能识别本地区常见球根花卉。
(2) 能栽培繁育本地区常见球根花卉。
(3) 能根据具体条件和要求合理选用常见球根花卉。

【案例导入】

球根花卉是园林景观和鲜切花行业的重要组成部分，因其种类丰富、花色艳丽、花形多样、花期易控、开花整齐等诸多优势，是春节期间主要的观赏花卉。每年春节来临之前，各大公园和居住小区都忙于栽植球根花卉来营造节日气氛。据不完全统计，全国每年有200多个城市在春季举办各类大型球根花卉展，各种球根花卉大面积色块式展示，给观众带来了巨大的视觉冲击力，烘托了节日气氛。

假设你所居住小区的大门主路两边各有一块3m×50m的路带，请你用球根花卉为这个区域做一个配景方案，要求体现春节的喜庆气氛，并标明所用球根花卉的品名、颜色、规格及数量。

11.1 概述

球根花卉是指具有由地下茎或根变态形成的膨大部分的多年生草本花卉，偶尔也包含少数地上茎或叶发生变态膨大的。球根花卉广泛分布于世界各地，我国各地供栽培观赏的有数百种，单子叶植物居多。

因其形态不同，可分为鳞茎类、球茎类、块茎类、根茎类、块根类。

(1) 鳞茎类

地下茎是由肥厚多肉的叶变形体即鳞片抱合而成，鳞片生于茎盘上，茎盘上鳞片发生腋芽，腋芽又长成新的鳞茎。鳞茎可以分为有皮鳞茎和无皮鳞茎两类，有皮鳞茎类球根花卉常见的有郁金香、风信子、水仙花、朱顶红等，无皮鳞茎类如百合。

(2) 球茎类

地下茎呈实心球状或扁球形，有明显的环状茎节，节上有侧芽，外被膜质鞘，顶芽发达。细根生于球基部，开花前后发生粗大的牵引根，除支持地上部分外，还能使母球上着生的新球不露出地面。这类球根花卉常见的有唐菖蒲、香雪兰、番红花等。

(3) 块茎类

地下茎或地上茎膨大呈不规则实心块状或球状，表面无环状节痕，根系自块茎底部发生，顶端有几个发芽点，这类球根花卉常见的有马蹄莲、晚香玉、仙客来、大岩桐等。

(4) 根茎类

地下茎肥大呈根状，上面具有明显的节和节间。节上有小而退化的鳞片叶，叶腋有腋芽，尤以根茎顶端侧芽较多，由此发育为地上枝，并产生不定根。这类球根花卉有铃兰、鸢尾、美人蕉、红花酢浆草等。

(5) 块根类

块根由不定根或侧根膨大形成。休眠芽着生在根颈附近，由此萌发新梢，新根伸长后下部又生成多数新块根，分株繁殖时，必须附有块根末端的根颈。这类球根花卉常见的有花毛茛、大丽花、欧洲银莲花等。

11.1.1 生态习性

(1) 对光照的要求

大多数球根花卉喜欢充足的阳光。一般为日中性花卉，只有唐菖蒲等少数种类是长日照植物；日照长短还对地下器官的形成有影响，如短日照促进大丽花块根的形成，长日照促进百合等鳞茎的形成。

(2) 对土壤的要求

大多数球根花卉喜中性至微酸性、疏松、肥沃的砂质壤土或壤土；要求排水良好，有保水性，上层为深厚壤土，下层为砂土最适宜。少数种类在潮湿、黏重的土壤中也能生长。

(3) 对水分的要求

球根是旱生形态，栽培时土壤中不宜有积水。尤其是休眠期，过多的水分易造成球根腐烂。但旺盛生长期必须有充足的水分，球根接近休眠时期时，土壤应保持干燥。

(4) 对温度的要求

根据球根花卉对温度要求的差异，分为春植球根和秋植球根2类：

①春植球根　主要原产于热带、亚热带及温带，生长于夏季降雨地区。生长季要求高温，耐寒力弱，秋季温度下降后，地下部分停止生长，进入休眠。

②秋植球根　原产于地中海地区和温带，生产于冬雨地区。喜凉爽，怕炎热。耐寒力差异也很大，例如，山丹、卷丹、喇叭水仙可耐 -30℃低温，在北方可以露地越冬，而香雪兰、郁金香、风信子在北方则需要保护越冬。

11.1.2 繁殖方法

主要采用分球繁殖。可以分栽自然增殖的仔球或人工增殖的仔球。自然增殖力差的块茎类花卉主要采用播种繁殖。还可根据花卉种类的不同,采用鳞片扦插、分珠芽等方法繁殖。一般在采收后,根据仔球的大小分开贮存,在适宜种植的时间栽种。也有个别种类需要在种植前才将老球与新球分开,以防止伤口染病。

11.1.3 栽培管理

(1) 整地施肥

深耕土壤40~50cm,在土壤中施足基肥。磷肥对球根花卉很重要,可在基肥中加入骨粉。排水差的地段,在30cm土层下加粗沙砾(可占土壤的1/3)以提高排水力或采用抬高种植床的办法。种植穴中撒一层骨粉,铺一层粗沙,然后铺一层壤土。种植钵或盆栽可使用泥炭:粗沙砾:壤土 = 2:3:2。

(2) 球根栽植深度

取决于球根花卉的种类、土壤质地和种植目的。相同的花卉,土壤疏松宜深,土壤黏重宜浅;观花宜浅,养球宜深。大多数球根花卉的栽植深度是球高的2~3倍,间距是球根直径的2~3倍;朱顶红、仙客来要浅栽,要求顶部露出土面;晚香玉、葱兰覆土至顶部即可,而百合类则要深栽,栽植深度为球根的4倍以上。

(3) 栽培管理

注意保根保叶,由于球根花卉常常是一次性发根,栽植后尽量不要在生长期移栽;球根花卉发叶较少或有一定的数量,在管理中尽量不要伤叶。花后剪去残花,利于养球、次年开花。花后浇水量逐渐减少,因此时正值地下器官膨大时期,仍需注意水肥管理。

11.1.4 应用特点

①球根花卉大多数种类色彩艳丽丰富,观赏价值高,是园林中色彩的重要来源;而且可供选择的花卉品种多,易形成丰富的景观。

②球根花卉的花期易控制,整齐一致,只要种球大小一致,栽植条件、时间、方法一致,即可同时开花,是重要的春季花卉。

③球根花卉是各种花卉应用形式的优良材料,尤其是花坛、花丛、花群、缀花草坪的优良材料;还可用于混合花境、种植钵、花台、花带等多种形式;还有许多种类是重要的切花和盆栽花卉材料。

④许多种类可以水养栽培,适宜室内绿化和不宜土壤栽培的环境使用。

11.2 常见花卉

1. 郁金香(图 11-1)

［学名］*Tulipa gesneriana*

［别名］洋荷花、草麝香、郁香、荷兰花

［科属］百合科　郁金香属

［花期］2~5 月

［形态特征］鳞茎卵形，外层皮纸质，内面顶端和基部有少数伏毛。叶出 3~5 片，长椭圆状披针形或卵状披针形，基生叶 2~3 片，较宽大，茎生叶 1~2 片。花单生茎顶，大形直立，基部常黑紫色；花葶长 35~55cm，花单生，直立，花瓣 6 片，倒卵形，鲜黄色或紫红色，具黄色条纹和斑点；花形有杯形、碗形、卵形、球形、钟形、漏斗形、百合花形等，有单瓣也有重瓣，花色有白、粉红、洋红、紫、褐、黄、橙等色，深浅不一，单色或复色。

图 11-1　郁金香

［观赏应用］郁金香是世界著名的球根花卉，花卉刚劲挺拔，叶色素雅秀丽，花朵端庄动人，惹人喜爱，可作花坛、花境种植，或作盆栽室内观赏，还是优良的切花品种。在欧美被看作是胜利和美好的象征，是荷兰、伊朗、土耳其等许多国家的国花。

2. 风信子(图 11-2)

［学名］*Hyacinthus orientalis*

［别名］洋水仙、西洋水仙、五色水仙、时样锦

［科属］风信子科　风信子属

［花期］3~4 月

［形态特征］鳞茎球形或扁球形，有膜质外皮，外被皮膜呈紫蓝色或白色等，皮膜颜色与花色相关，未开花时形如大蒜。叶 4~9 枚，狭披针形，肉质，基生，肥厚，带状披针形，具浅纵沟，绿色有光。花茎肉质，花葶高 15~45cm，中空，端着生总状花序；小花 10~20 朵密生上部，多横向生长，少有下垂，漏斗形，花被筒形，上部 4 裂，花冠漏斗状，基部花筒较长，裂片 5 枚，向外侧下方反卷。蒴果。

图 11-2　风信子

［观赏应用］风信子植株低矮整齐，花序端庄，花色丰富，花姿美丽，是早春开花的著名球根花卉之一，也是重要的盆花种类。适于布置花坛、花境，也可作切花、盆栽或水养观赏；花香能稳定情绪，消除疲劳。

3. 中国水仙(图 11-3)

［学名］*Narcissus tazetta* var. *chinensis*

［别名］凌波仙子、金盏银台、落神香妃、玉玲珑、金银台、雪中花、天蒜

[科属] 石蒜科　水仙属

[花期] 1~3月

[形态特征] 鳞茎卵球形，球茎外被黄褐色纸质球茎皮，内有肉质、白色、抱合状球茎片数层，各层间均具腋芽，中央部位具花芽，基部与球茎盘相连。叶宽线形，扁平，钝头，全缘，粉绿色；花茎几与叶等长。伞形花序有花4~8朵；佛焰苞状总苞膜质；花梗长短不一；花被管细，灰绿色，近三棱形，花被裂片6，卵圆形至宽椭圆形，顶端具短尖头，扩展，白色，芳香；副花冠杯形，鹅黄或鲜黄色，长不及花被的一半。小蒴果。

[观赏应用] 水仙花独具天然丽质，芬芳清新，素洁幽雅，超凡脱俗，适宜室内水培观赏。自古以来，人们就将其与兰花、菊花、菖蒲并称为"花中四雅"；又将其与梅花、茶花、迎春花并称为"雪中四友"。它只要一碟清水、几粒卵石，置于案头窗台，便可在万花凋零的寒冬腊月展翠吐芳，春意盎然，祥瑞温馨。

图11-3　中国水仙

4. 朱顶红(图11-4)

[学名] *Hippeastrum rutilum*

[别名] 柱顶红、孤挺花、华胄兰、百子莲、炮打四门

[科属] 石蒜科　朱顶红属

[花期] 5~6月

[形态特征] 鳞茎近球形。叶6~8枚，花后抽出，鲜绿色，带形。花茎中空，稍扁，具有白粉，花2~4朵，佛焰苞状总苞片披针形，花梗纤细，花被管绿色，圆筒状，花被裂片长圆形，顶端尖，洋红色，略带绿色，喉部有小鳞片。

图11-4　朱顶红

[观赏应用] 适于盆栽装点居室、客厅和走廊。也可于庭院栽培，或配置于花坛中，还可作为鲜切花使用。

5. 百合

[学名] *Lilium brownii* var. *viridulum*

[别名] 强蜀、番韭、百合蒜、大师傅蒜、蒜脑薯、夜合花

[科属] 百合科　百合属

[花期] 6~7月

[形态特征] 鳞茎球形，淡白色，先端常开放如莲座状，由多数肉质肥厚、卵匙形的鳞片聚合而成。根分为肉质根和纤维状根两类，肉质根称为"下盘根"，多达几十条，分布在45~50cm深的土层中，吸收水分能力强，隔年不枯死；纤维状根称为"上盘根""不定根"，发生较迟，在地上茎抽生，形状纤细，数目多达180条，分布在土壤表层，有固定

和支持地上茎的作用，也有吸收养分的作用，每年与茎秆同时枯死。叶互生，无柄，披针形至椭圆状披针形，全缘，叶脉弧形。有些品种的叶片直接插在土中，少数还会形成小鳞茎，并发育成新个体。花大、多白色、漏斗形，单生于茎顶。蒴果长卵圆形，具钝棱。

［观赏应用］百合花姿雅致，叶片青翠娟秀，茎秆亭亭玉立，是名贵的切花材料，也可片植于疏林草地，或布置花境。

6. 唐菖蒲(图 11-5)

［学名］*Gladiolus hybridus*

［别名］菖兰、剑兰、扁竹莲、十样锦、十三太保

［科属］鸢尾科　唐菖蒲属

［花期］7～9 月

图 11-5　唐菖蒲

［形态特征］球茎扁圆球形，直径 2.5～4.5cm，外有棕色或黄棕色的膜质包被。叶基生或在花茎基部互生，剑形，基部鞘状，顶端渐尖，嵌迭状排成 2 列，灰绿色，有数条纵脉及 1 条明显而突出的中脉。花茎直立不分枝，花茎下部生有数枚互生的叶；蝎尾状单歧聚伞花序，花在苞内单生，两侧对称，有红、黄、白或粉红等色，直径 6～8cm；花被管基部弯曲，花被裂片 6，2 轮排列，内、外轮的花被裂片皆为卵圆形或椭圆形，上面 3 片略大(外花被裂片 2，内花被裂片 1)，最上面的 1 片内花被裂片特别宽大，弯曲成盔状。蒴果椭圆形或倒卵形。

［观赏应用］唐菖蒲为重要的鲜切花，它与切花月季、香石竹和非洲菊并称为"世界四大切花"，可作花篮、花束、瓶插等，还可布置花境及专类花坛，矮生品种可盆栽观赏。又因其对氟化氢非常敏感，可用作监测污染的指示植物。

7. 香雪兰(图 11-6)

［学名］*Fressia hybrida*

［别名］小苍兰、小菖兰、剪刀兰、素香兰、香鸢尾、洋晚香玉

［科属］鸢尾科　香雪兰属

［花期］3～5 月

［形态特征］球茎狭卵形或卵圆形，外有薄膜质的包被，包被上有网纹及暗红色的斑点。叶剑形或条形，略弯曲，黄绿色，中脉明显。花茎直立，上部有 2～3 个弯曲的分枝，下部有数枚叶；花无梗；每朵花基部有 2 枚膜质苞片，苞片宽卵形或卵圆形，顶端略凹或 2 尖头；花直立，淡黄色或黄绿色，有香味；花被管喇叭形，基部变细，花被裂片 6，2 轮排列，外轮花被裂片卵圆形或椭圆形。蒴果近卵圆形，室背开裂。

［观赏应用］香雪兰花似百合，叶若兰蕙，花色素雅，玲珑清秀，香气浓郁，开花期长，常用作盆栽或剪取花枝插瓶装点室内，是点缀客厅、书房的理想盆花。

图 11-6　香雪兰

8. 番红花(图 11-7)

[学名] *Crocus sativus*

[别名] 西红花、藏红花

[科属] 鸢尾科，番红花属

[花期] 春花种花期 2~3 月，秋花种花期 9~10 月

[形态特征] 球茎扁圆球形，直径约 3cm，外有黄褐色的膜质包被。叶基生，9~15 枚，条形，灰绿色，边缘反卷；叶丛基部包有 4~5 片膜质的鞘状叶。花茎甚短，不伸出地面；花 1~2 朵，淡蓝色、红紫色或白色，有香味，花柱橙红色，柱头略扁，顶端楔形，有浅齿，子房狭纺锤形。蒴果椭圆形，长约 3cm。

[观赏应用] 番红花叶丛纤细刚劲，花朵娇柔优雅，花色多种，具特异芳香，是点缀花坛和布置岩石园的好材料，也可盆栽或水养供室内观赏。

图 11-7 番红花

9. 马蹄莲(图 11-8)

[学名] *Zantedeschia aethiopica*

[别名] 慈姑花、水芋、慈菇花、海芋百合

[科属] 天南星科　马蹄莲属

[花期] 7~8 月

[形态特征] 具块茎。叶基生，叶柄下部具鞘；叶片较厚，绿色，心状箭形或箭形，先端锐尖、渐尖或尾尖，基部心形或戟形，全缘，无斑块。花序柄光滑；佛焰苞管部短，黄色；檐部略后仰，锐尖或渐尖，具锥状尖头，亮白色，有时带绿色；肉穗花序圆柱形，黄色：雌花序长 1~2.5cm。浆果短卵圆形，淡黄色，有宿存花柱。

[观赏应用] 马蹄莲挺秀雅致，花苞洁白，宛如马蹄，叶片翠绿，缀以白斑，可谓花叶两绝，已成为重要的切花种类，常用于制作花束、花篮、花环和瓶插，装饰效果特别好。矮生和小花型品种盆栽适宜摆放在台阶、窗台、阳台、镜前，还可配置于庭园的水池或堆石旁。

图 11-8 马蹄莲

10. 晚香玉(图 11-9)

[学名] *Polianthes tuberosa*

[别名] 夜来香、月下香

[科属] 石蒜科　晚香玉属

[花期] 7~9 月

[形态特征] 地下部分呈圆锥状块茎(上半部鳞茎状)。基生叶条形，茎生叶短小。花葶直立，花朵对生、白色，排成较长的穗状花序，具浓香，至夜晚香气更浓；花被筒细长，裂片 6，短于花被筒；有重瓣品种，花香较淡。蒴果，一般栽培条件下不结实。

图 11-9　晚香玉

图 11-10　仙客来

［观赏应用］晚香玉翠叶素茎，碧玉秀荣，含香体洁，幽香四溢，使人心旷神怡，花茎长，花期长，是重要的切花材料，也是布置花坛的优美花卉。

11. 仙客来（图 11-10）

［学名］*Cyclamen persicum*

［别名］萝卜海棠、兔耳花、兔子花、一品冠、篝火花

［科属］报春花科　仙客来属

［花期］10 月~翌年 5 月

［形态特征］块茎扁球形，具木栓质的表皮，棕褐色，顶部稍扁平。叶和花莛同时自块茎顶部抽出，叶片心状卵圆形，先端稍锐尖，边缘有细圆齿，质地稍厚，上面深绿色，常有浅色的斑纹。花萼通常分裂达基部，裂片三角形或长圆状三角形，全缘；花冠白色或玫瑰红色，喉部深紫色，筒部近半球形，裂片长圆状披针形，稍锐尖，基部无耳，比筒部长 3.5~5 倍，剧烈反折。

［观赏应用］仙客来花形别致，娇艳夺目，烂漫多姿，有的品种有香气，观赏价值很高，是冬春季名贵的盆花；仙客来花期长，可达 5 个月，花期适逢圣诞节、元旦、春节等节日，常用于室内花卉布置。

12. 大岩桐

［学名］*Sinningia speciosa*

［别名］六雪尼、落雪泥

［科属］苦苣苔科　大岩桐属

［花期］4~11 月

［形态特征］块茎扁球形，地上茎极短，株高 15~25cm，全株密被白色绒毛。叶对生，肥厚而大，卵圆形或长椭圆形，有锯齿；叶脉间隆起，自叶间长出花梗。花顶生或腋生，花冠钟状，先端浑圆，5~6 浅裂，色彩丰富，有粉红、红、紫蓝、白、复色等色，大而美丽。蒴果。

［观赏应用］大岩桐花大色艳，花期长，一株大岩桐可开花几十朵，花期持续数月之久，是室内盆栽、花坛花卉、节日点缀和装饰室内的理想盆花。

13. 铃兰（图 11-11）

［学名］*Convallaria majalis*

［别名］风铃草、草玉玲、君影草、山谷百合

［科属］百合科　铃兰属

［花期］5~6月

［形态特征］植株矮小，全株无毛，地下有多分枝而匍匐平展的根状茎。叶椭圆形或卵状披针形，先端近急尖，基部楔形。花钟状，下垂，总状花序，苞片披针形，膜质，花柱比花被短。浆果圆球形，暗红色。

［观赏应用］铃兰植株矮小，幽雅清丽，芳香宜人，是一种优良的盆栽观赏植物，也用于花坛、花境，还可作地被植物，其叶常用作插花材料，入秋时红果娇艳，十分诱人。

14. 鸢尾（图 11-12）

［学名］*Iris tectorum*

［别名］扁竹花、屋顶鸢尾、蓝蝴蝶、紫蝴蝶、蝴蝶花

［科属］鸢尾科　鸢尾属

［花期］4~6月

［形态特征］植株基部围有老叶残留的膜质叶鞘及纤维。根状茎粗壮，二歧分枝，斜伸。须根较细而短。叶基生，黄绿色，稍弯曲，中部略宽，宽剑形，基部鞘状，有数条不明显的纵脉。花茎光滑，花蓝紫色，花梗甚短；花被管细长，上端膨大成喇叭形，外花被裂片圆形或宽卵形，顶端微凹，爪部狭楔形，中脉上有不规则的鸡冠状附属物，内花被裂片椭圆形，花盛开时向外平展，爪部突然变细。蒴果长椭圆形或倒卵形，有6条明显的肋。

［观赏应用］鸢尾叶片碧绿青翠，花形大而奇，宛若翩翩彩蝶，是庭园中的重要花卉之一，也是优美的盆花、切花和花坛材料。

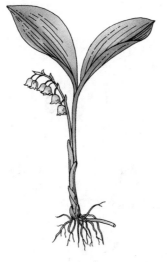

图 11-11　铃　兰

图 11-12　鸢　尾

15. 美人蕉（图 11-13）

[学名] *Canna indica*

[别名] 红艳蕉、小花美人蕉、小芭蕉

[科属] 美人蕉科　美人蕉属

[花期] 4~10 月

[形态特征] 全株绿色无毛，被蜡质白粉，具块状根茎。地上枝丛生。单叶互生，具鞘状的叶柄，叶片卵状长圆形。总状花序，花单生或对生；萼片 3，绿白色，先端带红色；花冠大多红色，外轮退化雄蕊 2~3 枚，鲜红色；唇瓣披针形，弯曲。蒴果，长卵形，绿色。

[观赏应用] 美人蕉花大色艳，色彩丰富，株形好，栽培容易，观赏价值很高，可盆栽，也可地栽、装饰花坛。

图 11-13　美人蕉

16. 红花酢浆草（图 11-14）

[学名] *Oxalis corymbosa*

[别名] 大酸味草、南天七、夜合梅、大叶酢浆草、三夹莲

[科属] 酢浆草科　酢浆草属

[花期] 4~11 月

[形态特征] 无地上茎，地下部分有球状鳞茎，外层鳞片膜质，褐色，背具 3 条肋状纵脉。叶基生，被毛，小叶 3，扁圆状倒心形，顶端凹入，两侧角圆形，基部宽楔形。总花梗基生，二歧聚伞花序，通常排列成伞形花序，每花梗有披针形干膜质苞片 2 枚，萼片 5；花瓣 5，倒心形，淡紫色至紫红色，基部颜色较深。

[观赏应用] 红花酢浆草具有植株低矮、整齐，花多叶繁，花期长，花色艳，覆盖地面迅速，又能抑制杂草生长等诸多优点，既可以布置于花坛、花境，又适于大片栽植作为地被植物和隙地丛植，还是良好的盆栽材料。

图 11-14　红花酢浆草

图 11-15　花毛茛

17. 花毛茛（图 11-15）

[学名] *Ranunculus asiaticus*

[别名] 芹菜花、波斯毛茛、陆莲花

[科属] 毛茛科　花毛茛属

[花期] 4~5 月

[形态特征] 块根纺锤形，常数个聚生于根颈部。茎单生。基生叶阔卵形，具长柄，茎生叶无柄，为二回三出羽状复叶。单花着生枝顶，或自叶腋间抽生出很长的花梗，花冠丰圆，花瓣平展，每轮 8 枚，错落叠层，每一花莛有花 1~4 朵，花毛茛有盆栽种和切花种、重瓣和半重瓣之分。

[观赏应用] 花毛茛株形低矮，色泽艳丽，花茎挺立，花形优美而独特，花朵硕大，花色丰富，靓丽多姿，是春季盆栽观赏、布置露地花坛及花境、点缀草坪和用于鲜切花生产的理想花卉，且适合于树丛下或建筑物的北侧等荫蔽环境下生长。

18. 欧洲银莲花

[学名] *Anemone coronaria*

[别名] 罂粟秋牡丹、冠状银莲花

[科属] 毛茛科　银莲花属

[花期] 3~5 月

[形态特征] 具褐色分枝块茎。叶为根出叶，3 裂，呈掌状深裂。花单生于茎顶，有大红、紫红、粉、蓝、橙、白及复色等。

[观赏应用] 花朵硕大，色彩艳丽丰富，另有重瓣和半重瓣品种，花形如同罂粟花，适宜于布置花境、岩石园及花坛，也可供盆栽与切花观赏。

19. 大丽菊（图 11-16）

[学名] *Dahlia pinnata*

[别名] 大理花、天竺牡丹、东洋菊、大丽花、西番莲、地瓜花

[科属] 菊科　大丽菊属

[花期] 6~12 月

[形态特征] 块根棒状，巨大。茎直立，粗壮，多分枝。叶 1~3 回羽状全裂，裂片卵形或长圆状卵形。头状花序大，有长花序梗，常下垂；总苞片外层约 5 个，卵状椭圆形，叶质，内层膜质，椭圆状披针形；舌状花 1 层，白色、红色或紫色，常卵形，顶端有不明显的 3 齿，或全缘；管状花黄色，有时栽培种全部为舌状花。瘦果长圆形，黑色，扁平，有 2 个不明显的齿。

[观赏应用] 大丽菊花期长，花径大，花朵多，花色丰富，种植难度小，片植效果好，适宜花坛、花境或庭前丛植，矮生品种可作盆栽。

图 11-16　大丽菊

技能训练 11-1　设计春节球根花卉花带

1. 目的要求
（1）熟悉本地区常用球根花卉的观赏应用方式。
（2）掌握本地区常用球根花卉的识别要点。
2. 材料准备
铅笔、直尺、圆规、三角板、曲线板、绘图纸、水彩、彩笔等。
3. 方法步骤
（1）根据场地大小和位置确定体量。
（2）根据当地春节节庆文化和学校内涵确定主题和风格。
（3）根据主题和风格进行花坛图案（外部轮廓和内部图案）设计和色彩设计，并手绘成图。
（4）配置球根花卉，完成植物配置表（包括植物品名、颜色、规格及数量）。
（5）撰写设计说明（包括花带的主题、构思，并说明设计图中难以表现的内容）。
4. 成果展示
提交设计方案，包括花带平面图、植物配置表和设计说明书等。

练习与思考

1. 名词解释
鳞茎，球茎，块茎，根茎，块根，春植球根，秋植球根。
2. 填空题
（1）球根花卉主要采用_____繁殖。自然增殖力差的块茎类花卉主要采用_____繁殖。还可依花卉种类不同，采用_____、_____等方法繁殖。
（2）球根花卉是指具有由_____或_____变态形成的膨大部分的花卉，偶尔也包含少数地上茎或叶发生变态膨大的。
3. 问答题
（1）球根花卉应用有哪些特点？
（2）球根花卉对环境有哪些要求？

自主学习资源库

（1）轻松学养球根花卉. 王意成. 江苏科学技术出版社，2010.
（2）园林植物图鉴丛书：球根植物. 吴棣飞，姚一麟. 中国电力出版社，2011.
（3）球根花卉51种：种花手册. 周厚高. 世界图书出版公司，2006.
（4）花卉图片信息网. http://www.fpcn.net/a/qiugenhuahui/
（5）花卉网. http://www.hua002.com/html/qiugenhuahui/

单元 12
水生花卉

【学习目标】

知识目标：

(1) 了解水生花卉的生态习性和栽培繁殖技术要点。

(2) 熟悉常见水生花卉的观赏应用方式。

(3) 掌握常见水生花卉的形态识别要点。

技能目标：

(1) 能识别本地区常见的水生花卉。

(2) 能栽培繁育本地区常见的水生花卉。

(3) 能根据具体条件和要求合理选用常见的水生花卉。

【案例导入】

随着经济的不断发展，我国农村居民的生活也发生了翻天覆地的变化，人均日用水量和污水排放量急增，由此产生了大量生活污水。而且，由于化肥的大量使用，传统农家肥的使用减少，造成了生活污水失去消化途径，加上大部分村庄都没有相对完善的污水处理系统，污水已成为农村环境的重要污染源，严重地影响了农村居民的身体健康，破坏了村容村貌。目前，加强农村生活污水处理已成为农村环境建设的重点内容。针对农村污水含有大量氮、磷的特点，多数村庄打算利用闲置的农田种植水生花卉，既处理了生活污水又美化了村庄环境。

请你帮当地农村推荐一些适生的水生花卉品种。

12.1 概述

水生花卉泛指生长于水中或沼泽地的观赏植物，其对水分的要求和依赖远远大于其他各类植物，因此也构成了其独特的习性。

12.1.1 生态习性

(1) 对光照的要求

大多数水生花卉都需要充足的日照，尤其是在生长期，即每年 4~10 月之间，如阳光照射不足，会发生徒长、叶小而薄、不开花等现象。

(2) 对土壤的要求

水生花卉根系较弱，根毛退化，一般要求土质黏重，土壤肥沃，必须是富含腐殖质的黏土或肥沃的塘泥。由于水生花卉一旦定植，追肥比较困难，因此，需在栽植前施足基肥，可在栽植前加入塘泥并施入大量的有机肥料。

(3) 对水分的要求

水生花卉宜水湿，不耐干旱，除某些沼生植物可在潮湿地生长外，大多要求水深相对稳定的水体条件。根据其在水中的生活方式，常见的水生花卉有以下4类：

①挺水花卉（包括湿生与沼生）　植株高大，花色艳丽，绝大多数有茎、叶之分；根或地下茎扎入泥中生长发育，植株上部挺出水面，如荷花、千屈菜、菖蒲、香蒲、水生美人蕉等。

②浮水花卉　根状茎发达，花大，色艳，无明显的地上茎或茎细弱不能直立，而它们的体内通常贮存有大量的气体，使叶片或植株漂浮于水面，如睡莲、王莲等。

③漂浮花卉　根不生于泥中，植株漂浮于水面之上，随水流、风浪四处漂泊，如凤眼莲、水罂粟等。

④沉水花卉　根茎生于泥中，整个植株沉入水中，通气组织发达，如金鱼藻、狐尾藻、苦草等。

(4) 对温度的要求

原产地不同的水生花卉对温度的要求略有不同，多喜温暖气候，不耐霜冻。

12.1.2　繁殖方法

水生花卉一般采用播种繁殖和分株繁殖。

水生花卉一般在水中播种，先将种子播于有培养土的盆中，盖以沙或土，然后将盆浸入水中，浸入水的过程应逐步进行，由浅到深，刚开始时仅湿润盆土即可，之后可使水面高出盆沿。水温应保持在18~24℃，原产于热带者需保持24~32℃。种子的发芽速度因种而异，耐寒性种类发芽较慢，需3个月到1年；不耐寒种类发芽较快，播种后10d左右即可发芽。大多数水生花卉的种子干燥后即丧失发芽力，需在种子成熟后立即播种或贮存于水中或湿处；少数水生花卉种子可在干燥条件下保持较长的寿命，如荷花、香蒲等。

水生花卉的大多植株成丛或具有地下根茎，可直接分株或将根茎切成数段进行栽植。分根茎时注意每段必须带顶芽及尾根，否则难以成株。分栽时期一般在春秋两季，有些不耐寒者可在春末夏初进行。

12.1.3　栽培管理

水生植物应根据不同种类或品种的习性进行种植。栽植水生植物有2种不同的技术途径：一是在池底砌筑栽植槽，铺上至少15cm厚的培养土，将水生植物植入土中；二是将水生植物种植在容器中，再将容器沉入水中。水生植物的管理一般比较简单，栽植后，除日常管理工作之外，还需要定期追肥，及时分株和间苗，及时清除水中的杂草，及时换水或彻底清理池底和池水，检查防治病虫害。

12.1.4 应用特点

水生花卉是布置水景园的重要材料。湖、塘可采用水生花卉与亭、榭、堂、馆等园林建筑物构成具有独特情趣的景区、景点。湖边、沼泽地可种植沼生植物；中、小型池塘宜种植中、小体型品种的莲或睡莲、水葫芦等。凡堆山叠石的池塘，宜在塘角池畔配植香蒲、菖蒲；而假山、瀑布的岩缝或溪边石隙间，则宜栽种水生鸢尾、灯心草等。但布置水景所用水生花卉的数量不宜过多，要求疏密有致，勿将植物全部覆盖。此外，在家庭环境美化中，水生花卉组合盆栽也深受消费者喜爱。

12.2 常见水生花卉

1. 荷花（图 12-1）

［学名］*Nelumbo nucifera*

［别名］莲花、水芙蓉、藕花、芙蕖

［科属］睡莲科　莲属

［花期］6~9 月

［形态特征］根状茎横生，肥厚，节间膨大，内有多数纵行通气孔道，节部缢缩，上生黑色鳞叶，下生须状不定根。叶圆形，盾状，表面深绿色，被蜡质白粉覆盖，背面灰绿色，全缘稍呈波状，上面光滑，具白粉，下面叶脉从中央射出，有 1~2 次叉状分枝；叶柄粗壮，圆柱形，中空，外面散生小刺。花单生于花梗顶端，高托水面之上，有单瓣、复瓣、重瓣及重台等花型；花色有白、粉、深红、淡紫、黄或间色等变化。坚果椭圆形或卵形，果皮革质，坚硬，熟时黑褐色。

图 12-1　荷　花

［观赏应用］荷花在山水园林中作为主题植物用于布置水景，在中国园林中极为普通；荷花对生长环境有着极强的适应能力，不仅能在大小湖泊、池塘中吐红摇翠，甚至在很小的盆碗中也能风姿绰约，盆荷常常被用于私家庭院观赏；此外，荷花、荷叶、莲藕和莲实等素材在插花中的运用也越来越普遍。

2. 水生美人蕉

［学名］*Canna glauca*

［别名］粉美人蕉

［科属］美人蕉科　美人蕉属

［花期］温带 4~10 月，热带和亚热带地区全年开花

[形态特征] 株高1~2m。叶片长披针形，蓝绿色。总状花序顶生，多花；花径大，约10cm；花呈黄色、红色或粉红色。水生美人蕉与美人蕉属下其他种在形态和生物学特性上的最大区别是根状茎细小，节间延长，耐水淹，在20cm深的水中能正常生长。

[观赏应用] 水生美人蕉是一种优良的园林绿化和城市湿地水景布置材料，具有茎叶茂盛、花色艳丽、花期长、耐水淹、可在陆地生长的优点，所以在雨季丰水期和和旱季枯水期都能安然无恙。在南亚热带气候地区，其花期可以从年头到年尾，景色壮观，色彩亮丽；水生美人蕉还对有害重金属铅、汞、镉等有吸收能力。

3. 香蒲（图12-2）

[学名] *Typha orientalis*

[别名] 东方香蒲

[科属] 香蒲科　香蒲属

[花期] 5~8月

[形态特征] 根状茎乳白色，地上茎粗壮，向上渐细。叶片条形，光滑无毛，上部扁平，下部腹面微凹，背面逐渐隆起呈凸形，横切面呈半圆形，细胞间隙大，海绵状。雌雄花序紧密连接；雄花序轴具白色弯曲柔毛，自基部向上具1~3枚叶状苞片，花后脱落；雌花序基部具1枚叶状苞片，花后脱落。小坚果椭圆形至长椭圆形，果皮具长形褐色斑点。

[观赏应用] 香蒲叶绿穗奇，常用于点缀园林水池、湖畔，构筑水景，宜作花境、水景的背景材料，也可盆栽布置庭院。

图12-2　香　蒲

4. 再力花

[学名] *Thalia dealbata*

[别名] 水竹芋、水莲蕉、塔利亚

[科属] 竹芋科　再力花属

[花期] 4~7月

[形态特征] 叶卵状披针形，浅灰蓝色，边缘紫色，全株附有白粉。复总状花序，花小，紫堇色，花柄可高达2m以上，茎端开出紫色花朵，像系在钓竿上的鱼饵，形状非常奇特。蒴果近圆球形或倒卵状球形，果皮浅绿色，成熟时顶端开裂。

[观赏应用] 再力花花期长，花和花茎形态优雅飘逸，是我国引入的一种观赏价值极高的挺水花卉，它株形美观洒脱，是水景绿化中的上品；除供观赏外，再力花还有净化水质的作用，常成片种植于水池或湿地，也可盆栽或种植于庭院水体景观中观赏。

5. 千屈菜（图12-3）

[学名] *Lythrum salicaria*

[别名] 水枝柳、水柳、对叶莲

[科属] 千屈菜科　千屈菜属

[花期] 7~9月

[形态特征] 地下根粗状，木质化。地上茎直立，多分枝，全株青绿色，略被粗毛或

密被绒毛，枝通常具4棱。叶对生或三叶轮生，披针形或阔披针形，顶端钝形或短尖，基部圆形或心形，有时略抱茎，全缘，无柄。小聚伞花序簇生，因花梗及总梗极短，因此花枝全形似一大型穗状花序；苞片阔披针形至三角状卵形，附属体针状，直立，红紫色或淡紫色。蒴果扁圆形。

[观赏应用] 株丛整齐，亭立而清秀，花朵繁茂，花序长，花期长，是水景中优良的竖线条材料，最宜在浅水岸边丛植或栽植于池中，也可作花境材料及切花，或盆栽观赏。

6. 睡莲（图12-4）

[学名] *Nymphaea tetragona*

[别名] 子午莲、粉色睡莲、矮睡莲、野生睡莲、侏儒睡莲

[科属] 睡莲科 睡莲属

[花期] 6~9月

[形态特征] 浮水花卉。根状茎肥厚，叶二型，浮水叶圆形或卵形，心形或箭形，常无出水叶；沉水叶薄膜质，脆弱。花单生，浮于或挺出水面；花萼4枚，绿色或粉红色、白色、蓝色、黄色或紫红色，成多轮；花瓣通常8片，浆果海绵质，不规则开裂，在水面下成熟；种子坚硬，为胶质物包裹，有肉质杯状假种皮，胚小，有少量内胚乳。

[观赏应用] 睡莲花叶俱美，是水面绿化的重要材料，常点缀于平静的水池、湖面，也可盆栽观赏或作切花使用。

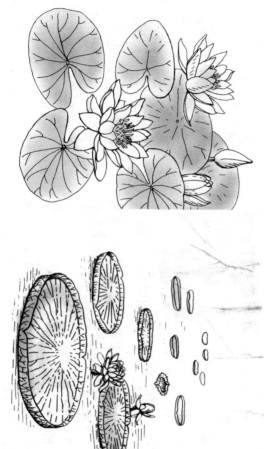

图12-4 睡莲

图12-5 王莲

单元12 水生花卉

7. 王莲（图12-5）

[学名] *Victoria regia*

[别名] 亚马孙王莲

[科属] 睡莲科 王莲属

[花期] 6~8月

[形态特征] 浮水花卉。王莲是水生有花植物中叶片最大的植物，其初生叶呈针状，长至2~3片时呈矛状，4~5片时呈戟形，6~7片叶时完全展开呈椭圆形至圆形，到11片叶后叶缘上翘呈盘状，叶缘直立，叶片圆形，像圆盘浮在水面，直径可达2m以上，叶面光滑，绿色略带微红，背面紫红色，叶柄绿色，长2~4m，叶子背面和叶柄有许多坚硬的刺，叶脉为放射网状；王莲巨大的叶片不仅人注目，而且其负载能力更让人吃惊。一片大的叶片能够负重70kg，这是由于其叶片和叶脉内具有很多大的空腔，腔内充满气体。花大，单生，直径25~40cm，有4片绿褐色的萼片，呈卵状三角形，外面全部长有刺。浆果呈球形，种子黑色。

[观赏应用] 王莲以巨大的盘叶和美丽浓香的花朵而著称。观叶期150d，观花期90d，是现代园林水景中必不可少的观赏植物，也是城市花卉展览中必备的珍贵花卉，既具有很高的观赏价值，又能净化水体。

8. 荇菜（图12-6）

[学名] *Nymphoides peltatum*

[别名] 荇菜、接余、凫葵、水镜草、余莲儿

[科属] 龙胆科 荇菜属

[花期] 4~10月

[形态特征] 浮水花卉。茎圆柱形，多分枝，密生褐色斑点，节下生根。上部叶对生，下部叶互生，叶片漂浮，圆形或近卵圆形，基部心形，全缘，有不明显的掌状叶脉，下面紫褐色，密生腺体，上面光滑，叶柄圆柱形。基部变宽，呈鞘状，半抱茎。花常多数，簇生节上。花梗圆柱形，不等长，稍短于叶柄，花冠金黄色，分裂至近基部，冠筒短，喉部具5束长柔毛，裂片宽倒卵形，先端圆形或凹陷，椭圆形，成熟时不开裂。蒴果似缩小的睡莲，小黄花艳丽，繁盛，边缘宽宽质，近透明，具不整齐的细条裂齿。叶形似缩小的睡莲，不仅可以很美化地表水面，还可以净化水体。

[观赏应用] 可作水面绿化。

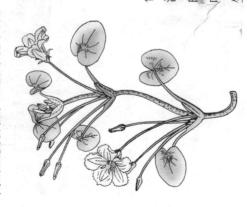

图12-6 荇菜

9. 水罂粟

[学名] *Hydrocleys nymphoides*

[别名] 水金英

[科属] 花蔺科 水罂粟属

[花期] 6~9月

[形态特征]漂浮花卉。株高5cm，茎圆柱形。叶簇生于茎上，叶片呈卵形至近圆形，具长柄，长4～8cm，宽3～6cm，顶端圆钝，基部心形，全缘；叶柄圆柱形，长度随水深而异，有横隔。伞形花序，小花具长柄，罂粟状，花黄色。蒴果披针形。

[观赏应用]水罂粟作为庭院水体绿化植物，是良好的池塘边缘浅水处的装饰材料，也可盆栽观赏。

10. 凤眼莲(图12-7)

[学名]*Eichhornia crassipes*

[别名]水葫芦、水浮莲、水葫芦苗、布袋莲、浮水莲花

[科属]雨久花科　凤眼莲属

[花期]7～10月

[形态特征]漂浮花卉。须根发达，棕黑色。茎极短，匍匐枝淡绿色。叶在基部丛生，莲座状排列。叶片圆形，表面深绿色；叶柄长短不等，内有许多多边形柱状细胞组成的气室，维管束散布其间，黄绿色至绿色；叶柄基部有鞘状黄绿色苞片。花葶多棱；穗状花序通常具9～12朵花；花瓣紫蓝色，花冠略两侧对称，四周淡紫红色，中间蓝色，在蓝色的中央有一黄色圆斑，花被片基部合生成筒。蒴果卵形。

图12-7　凤眼莲

[观赏应用]凤眼莲花瓣中心生有一明显的鲜黄色斑点，形如凤眼，也像孔雀羽翎尾端的花点，非常养眼、靓丽，是园林水景中优良的造景材料。植于小池一隅，以竹框之，野趣幽然。

技能训练 *12-1*　调查本地区水生花卉的种类及应用方式

1. 目的要求

(1)熟悉本地区常见水生花卉的观赏应用方式。

(2)掌握本地区常见水生花卉的识别要点。

2. 材料准备

调查表、铅笔、手机(带上网和照相功能)等。

3. 方法步骤

(1)分别选取居住小区、学校校园、湿地公园做路线调查。

(2)对照实物准确把握水生花卉的主要识别特征。

(3)记录水生花卉的种类及应用方式，填写表格。

(4)拍摄照片，制作电子文档。

4. 成果展示

列表记述本地区常见水生花卉的种类及应用方式(表12-1)。

表 12-1　本地区常见水生花卉的种类及应用方式调查记录表

序号	调查地点	类别	中名	科名	属名	学名	应用方式
1							
2							
⋮							

练习与思考

1. 名词解释

挺水花卉，浮水花卉，漂浮花卉。

2. 填空题

（1）水生花卉一般采用＿＿＿＿＿繁殖和＿＿＿＿＿繁殖。

（2）水生花卉泛指生长于＿＿＿＿＿或＿＿＿＿＿的观赏植物，对水分的要求和依赖远远大于其他各类，因此也构成了其独特的习性。

3. 问答题

水生花卉对环境的要求有哪些？

自主学习资源库

（1）中国水生植物．陈耀东，马欣堂，杜玉芬，等．河南科学技术出版社，2012.

（2）水生花卉．赵家荣．中国林业出版社，2002.

（3）花匠网．http：//images.huajiang.cc/shuisheng/

（4）花百科．http：//www.huabaike.com/sszw/

（5）中国水生植物网．http：//www.cn-sszw.com/

单元 13
兰科花卉

【学习目标】

知识目标：
(1) 了解兰科花卉的生态习性和栽培繁殖技术要点。
(2) 熟悉常见兰科花卉的观赏应用方式。
(3) 掌握常见兰科花卉的形态识别要点。

技能目标：
(1) 能识别本地区常见兰科花卉。
(2) 能栽培繁育本地区常见兰科花卉。
(3) 能根据具体条件和要求合理选用常见兰科花卉。

【案例导入】

"兰生幽谷无人识，客种东轩遗我香……"（苏辙《种兰》），兰花不张扬、幽香、高雅、坦然的姿态，自古以来就是文人钟情的花卉之一。其与梅、竹、菊并称"四君子"，与菖蒲、菊花、水仙并称"花草四雅"，是我国十大名花之一，深受人们喜爱。随着兰花工厂化栽培技术的不断完善，市场上的商品兰花品种越来越丰富，以至于近年来，越来越多的人把盆栽兰花作为节日礼品赠送亲友。前几天，也有朋友送给小李一盆大花蕙兰，花朵硕大、色泽艳丽，十分漂亮。但小李发现盆里长根的地方除了一些树皮、苔藓和煤渣外根本就没有土壤，于是小李就把大花蕙兰移栽到有土的花盆中并精心管理，可几天后，他发现花朵和叶片慢慢开始枯黄萎蔫，根也开始腐烂了。小李百思不得其解。

13.1 概述

兰科是仅次于菊科的一个大科，是单子叶植物第一大科。兰花有悠久的栽培历史和众多的品种，自然界中许多有观赏价值的野生兰花有待开发和利用。

13.1.1 类别

(1) 按生态习性分类

①地生兰　根生于土中，通常有块茎或根茎，部分有假鳞茎。地生兰多生于温带和亚

热带地区。

②附生兰　附着于树干、树枝、枯木或岩石表面生长，通常具假鳞茎，贮存水分与养料。原产于热带，少数产于亚热带。常见栽培的有指甲兰属、蜘蛛兰属、石斛属、火焰兰属。

③腐生兰　不含叶绿素，营腐生生活，长有块茎或粗短的根茎，叶退化为鳞片状，园艺中无栽培。

(2)按东西方地域差异分类

①中国兰　又称国兰，是指兰科兰属的少数地生兰，这一类兰花淡雅高洁，清馨幽香，很符合东方人的审美标准。根据开花季节有春季开花的春兰，夏季开花的蕙兰和台兰，秋季开花的建兰，冬季开花的墨兰和寒兰。

②洋兰　洋兰是对中国兰以外兰花的统称，主要指热带兰，常见栽培的有卡特兰属、蝴蝶兰属、兜兰属、石斛兰属、万代兰属等。热带兰一般花大色艳，主要观赏其独特的花形和艳丽的色彩，大多数没有香味。

13.1.2　生态习性

(1)对光照的要求

兰花根据种类、生长季节的不同、对光照的要求不同。冬季需要充足的光照，夏季要遮阴。中国兰要求50%~60%的遮阴度，墨兰最耐阴，建兰、寒兰次之，春兰、蕙兰需较多光照。热带兰种类不同，对光照要求的差异较大，有的喜光，有的要求半阴。

(2)对土壤的要求

兰花一般要求疏松、排水良好、含腐殖质丰富的微酸性土壤。这是兰花原生在林下枯枝落叶层上形成的生态习性。相反，如果土壤板结，排水不畅，影响根系呼吸，甚至造成根系腐烂；腐殖质含量少，缺乏足够的营养，则影响肉质根的正常生长发育。土壤pH值一般要求在6.0~6.5为宜。

(3)对水分的要求

喜湿忌涝，有一定的耐旱性。要求一定的空气湿度，生长期要求空气湿度在60%~70%，冬季休眠期要求空气湿度为50%。过干或过湿都易引发兰病。热带兰对空气湿度的要求更高，因种类而异。

(4)对温度的要求

洋兰根据原产地不同，对温度要求有很大差异，原产于热带的种类，冬季白天要保持在25~30℃，夜间18~21℃；原产于亚热带的种类，白天保持在18~20℃，夜间12~15℃；原产于亚热带和温暖地区的地生兰，白天保持在10~15℃，夜间5~10℃。中国兰要求比较低的温度，生长期白天保持在20℃左右，越冬温度夜间5~10℃，其中春兰和蕙兰最耐寒，可耐夜间5℃的低温，建兰和寒兰要求温度高。地生兰不能耐30℃以上高温，要在兰棚中越夏。

13.1.3 繁殖方法

(1) 分株繁殖

分株繁殖适于合轴分枝的种类，如中国兰和兜兰。春兰、墨兰、蕙兰、寒兰等早春开花的一般在秋季分株(9~10月)；建兰等夏秋开花的一般在春季分株(3~4月)。

(2) 扦插繁殖

万带兰等单轴分枝的种类一般采用顶枝扦插，其他可采用花茎扦插，花后将花枝从基部剪下，去掉顶端有花部分，将其横放在浅箱内的水藓基质上，把两端埋入水藓中，2~3周后每节上生出小植株。

(3) 组培繁殖

兰花的组织培养与其他植物大体相同。用于兰花离体繁殖的外植体材料很多，通常选择新芽、幼叶、茎尖等。茎尖是最早用于兰花快速繁殖的外植体，如大花蕙兰、卡特兰、石斛兰、蝴蝶兰、文心兰等。目前已有60余属数百种兰花可以用组织培养的方法进行繁殖。

13.1.4 栽培管理

(1) 栽培基质

适合兰花的基质是将经过消毒处理的椰子壳碎块、树皮块和火山岩碎粒进行混合，也可以适量加入有机肥，如果分株的苗很小，可以加入优质水苔(水草)，因为水苔具有弹性、易吸水、肥，能起到保温作用，有利于小苗生长。

(2) 缓苗期管理

上盆栽植后兰花就进入了缓苗期，由于缓苗过程中对水分的需求和生理方面的变化，注意这一时期不可以有太多的光照，同时要注意保持培养土的湿润，可以通过叶面喷雾的方式保证湿度，降低温度，大概1周，苗木就进入了正常生长阶段。

(3) 浇水管理

兰花是耐旱性强的植物，浇水太多，会影响根部呼吸，引起根部腐烂。应根据天气、气温及兰株大小而灵活掌握。小苗的耐旱性相对较差，所以应经常浇水，但也不能过分浇水。兰花开花后，要减少浇水次数。

(4) 施肥管理

一般在生长期增施氮肥，这样能够促使兰花迅速生长，植株健壮，叶片浓绿；而磷肥能促进根系生长，还利于开花，所以开花期要补给磷肥。一般兰花成株以后需要较多钾肥，注意施肥和浇水相结合，同时也可以喷施叶面肥，以保证兰花旺盛生长的需要。

(5) 光照管理

一般情况下，大多数兰花喜阴或半阴的条件。一些种类需要在春末至初秋适度遮阳，如兰属；一些种类要求全年有50%的遮光，如卡特兰属、蝴蝶兰属、万代兰属等；也有一些种类要求全光照，如蜘蛛兰属、火焰兰属。

13.2　常见兰科花卉种

1. 春兰（图13-1）

［学名］*Cymbidium goeringii*

［别名］朵兰、扑地兰、幽兰、朵朵香、草兰

［科属］兰科　兰属

［花期］1~3月

［形态特征］地生兰。植株一般较小，假鳞茎较小，卵球形。叶带形，边缘无齿或具细齿。花多单朵或两朵，不出架；花色以绿色、淡褐黄色居多，花幽香。蒴果狭椭圆形。

［观赏应用］春兰以高洁、清雅、幽香而著称，叶姿优美，花香幽远。自古以来，春兰都被誉为美好事物的象征，在民间已广泛人格化了。主要作盆栽欣赏，或设兰花专类园。

图13-1　春　兰（陈发棣）

图13-2　建　兰（吴秦昌）

2. 建兰（图13-2）

［学名］*Cymbidium ensifolium*

［别名］四季兰、雄兰、骏河兰、剑蕙

［科属］兰科　兰属

［花期］6~10月

［形态特征］地生兰。假鳞茎卵球形，包藏于叶基之内。叶2~6枚，带形，有光泽，长30~60cm，宽1~2.5cm。花葶从假鳞茎基部发出，直立，一般短于叶；总状花序具3~9朵花；花常有香气，色泽变化较大，通常为浅黄绿色而具紫斑；萼片近狭长圆形或狭椭圆形；花瓣狭椭圆形或狭卵状椭圆形，长1.5~2.4cm，宽5~8mm，近平展；唇瓣近卵形，长1.5~2.3cm，略3裂。蒴果狭椭圆形。

［观赏应用］建兰植株雄健，根粗且长，花繁叶茂，适宜腰签筒盆栽。盛夏开花，凉风吹送兰香，使人倍感清幽，是阳台、客厅、花架和小庭院台阶陈设的佳品。

3. 虎头兰(图 13-3)

[学名] *Cymbidium hookerianum*

[科属] 兰科 兰属

[花期] 1~4 月

[形态特征] 附生兰。假鳞茎狭椭圆形至狭卵形，长3~8cm，宽1.5~3cm，大部分包藏于叶基之内。叶4~8枚，长35~80cm，宽1.4~2.3cm。花葶从假鳞茎下部穿鞘而出，外弯或近直立；总状花序具7~14朵花；花大，直径达11~12cm，有香气；萼片与花瓣苹果绿或黄绿色，基部有少数深红色斑点或偶有淡红褐色晕，唇瓣白色至奶油黄色，侧裂片与中裂片上有栗色斑点与斑纹；花瓣狭长圆状倒披针形。蒴果狭椭圆形。

图13-3 虎头兰(吴秦昌)

[观赏应用] 盆栽观赏，也可作切花使用，南方地区还可用于园林布景。

4. 墨兰

[学名] *Cymbidium sinense*

[别名] 报岁兰

[科属] 兰科 兰属

[花期] 10 月~翌年 3 月

[形态特征] 地生兰。假鳞茎卵球形，长2.5~6cm，宽1.5~2.5cm，包藏于叶基之内。叶3~5枚，带形，近薄革质，暗绿色，长45~110cm，宽1.5~3cm，有光泽。花葶从假鳞茎基部发出，直立，较粗壮，长40~90cm，一般略长于叶。总状花序具10~20朵或更多的花；花梗和子房长2~2.5cm；花的色泽变化较大，常为暗紫色或紫褐色而具浅色唇瓣，也有黄绿色、桃红色或白色的，一般有较浓的香气。蒴果狭椭圆形。

[观赏应用] 墨兰可作为盆栽用于装点室内环境和作为馈赠亲朋的主要礼仪盆花；此外，花枝也用于插花观赏。

图 13-4 蝴蝶兰

5. 蝴蝶兰(图 13-4)

[学名] *Phalaenopsis aphrodite*

[别名] 蝶兰

[科属] 兰科 兰属

[花期] 4~6 月

[形态特征] 附生兰。茎很短，常被叶鞘所包。叶片稍肉质，常3~4枚或更多，上面绿色，背面紫色，椭圆形、长圆形或镰刀状长圆形，长10~20cm，宽3~6cm，先端锐尖或钝，基部楔形或有时歪斜，具短而宽的鞘。总状花序侧生于茎的基部，长达50cm，不分枝或有时分枝，着花10朵左右；花序柄绿色，被数枚鳞片状鞘；花序轴紫色，多

少回折状，常具数朵由基部向顶端逐朵开放的花；花苞片卵状三角形，花有白色、粉色、紫色等，常具斑点。

[观赏应用]蝴蝶兰花形丰满，花色淡雅，花期长，既是高档的盆栽花卉，又是切花的优良材料。

6. 石斛兰(图13-5)

[学名]*Dendrobium nobile*

[别名]林兰、禁生、杜兰、金钗花、千年润、黄草、吊兰花

[科属]兰科　石斛兰属

[花期]8~11月

[形态特征]附生兰。附生于树干上或树洞中，花色十分多样化，但以白色及红紫色为主，抗寒性强，是最耐寒的洋兰。茎具有根茎、直立、匍匐或具假球茎等生育形式，叶片从一片到多片皆有，花亮丽，花瓣通常较窄，唇瓣完整或3裂，与蕊柱基部相连。假球茎呈圆筒形，丛生，高达60~70cm，肉质实心，基部为灰色基鞘所包被，其上茎节明显，上梢部的茎节处着数对船形叶片，叶长10~20cm。花梗则由顶部叶腋抽出，长可达60cm，每枝花梗可开花4~18朵。

[观赏应用]石斛兰是热带兰中的名贵品种，以花朵繁多、色彩艳丽而著称，既是优良的盆栽花卉，又是重要的高档切花。石斛兰具有秉性刚强、祥和可亲的气质，在许多国家把它作为"父亲节之花"。

图13-5　石斛兰(李爱莉)

图13-6　文心兰(吴秦昌)

7. 文心兰(图13-6)

[学名]*Oncidium hybridum*

[别名]吉祥兰、跳舞兰、金蝶兰、瘤瓣兰、舞女兰

[科属]兰科　文心兰属(金蝶兰属)

[花期]10月~翌年1月

[形态特征]复茎性气生兰类。具有卵形、纺锤形、圆形或扁圆形假球茎。假球茎是养分贮存及供给的器官，随营养生长而增大，随生殖发育而缩小。叶片1~3枚，可分为薄叶种、厚叶种和剑叶种。其花序分枝良好，花形优美，花色亮丽，近看形态像汉字

"吉",所以又名吉祥兰。同时盛开的小花在微风吹拂下宛如一群穿着衣裙翩翩起舞的女郎,形象逼真,栩栩如生,故又名舞女兰、跳舞兰。

[观赏应用]文心兰植株轻巧、潇洒,花茎轻盈下垂,花朵奇异可爱,极富动感,花色有纯黄、洋红、粉红,或具茶褐色花纹、斑点,花序变化多端,是世界重要的盆花和切花种类。

8. 卡特兰(图13-7)

[学名]*Cattleya hybrida*

[别名]嘉德利亚兰、嘉德丽亚兰、加多利亚兰、卡特利亚兰

[科属]兰科 卡特兰属

[花期]不同品种花期不同,1~3月的品种有'大眼睛''三色''柠檬树''红玫瑰'等,4~5月的品种有'红宝石''闺女''梦想成真'等,花期6~9月的品种有'大帅''海伦布朗''黄雀'等,花期10~12月的品种如'金超群''蓝宝石''红巴土''格林''秋翁'等。此外,还有花期不受季节限制的品种,如'胜利''金蝴蝶''洋娃娃'等。

[形态特征]附生兰。假鳞茎呈棍棒状或圆柱状,顶部生有叶1~3枚。叶厚而硬,中脉下凹。花单朵或数朵,着生于假鳞茎顶端,花大而美丽,色泽鲜艳而丰富。原产于美洲热带,为巴西、哥伦比亚等国国花。品种有数千个。颜色有白、黄、绿、红、紫等。

[观赏应用]卡特兰是最受人们喜爱的附生兰。花大色艳,花容奇特而美丽,花色变化丰富,极其富丽堂皇,有"兰花皇后"的美誉。常作为插花用于庆典、宴会观赏。

9. 大花蕙兰(图13-8)

[学名]*Cymbidium hybridum*

[别名]喜姆比兰、蝉兰

[科属]兰科 兰属

[花期]花期依品种不同而异,10月~翌年4月。

图13-7 卡特兰(吴秦昌)

图13-8 大花蕙兰(吴秦昌)

[形态特征]附生兰。假鳞茎粗壮,属合轴性兰花。假鳞茎上通常有12~14节(不同品种有差异),每个节上均有隐芽,1~4节的芽较大,第四节以上的芽比较小,质量差。叶片2列,长披针形,叶片长度、宽度因品种差异很大。花序较长,小花一般多于10朵,品种之间有较大差异。

[观赏应用]大花蕙兰叶长碧绿,花姿粗犷,豪放壮丽,是世界着名的"兰花新星"。它既有国兰的幽香典雅,又有洋兰的丰富多彩,深受花卉爱好者的喜爱。主要用作盆栽观赏,适用于室内花架、阳台、窗台摆放;也可多株组合成大型盆栽,用于宾馆、商厦、车站和空港厅堂布置。

技能训练 13-1 调查本地区兰科花卉的种类及应用方式

1. 目的要求

(1)熟悉本地区常见兰科花卉的观赏应用方式。

(2)掌握本地区常见兰科花卉的识别要点。

2. 材料准备

调查表、铅笔、手机(带上网和照相功能)等。

3. 方法步骤

(1)分别选取花卉市场、居住小区、城市公园调查。

(2)对照实物准确把握兰科花卉的主要识别特征。

(3)记录兰科花卉的种类及应用方式,填写表格。

(4)拍摄照片,制作电子文档。

4. 成果展示

列表记述本地区常见兰科花卉的种类及应用方式(表13-1)。

表13-1 本地区常见兰科花卉的种类及应用方式调查记录表

序号	调查地点	类别	中名	科名	属名	学名	应用方式
1							
2							
⋮							

练习与思考

1. 名词解释

地生兰,附生兰,腐生兰,中国兰,洋兰。

2. 填空题

(1)兰花分株繁殖适于_____的种类,如中国兰和兜兰。_____开花的一般在秋季分株(9~10月);_____开花的一般在春季分株(3~4月)。

(2)万带兰等单轴分枝种类一般采用_____扦插,其他可采用_____扦插。

3. 问答题

（1）兰科花卉对环境的要求有哪些？

（2）兰科花卉的栽培管理要注意哪些技术要点？

自主学习资源库

（1）中国兰花大观．关文昌．中国林业出版社，2011．

（2）兰花图解简易栽培法．陈宇勒．广东科技出版社，2005．

（3）常见兰花400种识别图鉴．吴棣飞．重庆大学出版社，2014．

（4）花卉图片信息网．http：//www.fpcn.net/a/lankezhiwu/

（5）中国兰花交易网．http：//forum.hmlan.com/

单元 14
木本观赏植物

【学习目标】

知识目标：

(1) 了解木本观赏植物的生态习性和栽培繁殖技术要点。

(2) 熟悉常见木本观赏植物的观赏应用方式。

(3) 掌握常见木本观赏植物的形态识别要点。

技能目标：

(1) 能识别本地区常见的木本观赏植物。

(2) 能栽培繁育本地区常见的木本观赏植物。

(3) 能根据具体条件和要求合理选用常见的木本观赏植物。

【案例导入】

某校的旧学生宿舍改造后，留有一个 $500m^2$ 的庭院，现在需要配植一些木本观花植物。具体要求是：不能超过 10 种植物，要四季有花、花色多样，而且四季有花香。

请给学校做一个植物备选清单。

14.1 概述

木本观赏植物，又称观赏树木，按照冬季是否集中落叶分为常绿树和落叶树。由于观赏树木资源丰富，分布广泛，种类繁多，因而其对光照和温度的要求也各不相同，既有喜光树种，也有耐阴、日中性树种；既有耐寒树种，也有半耐寒和不耐寒树种。观赏树木的繁殖方式以播种繁殖为主，对于结实少或用于绿篱的观赏树木可采用营养繁殖，营养繁殖以扦插和嫁接为主，部分枝条柔软的树种可以采用压条繁殖。

观赏树木连年开花、结果，树体营养消耗较大，栽植时应选用优质土壤，施足基肥，并注意在其生长过程中适时追肥。常绿树通常宜带土球移植；落叶树可裸根移植，但落叶大树移植应带土球，有些常绿小苗也可裸根移植。整形修剪的一般原则为：常绿树木以不修剪或轻剪为宜，但作整形绿篱用时则可重剪；落叶花木露地栽培时可不修剪或轻剪，对易于枯梢的花木应适当重剪。修剪通常在冬季或早春进行，但对生长期多次分化花芽的种类如月季等，则除休眠期修剪外，花后宜在花序下方短剪，以促使不断分化花芽，连续开花，延长花期。

观赏树木种类繁多，按照观赏特性可分为形木类、花木类、叶木类、果木类、干枝类、根木类等。

14.1.1 形木类

形木类指形体及姿态有较高观赏价值的树木。树形由树冠及树干组成，树冠由一部分主干、主枝、侧枝及叶幕组成。

不同树种各有其独特树形，主要由树种的遗传特性决定，但也受外界环境因子和人工养护管理因素的影响。一般树形是指在正常生长环境下其成年树的外貌。其中具有较高观赏价值的树形有圆柱形(箭杆杨)、尖塔形(雪松)、卵圆形(加拿大杨)、倒卵形(千头柏)、球形(五角枫)、扁球形(板栗)、钟形(欧洲山毛榉)、倒钟形(槐)、馒头形(馒头柳)、伞形(龙爪槐)、盘伞形(老年期的油松)、棕榈形(棕榈)、丛生形(玫瑰)、拱枝形(连翘)、偃卧形(鹿角桧)、匍匐形(偃柏)、悬崖形(生长在高山岩石缝隙中的树木)、垂枝形(垂柳)、苍虬形(复壮的老年期树木)、风致形(受自然环境因子影响而形成富有艺术风格的树形)等。

14.1.2 花木类

花木类是对以观赏花朵或花序为主的木本植物的统称。栽培利用花木，除了要关注其形态特征、地理分布及生态习性外，还需要关注以下要素：

①花相　指花或花序着生在树冠上的整体状况，有密满花相、覆被花相、团簇花相、星散花相、线条花相、独生花相、干生花相等。

②花式　开花与展叶的先后关系。

③花色　一般指花朵盛开时的标准颜色，包括色泽、浓淡、复色、变化等。

④花瓣　花瓣类型有重瓣、复瓣、单瓣等。

⑤花香　花所分泌散发出的独特香味，包括香味的浓淡、类型、飘香距离等。

⑥花期　花朵开放的时期，又分初开期、盛开期及凋谢期。

⑦花韵　花所具有的独特风韵，即花的风度、品格与特性。是人们对色、香、姿的综合感受，并由之引发的各种遐想。

14.1.3 叶木类

叶木类专指叶色和叶形等具有良好观赏价值的木本植物，按照观赏特性大致可以分为以下3类：

(1) 亮绿叶类

此类观叶树种通常枝叶繁茂，叶厚革质，叶色浓绿而富有光泽，大多为常绿树种，是目前长江流域新品种引种的热点树种。传统的有女贞、海桐、石楠、珊瑚树、大叶黄杨等。

(2) 异形叶类

叶形奇特，与常见的单叶形态有显著的差别。按照叶形不同又可分羽状叶类(苏铁、无患子和合欢)、掌状叶类(七叶树、八角金盘、棕榈)、特殊叶形类(鹅掌楸、银杏、羊蹄甲)。

(3) 彩色叶类

叶色不同于通常的颜色，色彩丰富，种类极多。此类又可概括为以下类型：

①终年彩色树　多数为常绿树或落叶树的生长期间，叶片从幼叶到衰老，彩色始终存在。根据叶片色彩的着生部位和形状，可进一步区分为以下类型：

复色：叶有2种或2种以上的颜色。

- 嵌色。在绿色叶上镶嵌着黄色或银色的斑块，如'金心'大叶黄杨、'金心'胡颓子、'银斑'大叶黄杨、'花叶'冬青、'银斑'常春藤等品种。
- 洒金。在绿色上散落黄色或银色斑点，如'洒金'东瀛珊瑚、'洒金'千头柏等。
- 镶边。叶片边缘呈黄色或白色，如'金边'黄杨、'银边'黄杨、'玉边'胡颓子等。
- 异色。叶的背腹两面颜色有明显差异，如银白杨、变叶木、红背桂。

单色：叶终年仅有1种色彩。

- 全年红。叶在整个生长期内为红色，主要有红羽毛枫、红花檵木、红鸡爪槭、红乌桕等。
- 全年紫。叶在整个生长期内为紫色，主要有紫叶李、'紫叶'桃、紫叶小檗等。
- 全年黄。叶在整个生长期内为黄色，如金叶女贞、'金叶'小檗等。

②季节性变色树　指随着季节的变换，树木的叶色会发生变化的树木。包括落叶前3~5周转色的落叶树，也有嫩叶为异色的常绿树。

秋红型：在秋季落霜后叶色出现大红、洋红、橙红、紫色等色彩。主要有鸡爪槭、枫香、黄栌、盐肤木、黄连木、紫薇、檫木、乌桕、卫矛、山麻杆、榉树、南天竹等。

秋黄型：在秋季落霜后叶色出现鲜黄、淡黄、橙黄等色彩。主要有银杏、复叶槭、刺楸、无患子、槲栎、七叶树、金钱松、山胡椒等。

春红型：春季抽出的幼嫩枝叶为红色。常见的有石楠、桂花。

14.1.4　果木类

果木类是指以观赏果实为主的树木，有的果实色彩鲜艳，有的形状奇特，有的香气浓郁，有的着果丰硕，有的则兼具多种观赏特性。常用以点缀园林景观，以花后不断成熟的果实弥补观花植物的不足，也可剪取果枝插瓶，供室内观赏。同时，果实还能招引鸟类及兽类，使园林景观形成生动活泼的氛围。如小檗易招来黄连雀、乌鸦、松鸡等，而红瑞木一类的树种易招来知更鸟等。按照观赏果实的类型可分为以下6类：

(1) 蒴果类

果实成熟时多开裂,并于秋、冬季宿存于树冠枝头,对秋、冬季的园林生态景观起到点缀作用。如栾树的三角状卵形蒴果,果皮膜质膨大、开裂,呈灯笼状悬挂于树冠枝头,红色或淡红色,夏季黄花满树,秋季叶黄、果红。

(2) 翅果类

果实常衍生成外展翅状,多为圆锥状、总状或伞房状果序。如红果榆树的圆形果实色泽红艳,呈倒三角状或月牙状的三角枫、五角枫、鸡爪槭的翅果。

(3) 核果类

此类果形变异较大。如乳白色果实的牛奶子,棕红色果实的胡颓子,深红色果实的珊瑚树等,还有兼具观赏、食用的杨梅、桃、李、杏、樱、梅等。

(4) 梨果类

此类观果植物有悬挂高枝的金黄色的枇杷、长梗纤细的垂丝海棠、满树红艳的火棘果和石楠果、黄色的酥梨、微红的苹果等。

(5) 浆果类

外果皮较薄,中果皮和内果皮则肉质多汁、较为发达。浆果类观果植物有石榴、柿树、葡萄、蒲桃、西番莲等。

(6) 其他观果类

常见的其他观果植物种类也很多,裸子植物中有假种皮发育而成的杯状、假果肉质红色的红豆杉,淡紫色果的香榧,紫黑色果的竹柏,果实肉质、肥大、紫红色的罗汉果;被子植物中有头状果序的喜树,小瘦果聚合成隐头果序的无花果,橙黄、橙红色的金橘、佛手、柚等。

14.1.5 干枝类

干枝类是指以观赏枝干的颜色和树皮的形态为主的树木。如红瑞木具有红色枝干,白皮松的枝干为白色,毛桃、桦木具有古铜色枝干,梧桐、棣棠具有绿色枝干。梧桐树皮表面平滑无裂;山桃、樱花树皮具有横纹;白皮松、悬铃木树皮表面呈不规则的片状脱落;柏树、杉树树皮表面呈纵而薄的丝状脱落;柿树、君迁子树皮具长方裂纹;暖热地方的老龄树树皮表面有不规则的疣突等。

14.1.6 根木类

根木类是指裸露的根具有观赏价值的树木。如榕树从枝上产生的部分气生根伸进土壤,随着以后的次生生长,成为粗大的木质支持根,能呈现"独树成林"的景观;落羽杉和池杉的膝状呼吸根、高山榕和印度橡皮树的板根都具有很高的观赏价值。

14.2　常见木本观赏植物

1. 山茶（图14-1）

[学名] *Camellia japonica*

[别名] 茶花、洋茶、山茶花

[科属] 山茶科　山茶属

[花期] 1～4月

[形态特征] 常绿乔木或灌木，高3～9m，嫩枝无毛。叶革质，椭圆形，先端略尖，基部阔楔形，上面深绿色，干后发亮，无毛，下面浅绿色。花顶生，红色，无柄；苞片及萼片约10片，花瓣6～7片，外侧2片近圆形。蒴果圆球形。

[观赏应用] 山茶是我国十大名花之一，树冠多姿，叶色翠绿，花大艳丽，枝叶繁茂，四季常青，开花于冬末春初万花凋谢之时，尤为难得。可庭园栽植和盆栽观赏，属名贵花木。

图14-1　山　茶（刘建超）

图14-2　樱　花

2. 樱花（图14-2）

[学名] *Prunus serrulata*

[别名] 山樱花、福岛樱花、青肤樱花

[科属] 蔷薇科　李属

[花期] 3～4月

[形态特征] 落叶乔木，高4～16m，树皮灰色。小枝淡紫褐色，无毛，嫩枝绿色，被疏柔毛。冬芽卵圆形，无毛。叶片椭圆卵形或倒卵形，长5～12cm，宽2.5～7cm，先端渐尖或骤尾尖，基部圆形，稀楔形，边有尖锐重锯齿，齿端渐尖，有小腺体，上面深绿色，无毛，下面淡绿色，沿脉被稀疏柔毛，有侧脉7～10对；叶柄长1.3～1.5cm，密被柔毛，顶端有1～2个腺体或有时无腺体；托叶披针形，有羽裂腺齿，被柔毛，早落。花序伞形总状，总梗极短，有花3～4朵，先叶开放；总苞片褐色，椭圆卵形，两面被疏柔毛；苞片褐色，匙状长圆形；花瓣白色或粉红色，椭圆卵形，先端下凹，全缘，2裂。核果近球

形，黑色，核表面略具棱纹。

[观赏应用]樱花花色鲜艳亮丽，枝叶繁茂旺盛，是早春重要的观花树种，常用于园林观赏。可群植于山坡、庭院、路边、建筑物前，也可三五成丛点缀于绿地形成锦团，还可孤植独赏，或作小路行道树、绿篱或盆景。

3. 梅花(图 14-3)

[学名] *Prunus nume*

[别名] 春梅、干枝梅、酸梅、乌梅

[科属] 蔷薇科　李属

[花期] 2~3 月

[形态特征]落叶乔木，极稀灌木。枝无刺，极少有刺；叶芽和花芽并生，2~3 个簇生于叶腋。幼叶在芽中席卷状；叶柄常具腺体。花常单生，稀 2 朵，先于叶开放，近无梗或有短梗；萼 5 裂；花瓣 5，着生于花萼口部；雄蕊 15~45；心皮 1，花柱顶生；子房具毛，1 室，具 2 胚珠。果实为核果，两侧多少扁平，有明显纵沟，果肉肉质而有汁液，成熟时不开裂，稀干燥而开裂。

[观赏应用]梅花冰清玉洁，纯贞高雅，是冬春季重要的观赏花卉。可在园林绿地中孤植、丛植、群植，也可作盆景和切花。另外，梅花可布置成梅岭、梅峰、梅园、梅溪、梅径、梅坞等。

4. 桂花(图 14-4)

[学名] *Osmanthus fragrans*

[别名] 岩桂、木犀、九里香、金粟

[科属] 木犀科　木犀属

[花期] 9~10 月

图 14-3 梅　花

图 14-4 桂　花

[形态特征]常绿灌木或小乔木，高5~10m，树冠浑圆。单叶对生，长椭圆形，革质，边缘有锯齿。花丛生于叶腋，聚伞花序，花小，黄白色，浓香。核果椭圆形，4月成熟，紫黑色。

[观赏应用]桂花终年常绿，枝繁叶茂，秋季开花，芳香四溢，可谓"独占三秋压群芳"。在园林中应用普遍，常作园景树，可孤植、对植，也可成丛成林栽种。

5. 玉兰（图14-5）

[学名] *Magnolia denudata*

[别名]白玉兰、木兰、玉兰花、望春、应春花、玉堂春

[科属]木兰科　木兰属

[花期]2~3月

图14-5　玉　兰

[形态特征]落叶乔木，高达25m，树冠宽阔，树皮深灰色，粗糙开裂。小枝稍粗壮，灰褐色；冬芽及花梗密被淡灰黄色长绢毛。叶纸质，倒卵形、宽倒卵形或、倒卵状椭圆形，基部徒长枝叶椭圆形，先端宽圆、平截或稍凹，具短突尖，中部以下渐狭成楔形。花蕾卵圆形，花先叶开放，直立，芳香，直径10~16cm；花梗显著膨大，密被淡黄色长绢毛；花被片9片，白色，基部常带粉红色，近相似，长圆状倒卵形。聚合果圆柱形（庭园栽培种常因部分心皮不育而弯曲），蓇葖厚木质，褐色，具白色。

[观赏应用]玉兰花大香郁，玉树琼花，是我国南方早春著名的观花树木。玉兰花外形极像莲花，盛开时，花瓣展向四方，使庭院青白片片，白光耀眼，具有很高的观赏价值，为美化庭院的理想花木。

6. 桃花（图14-6）

[学名] *Prunus persica*

[别名]观赏桃、花桃

[科属]蔷薇科　李属

[花期]3~4月

[形态特征]落叶小乔木。树皮暗灰色，随年龄增长出现裂缝。叶窄椭圆形至披针形，长15cm，宽4cm，先端成长而细的尖端，边缘有细齿，暗绿色有光泽，叶基具有蜜腺。花单生，从淡至深粉红或红色，有时为白色，有短柄，直径4cm，早春开花。近球形核果，表面有茸毛，肉质可食，为橙黄色泛红色，直径7.5cm，有带深麻点和沟纹的核，内含白色种子。

[观赏应用]桃花品种繁多，栽培简易，是园林中重要的春季花木，可孤植、列植、群植于山坡、池畔、林缘，营

图14-6　桃　花

造出三月桃花满树红的春景。

7. 牡丹(图 14-7)

[学名] *Paeonia suffruticosa*

[别名] 鼠姑、鹿韭、白茸、木芍药、百雨金、洛阳花、富贵花

[科属] 毛茛科　芍药属

[花期] 4~5 月

[形态特征] 多年生落叶小灌木。茎高达 2m；分枝短而粗。叶通常为二回三出复叶，偶尔近枝顶的叶为 3 小叶；顶生小叶宽卵形，长 7~8cm，宽 5.5~7cm，3 裂至中部，裂片不裂或 2~3 浅裂，表面绿色，无毛，背面淡绿色，有时具白粉，沿叶脉疏生短柔毛或近无毛，小叶柄长 1.2~3cm；侧生小叶狭卵形或长圆状卵形。花单生枝顶，直径 10~17cm；苞片 5，长椭圆形，大小不等；萼片 5，绿色，宽卵形，大小不等；花瓣 5，或为重瓣，玫瑰色、红紫色、粉红色至白色。菁葖长圆形，密生黄褐色硬毛。

图 14-7　牡　丹

[观赏应用] 牡丹花色泽艳丽，玉笑珠香，风流潇洒，富丽堂皇，是中国特有的木本名贵花卉，有 1500 多年的人工栽培历史，为中国十大名花之二，素有"花中之王"的美誉。在中国栽培甚广，并早已引种到世界各地。牡丹花被拥戴为花中之王，有关的文学和绘画作品很丰富。

8. 贴梗海棠(图 14-8)

[学名] *Chaenomeles speciosa*

[别名] 木瓜、贴梗木瓜、铁脚梨、皱皮木瓜、汤木瓜

[科属] 蔷薇科　木瓜属

[花期] 3~5 月

[形态特征] 落叶灌木，枝条直立开展，有刺。叶片卵形至椭圆形，稀长椭圆形，先端急尖稀圆钝，基部楔形至宽楔形，边缘具有尖锐锯齿，齿尖开展，无毛或在萌蘖上沿下面叶脉有短柔毛；托叶大形，草质，肾形或半圆形，稀卵形，边缘有尖锐重锯齿，无毛。花先叶开放，3~5 朵簇生于二年生老枝上；花梗粗短，萼筒钟状，萼片直立，半圆形稀卵形；花瓣倒卵形或近圆形，基部延伸成短爪，猩红色，稀淡红色或白色。果实球形或卵球形，黄色或带黄绿色，有稀疏不明显斑点，味芳香。

图 14-8　贴梗海棠

[观赏应用] 贴梗海棠可作孤植观赏，或三五成丛点缀于园林小品或园林绿地中，也可培育成独干或多干的乔灌木作片林或庭院点缀，还可制作盆景，被称为盆景十八学士之一。

9. 茉莉花（图14-9）

[学名] *Jasminum sambac*

[别名] 香魂、莫利花、没丽、没利、抹厉、末莉、末利、木梨花

[科属] 木犀科　素馨属

[花期] 5~8月

[形态特征] 直立或攀缘常绿灌木。小枝圆柱形或稍压扁状，有时中空，疏被柔毛。叶对生，单叶，叶片纸质，圆形、椭圆形、卵状椭圆形或倒卵形，两端圆或钝，基部有时微心形，在上面稍凹入或凹起，下面凸起，细脉明显，微凸起，除下面脉腋间常具簇毛外，其余无毛；裂片长圆形至近圆形，先端圆或钝。聚伞花序顶生，通常有花3朵，有时单花或多达5朵；花极芳香；花萼无毛或稀被短柔毛，裂片线形。果球形，呈紫黑色。

图14-9　茉莉花

[观赏应用] 茉莉花叶色翠绿，花色洁白，香味浓厚，为常见的庭园及盆栽芳香植物。多用于盆栽，点缀室内环境，清雅宜人，还可加工成花环等装饰品。

10. 杜鹃花（图14-10）

[学名] *Rhododendron simsii*

[别名] 山踯躅、山石榴、映山红、照山红、唐杜鹃

[科属] 杜鹃花科　杜鹃花属

[花期] 4~5月

[形态特征] 常绿或落叶灌木，高2~5m。分枝多而纤细，密被亮棕褐色糙伏毛。叶革质，常集生枝端，卵形、椭圆状卵形、倒卵形、倒披针形，先端渐尖，基部楔形或宽楔形，边缘微反卷，具细齿，上面深绿色，疏被糙伏毛，下面淡白色，密被褐色糙伏毛，中脉在上面凹陷，下面凸出。花芽卵球形，鳞片外面中部以上被糙伏毛，边缘具睫毛。花2~6朵簇生枝顶；花萼5深裂，裂片三角状长卵形；花冠阔漏斗形，玫瑰色、鲜红色或暗红色，裂片5，倒卵形，上部裂片具深红色斑点。蒴果卵球形，密被糙伏毛；花萼宿存。

图14-10　杜鹃花

[观赏应用] 杜鹃花花繁叶茂，绮丽多姿，以"繁花似锦"名列中国十大名花之六。萌发力强，耐修剪，根桩奇特，是优良的盆景材料。杜鹃也是花篱的良好材料，宜在林缘、溪边、池畔及岩石旁成丛成片栽植，也可于疏林下散植。

14.2 常见木本观赏植物

图 14-11 栀 子(黄少容)

11. 栀子(图 14-11)

[学名] *Gardenia jasminoides*

[别名] 黄栀子、山栀、白蟾

[科属] 茜草科 栀子属

[花期] 3~7 月

[形态特征] 常绿灌木。叶对生,或 3 枚轮生,革质,稀为纸质,叶形多样,通常为长圆状披针形、倒卵状长圆形、倒卵形或椭圆形,顶端渐尖、长骤尖或短尖而钝,基部楔形或短尖,两面常无毛,上面亮绿,下面色较暗。花芳香,通常单朵生于枝顶,花冠白色或乳黄色,高脚碟状,喉部有疏柔毛,冠管狭圆筒形,顶部 5~8 裂,通常 6 裂,裂片广展,倒卵形或倒卵状长圆形。果卵形、近球形、椭圆形或长圆形,黄色或橙红色,有翅状纵棱 5~9 条。

[观赏应用] 栀子叶色亮绿,四季常青,花大洁白,芳香馥郁,又有一定的耐阴和抗毒气能力,是良好的绿化、美化、香化材料,可成片丛植或配植于林缘、庭院、路旁等,也可作为花篱栽培或应用于阳台绿化,或作盆花、盆景和切花装饰室内外环境。

12. 月季花(图 14-12)

[学名] *Rosa chinensis*

[别名] 月月红、月月花、长春花、四季花、胜春

[科属] 蔷薇科 蔷薇属

[花期] 8 月~翌年 4 月

[形态特征] 常绿、半常绿低矮灌木,高 1~2m。小枝粗壮,圆柱形,近无毛,有短粗的钩状皮刺。小叶 3~5,小叶片宽卵形至卵状长圆形,先端长渐尖或渐尖,基部近圆形或宽楔形,边缘有锐锯齿。花集生,稀单生,直径 4~5cm;花梗长 2.5~6cm,近无毛或有腺毛,萼片卵形,先端尾状渐尖,有时呈叶状,边缘常有羽状裂片,稀全缘,外面无毛,内面密被长柔毛;花瓣重瓣至半重瓣,红色、粉红色至白色,倒卵形,先端有凹缺,基部楔形。果卵球形或梨形,红色,萼片脱落。

[观赏应用] 月季花花大,有浓郁香气,适应性强,耐寒,地栽、盆栽均可,适用于美化庭院、装点园林、布置花坛、配置花篱花架;也可作切花,用作

图 14-12 月季花

花束和各种花篮。月季花品种繁多,世界上已有近万种,中国也有千种以上。名列中国十大名花之五,被誉为"花中皇后"。

13. 紫藤(图 14-13)

[学名] *Wisteria sinensis*

[别名] 藤萝、朱藤、黄环

[科属] 豆科 紫藤属

[花期] 4~5 月

[形态特征] 落叶藤本。茎右旋,枝较粗壮,嫩枝被白色柔毛。奇数羽状复叶,小叶纸质,卵状椭圆形至卵状披针形,上部小叶较大,基部 1 对最小,先端渐尖至尾尖,基部钝圆或楔形,或歪斜,嫩叶两面被平伏毛。总状花序发自一年生短枝的腋芽或顶芽,花序轴被白色柔毛;苞片披针形,早落;花芳香,花冠紫色,旗瓣圆形,先端略凹陷,花开后反折。荚果倒披针形,密被绒毛。

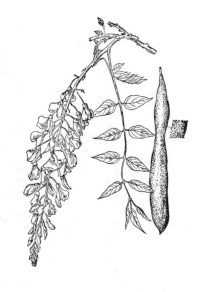

图 14-13 紫藤

[观赏应用] 紫藤是优良的观花藤本植物,一般应用于园林棚架,春季紫花烂漫,别有情趣,适宜植于湖畔、池边、假山、石坊等处;还可做成姿态优美的悬崖式盆景,置于高几架、书柜顶上,繁花满树,老桩横斜,别有韵致。

图 14-14 叶子花

14. 叶子花(图 14-14)

[学名] *Bougainvillea spectabilis*

[别名] 三角花、室中花、九重葛、贺春红

[科属] 紫茉莉科 叶子花属

[花期] 11 月~翌年 6 月

[形态特征] 木质藤本状灌木。茎有弯刺,并密生茸毛。单叶互生,卵形全缘,被厚绒毛,顶端圆钝。花很细小,黄绿色,3 朵聚生于 3 片红苞中,外围的红苞片大而美丽,有鲜红色、橙黄色、紫红色、乳白色等,被误认为是花瓣,因其形状似叶,故称其为叶子花。

[观赏应用] 叶子花树势强健,花形奇特,色彩艳丽,缤纷多彩,花开时节格外鲜艳夺目。特别是在冬季室内当嫣红姹紫的苞片开放时,大放异彩,热烈奔放。赞比亚将其定为国花。中国南方常用于庭院绿化,作花篱、棚架植物,花坛、花带的配植,均有其独特的风姿。切花造型也有其独特的魅力。

15. 凌霄(图 14-15)

[学名] *Campsis grandiflora*

[别名] 紫葳、女藏花、凌霄花、中国凌霄、凌苕

[科属] 紫葳科 凌霄属

[花期] 5~8 月

[形态特征]落叶攀缘藤本。茎木质,表皮脱落,枯褐色,以气生根攀附于他物之上。叶对生,为奇数羽状复叶。顶生疏散短圆锥花序,花萼钟状,花冠内面鲜红色,外面橙黄色;雄蕊着生于花冠筒近基部,花丝线形,细长,花药黄色,个字形着生。花柱线形,柱头扁平。蒴果顶端钝。

[观赏应用]凌霄干枝虬曲多姿,翠叶团团如盖,花大色艳,花期甚长,为庭园中装饰棚架、花门之良好的绿化材料;用于攀缘墙垣、枯树、石壁,或点缀于假山间隙,或修剪、整枝成灌木状栽培观赏。

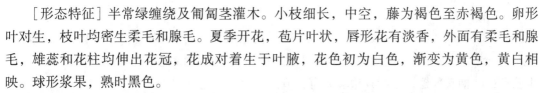

图 14-15 凌 霄

16. 金银花(图 14-16)

[学名]*Lonicera japonica*

[别名]金银藤、银藤、二色花藤、二宝藤、右转藤、鸳鸯藤、二花

[科属]忍冬科 忍冬属

[花期]4~6 月

[形态特征]半常绿缠绕及匍匐茎灌木。小枝细长,中空,藤为褐色至赤褐色。卵形叶对生,枝叶均密生柔毛和腺毛。夏季开花,苞片叶状,唇形花有淡香,外面有柔毛和腺毛,雄蕊和花柱均伸出花冠,花成对着生于叶腋,花色初为白色,渐变为黄色,黄白相映。球形浆果,熟时黑色。

[观赏应用]金银花由于匍匐生长能力比攀缘生长能力强,故更适合于在林下、林缘、建筑物北侧等处作地被栽培;还可以做绿化矮墙;也可以利用其缠绕能力制作花廊、花架、花栏、花柱以及缠绕假山石等。

图 14-16 金银花

图 14-17 紫 珠

17. 紫珠（图14-17）

[学名] *Callicarpa bodinieri*

[别名] 白棠子树、紫荆、紫珠草、止血草

[科属] 马鞭草科　紫珠属

[果期] 9~10月

[形态特征] 落叶灌木，株高1.2~2m。小枝光滑，略带紫红色，有少量的星状毛，单叶对生，叶片倒卵形至椭圆形，长7~15cm，先端渐尖，边缘疏生细锯齿。果实球形，成熟后呈紫色，有光泽，经冬不落。

[观赏应用] 果美丽，植于庭院观赏，也可盆栽观赏。其果穗还可剪下瓶插或作切花材料。

18. 金橘

[学名] *Fortunella margarita*

[别名] 金枣、金弹、金丹、金柑、马水橘

[科属] 芸香科　金橘属

[果期] 9~12月

[形态特征] 常绿灌木或小乔木，高3m，通常无刺，分枝多。叶片披针形至矩圆形，长5~9cm，宽2~3cm，全缘或具不明显的细锯齿，表面深绿色，光亮，背面绿色，有散生腺点；叶柄有狭翅，于叶片边境处有关节。

[观赏应用] 金橘四季常青，枝叶繁茂，树形优美。夏季开花，花色玉白，香气远溢。秋冬季果实金黄，点缀于绿叶之中，可谓碧叶金丸，扶疏长荣，观赏价值极高。

19. 石榴（图14-18）

[学名] *Punica granatum*

[别名] 安石榴、山力叶、丹若、若榴木、金罂、金庞

[科属] 石榴科　石榴属

[果期] 8~10月

[形态特征] 落叶乔木或灌木。单叶，通常对生或簇生，无托叶。花顶生或近顶生，单生或几朵簇生或组成聚伞花序，近钟形，裂片5~9，花瓣5~9，多皱褶，覆瓦状排列；胚珠多数。果皮厚，种子多数，浆果近球形，外种皮肉质半透明，多汁。

[观赏应用] 树姿优美，枝叶秀丽，初春嫩叶抽绿，婀娜多姿；盛夏繁花似锦，色彩鲜艳；秋季硕果累累，孤植或丛植于庭院、游园之角，对植于门庭出处，列植于小道、溪旁、坡地、建筑物旁，也宜做成各种桩景和瓶插观赏。

图14-18　石　榴

20. 柿树（图14-19）

[学名] *Diospyros kaki*

[别名] 朱果、猴枣

[科属] 柿科　柿属

[果期] 9~10月

[形态特征] 落叶大乔木，通常高达10~14m及以上，胸高直径达65cm，树皮深灰色至灰黑色，或者黄灰褐色至褐色，沟纹较密，裂成长方块状。叶纸质，卵状椭圆形至倒卵形或近圆形，通常较大，长5~18cm，先端渐尖或钝，基部楔圆形或近截形，很少为心形。果有球形、扁球形、球形而略呈方形、卵形等，直径3.5~8.5cm不等，基部通常有棱，嫩时绿色，后变黄色、橙黄色，果肉较脆硬，老熟时果肉变得柔软多汁，呈橙红色或大红色等。

[观赏应用] 柿树适应性及抗病性均强，寿命长，柿果秋红，艳丽诱人；到了晚秋，柿叶也变成红色，景观极为美丽，是园林绿化和庭院栽培的优良的经济树种之一。

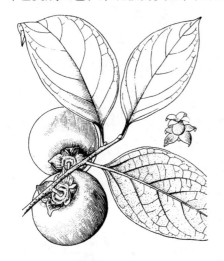

图14-19　柿　树

图14-20　火　棘

21. 火棘（图14-20）

[学名] *Pyracantha fortuneana*

[别名] 火把果、救军粮、红子刺、吉祥果

[科属] 蔷薇科　火棘属

[果期] 8~11月

[形态特征] 常绿灌木，高达3m。侧枝短，先端成刺状，嫩枝外被锈色短柔毛，老枝暗褐色，无毛；芽小，外被短柔毛。叶片倒卵形或倒卵状长圆形，长1.5~6cm，宽0.5~2cm，先端圆钝或微凹，有时具短尖头，基部楔形，下延连于叶柄，边缘有钝锯齿，齿尖向内弯，近基部全缘，两面皆无毛；叶柄短，无毛或嫩时有柔毛。

[观赏应用] 火棘耐修剪，抗逆性强，病虫害少，观果期从秋到冬，果实越来越红。可修剪为球形，错落有致地栽植于草坪之上，点缀于庭园深处，红彤彤的火棘果使人在寒

冷的冬天里也有一种温暖的感觉。

22. 枸骨（图 14-21）

［学名］*Ilex cornuta*

［别名］猫儿刺、老虎刺、八角刺、鸟不宿、狗骨刺、猫儿香、老鼠树

［科属］冬青科　冬青属

［果期］10～12 月

［形态特征］常绿灌木或小乔木。树皮灰白色，幼枝具纵脊及沟，沟内被微柔毛或变无毛，2 年生枝褐色，3 年生枝灰白色，具纵裂缝及隆起的叶痕，无皮孔。叶片厚革质，二型，四角状长圆形或卵形，长 4～9cm，宽 2～4cm，先端具 3 枚尖硬刺齿，中央刺齿常反曲，基部圆形或近截形，两侧各具 1～2 刺齿，有时全缘，叶面深绿色，具光泽。

图 14-21　枸　骨

［观赏应用］枸骨枝叶稠密，叶形奇特，深绿光亮，入秋红果累累，经冬不凋，鲜艳美丽，是良好的观叶、观果树种。宜作基础种植及岩石园材料，还可孤植于花坛中心、对植于前庭、路口，或丛植于草坪边缘。同时也是很好的绿篱（兼有果篱、刺篱的效果）及盆栽材料。

图 14-22　杨　梅（吴彰桦）

23. 杨梅（图 14-22）

［学名］*Myrica rubra*

［别名］圣生梅、白蒂梅、树梅

［科属］杨梅科　杨梅属

［果期］5～7 月

［形态特征］常绿乔木，树皮灰色，老时纵向浅裂。叶革质，无毛，常密集于小枝上端部分；生于萌发条上者为长椭圆状或楔状披针形，长达 16cm 以上，顶端渐尖或急尖，边缘中部以上具稀疏的锐锯齿，中部以下常为全缘，基部楔形；生于果枝上者为楔状倒卵形或长椭圆状倒卵形，长 5～14cm，顶端圆钝或具短尖至急尖，基部楔形，全缘或在中部以上偶有少数锐锯齿。

［观赏应用］杨梅枝繁叶茂，树冠圆整，初夏又有红果累累，十分可爱，是园林绿化结合生产的优良树种。孤植、丛植于草坪、庭院，或列植于路边都很合适。

24. 南天竹（图 14-23）

［学名］*Nandina domestica*

［别名］南天竺、红杷子、天烛子、红枸子、钻石黄、天竹、兰竹

［科属］小檗科　南天竹属

［果期］5～11月

［形态特征］常绿小灌木，高1～3m。茎常丛生而少分枝，光滑无毛，幼枝常为红色，老后呈灰色。叶互生，集生于茎的上部，三回羽状复叶，长30～50cm；小叶薄革质，椭圆形或椭圆状披针形，长2～10cm，顶端渐尖，基部楔形，全缘，上面深绿色，冬季变红色，背面叶脉隆起，两面无毛，近无柄。

［观赏应用］由于南天竹植株优美，果实鲜艳，对环境的适应性强，常常应用于园林造景。同时因其茎干丛生，形态优美清雅，秋冬色叶，红果经久不落，也常被用以制作盆景或盆栽来装饰窗台、门厅、会场等。

图14-23　南天竹

25. 八角金盘（图14-24）

［学名］*Fatsia japonica*

［别名］八金盘、八手、手树、金刚纂

［科属］五加科　八角金盘属

［形态特征］常绿灌木，高达4～5m，常数干丛生。叶掌状7～9裂，径20～40cm，基部心形或截形，裂片卵状长椭圆形，缘有齿；表面有光泽，叶基部膨大，无托叶，叶柄长10～30cm。花两性或杂性，多个伞形花序成顶生圆锥花序，花朵小，白色。果实近球形，黑色，肉质，径约0.8cm。

［观赏应用］八角金盘绿叶扶疏，叶色亮绿，托以长柄，状似金盘，是良好的观叶树种。适于配置于栏下、窗边、庭前、门旁、墙隅及建筑物背阴处。于溪流跌水之旁、池畔、桥头、树下丛植点缀，树姿益美，幽趣横生，又可片植于草坪边缘、林地之下。

图14-24　八角金盘

图14-25　棕榈

26. 棕榈（图14-25）

[学名] *Trachycarpus fortunei*

[别名] 唐棕、拼棕、中国扇棕、棕树、山棕

[科属] 棕榈科　棕榈属

[形态特征] 常绿乔木，树干圆柱形，高达10m，径达20~24cm。叶簇生干顶，近圆形，径50~70cm，掌状裂深达中下部，叶柄长40~100cm，两侧细齿明显，叶顶2浅裂。雌雄异株，圆锥状肉穗花序腋生，花小而黄色，花萼、花瓣各3枚，雄蕊6，花丝分离，花药短。核果肾状球形，径约1cm，蓝褐色，被白粉，种子腹面有沟。

[观赏应用] 棕榈树干挺直，叶形若扇，清姿幽雅，是优良的园林树种。适宜对植、列植在庭前、路边、入口处，或群植于池边、林缘、草坪边角、窗边，翠影婆娑，别具南国风韵。

27. 银杏（图14-26）

[学名] *Ginkgo biloba*

[别名] 白果、公孙树、蒲扇

[科属] 银杏科　银杏属

[形态特征] 落叶大乔木，高达40m，胸径达4m以上，树皮灰褐色，深纵裂。主枝斜出，近轮生，枝有长枝与短枝两种；1年生长枝呈浅棕色，后变为灰白色，并有细纵裂纹，短枝上密被叶痕。叶扇形，有二叉状叶脉，顶端常2裂，基部楔形，有长柄；在长枝上互生，在短枝上簇生。雌雄异株，雄球花生于短枝顶端的叶腋或苞腋内，雄球花4~6朵，无花被，长圆形，下垂，呈柔荑花序状；雌球花亦无花被，有长柄，顶端有2个盘状珠座，每座上有1个胚珠。种子核果状，椭圆形，径2cm，熟时呈淡黄色或橙黄色，被白粉。

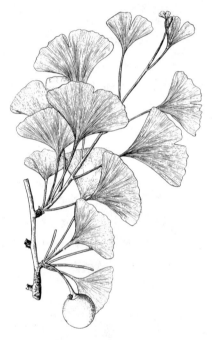

图14-26　银　杏

[观赏应用] 银杏为我国特有的观赏树种，其树姿挺拔雄伟，古朴有致，叶形奇美，秋叶金黄，孤植丛植，皆无不宜。孤植者冠形如盖，绿荫遍地；丛植或混植于枫林之中，背衬苍松，深秋黄叶与红叶交织似锦，倍觉宜人；还可列植于广场和街道两侧作行道树、绿荫树，或配植于庭园、大型建筑物四周、前庭入口处，也极为优美。

28. 黄栌

[学名] *Cotinus coggygria*

[别名] 红叶、红叶黄栌、黄道栌、黄溜子、黄龙头

[科属] 漆树科　黄栌属

[形态特征] 落叶小乔木或灌木，树冠圆形，高可达3~5m，木质部黄色，树汁有异味。单叶互生，叶片全缘或具齿，叶柄细，无托叶，叶倒卵形或卵圆形。圆锥花序疏松、顶生，花小、杂性，仅少数发育。

[观赏应用] 黄栌是中国重要的观赏树种，树姿优美，茎、叶、花都有较高的观赏价值，特别是深秋，叶片经霜变红，色彩鲜艳，美丽壮观；果形别致，成熟果实颜色鲜红，艳丽夺目。

29. 枫香（图 14-27）

[学名] *Liquidambar formosana*

[别名] 枫树

[科属] 金缕梅科　枫香属

[形态特征] 落叶乔木，高达 20m，树冠卵形或略扁平。单叶互生，叶掌状 3 裂，长 6~12cm，基部心形或截形，裂片先端尖，缘有锯齿，幼叶有毛，后渐脱落。花单性同株，无花瓣，雄花无花被；头状花序常数个排成总状，花间有小鳞片混生，雌花长有数枚刺状萼片。

图 14-27　枫　香

[观赏应用] 枫香树干通直，树冠宽大，气势雄伟，是南方著名的红叶树种，秋叶似火，十分迷人。孤植、丛植、群植，无不相宜。若以枫香为上层树种，下配常绿小乔木，植于山边、池畔，入秋则层林尽染，分外壮观。

30. '红枫'

[学名] *Acer palmatum* 'Atropurpureum'

[别名] 紫红鸡爪槭、红枫树、红叶、小鸡爪槭、红颜枫

[科属] 槭树科　槭树属

[形态特征] 落叶小乔木，树姿开张，小枝细长，树皮光滑，呈灰褐色。单叶交互对生，常丛生于枝顶。叶掌状深裂，裂片 5~9 裂，深至叶基，裂片长卵形或披针形，叶缘锐锯齿。春、秋季叶红色，夏季叶紫红色。嫩叶红色，老叶终年紫红色。

[观赏应用] '红枫'分枝平展，层层如云。叶形秀丽，春叶鲜绿，秋叶火红，为优良的观叶树种，最宜配置于苍松翠林之间，点缀于溪边池路旁，红叶摇动，引人入胜。若以常绿树作背景，丛植于草坪边角，或在山石小品中配置，衬以粉墙，更显艳红多姿。若与杜鹃花类同植一园，则相映生辉，盎然可爱。

31. 紫叶李

[学名] *Prunus cerasifera* f. *atropurpurea*

[别名] 红叶李、樱桃李

[科属] 蔷薇科　李属

[形态特征] 落叶小乔木，树冠球形，高可达 8m。小枝光滑，幼时紫色。叶卵形至倒卵形，长 3~4.5cm，先端尖，基部圆形，重锯齿尖细，紫红色，背面中脉基部有柔毛。花淡粉红色，径约 2.5cm，常单生；花梗长 1.5~2cm。果球形，暗红色。

[观赏应用] 紫叶李幼枝紫色，叶色紫红，终年不褪，颇为美观。适于庭园及公园中群植、孤植、列植或与桃李同植，构成色彩调和、花叶共赏之景，尤为喜人，或于建筑物门旁、园路角隅、草坪边角丛植数株。

32. 鹅掌楸（图 14-28）

[学名] *Liriodendron chinensis*

[别名] 马褂木、双飘树

[科属] 木兰科　鹅掌楸属

[形态特征] 中国特有的珍稀植物，落叶大乔木，高达 40m，胸径 1m 以上，小枝灰色或灰褐色。叶片的顶部平截，犹如马褂；叶片的两侧平滑或略微弯曲，好像马褂的两腰；叶片的两侧端向外突出，仿佛是马褂伸出的两只袖子。花单生枝顶，花被片 9 枚，外轮 3 片萼状，绿色，内二轮花瓣状黄绿色，基部有黄色条纹，形似郁金香。

[观赏应用] 鹅掌楸树形雄伟，叶形奇特，花大而美丽，为世界珍贵树种之一，其黄色花朵形似杯状的郁金香，故欧洲人称之为"郁金香树"，是城市中极佳的行道树、庭荫树，无论丛植、列植或片植于草坪、公园入口处，均有独特的景观效果。

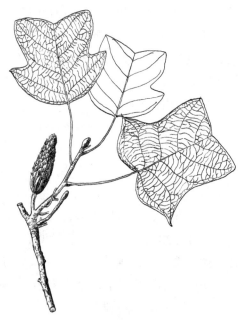

图 14-28　鹅掌楸

33. 七叶树（图 14-29）

[学名] *Aesculus chinensis*

[别名] 梭椤树、梭椤子、天师栗、开心果、猴板栗

[科属] 七叶树科　七叶树属

[形态特征] 落叶乔木，高达 25m，树皮深褐色或灰褐色。小枝圆柱形，黄褐色或灰褐色，无毛或嫩时有微柔毛，有圆形或椭圆形淡黄色的皮孔；冬芽大，有树脂。掌状复叶，由 5~7 小叶组成，叶柄长 10~12cm，有灰色微柔毛；小叶纸质，长圆披针形至长圆倒披针形，稀长椭圆形，先端短锐尖，基部楔形或阔楔形，边缘有钝尖形的细锯齿。

[观赏应用] 七叶树树干耸直，冠大荫浓，初夏繁花满树，硕大的白色花序又似一盏华丽的烛台，蔚然可观，是优良的行道树和园林观赏植物，可作人行步道、公园、广场绿化树种，既可孤植也可群植。

图 14-29　七叶树

34. 雪松（图 14-30）

[学名] *Cedrus deodara*

[别名] 香柏、宝塔松、番柏、喜马拉雅

山雪松

[科属] 松科　雪松属

[形态特征] 常绿乔木。树皮深灰色，裂成不规则的鳞状。树冠尖塔形；大枝平展，小枝略下垂。叶针形，长8～60cm，质硬，灰绿色或银灰色，在长枝上散生，短枝上簇生。10～11月开花。球果翌年成熟，椭圆状卵形，熟时赤褐色。

[观赏应用] 雪松树体高大，树形优美，是世界著名的庭园观赏树种之一。适宜孤植于草坪中央、建筑前庭中心、广场中心或主要建筑物的两旁及园门的入口等处，或列植于园路两旁，也极为壮观。

35. 龙爪槐

[学名] *Sophora japonica*

[别名] 垂槐、盘槐

[科属] 豆科　槐属

[形态特征] 落叶乔木。树皮灰褐色，具纵裂纹。树冠如伞，姿态优美，枝多叶密，枝条下垂，当年生枝绿色无毛。花两性，顶生，蝶形，黄白色。荚果肉质，串珠状，成熟后干涸不开裂，常见挂树梢，经冬不落。7～8月开花，果实11月成熟。

[观赏应用] 龙爪槐姿态优美，观赏价值很高，是优良的园林树种。宜孤植、对植、列植。节日期间，若在树上配挂彩灯，则更显得富丽堂皇。也可采用矮干盆栽观赏，开花季节，米黄色花序布满枝头，似黄伞蔽目。

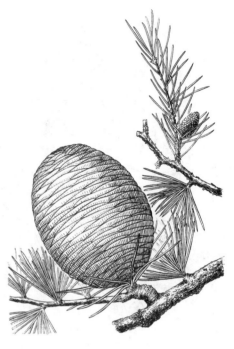

图 14-30　雪　松

36. 红瑞木（图 14-31）

[学名] *Swida alba*

[别名] 凉子木、红瑞山茱萸

[科属] 山茱萸科　梾木属

[形态特征] 落叶灌木。老干暗红色，枝丫血红色。叶对生，纸质，椭圆形，稀卵圆形，先端突尖，基部楔形或阔楔形，边缘全缘或波状反卷。聚伞花序顶生，花乳白色。果实乳白或蓝白色，8～10月成熟。

[观赏应用] 红瑞木秋叶鲜红，小果洁白，落叶后枝干红艳如珊瑚，是少有的观茎植物，也是良好的切枝材料。园林中多丛植于草坪上或与常绿乔木相间种植，得红绿相映之效果。

图 14-31　红瑞木

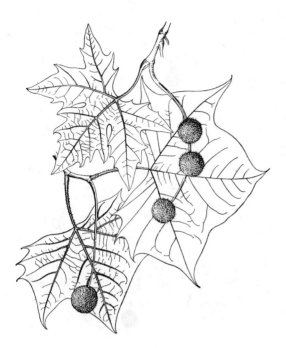

37. 法国梧桐（图 14-32）

［学名］*Platanus orientalis*

［别名］祛汗树、净土树、三球悬铃木、悬铃木

［科属］悬铃木科　悬铃木属

［形态特征］落叶大乔木，高达 30m。树皮薄片状脱落；嫩枝被黄褐色绒毛，老枝秃净，干后红褐色，有细小皮孔，幼枝、幼叶密生褐色星状毛。叶掌状 5~7 裂，深裂达中部，裂片长大于宽，叶基阔楔形或截形，叶缘有齿牙，掌状脉；托叶圆领状。花序头状，黄绿色。多数坚果聚合成球形，3~6 球成一串，宿存花柱长，呈刺毛状，果柄长而下垂。

［观赏应用］法国梧桐树形雄伟端庄，叶大荫浓，干皮光滑，适应性强，是世界著名的优良庭荫树和行道树。

图 14-32　法国梧桐

38. 落羽杉（图 14-33）

［学名］*Taxodium distichum*

［别名］罗羽松

［科属］杉科　落羽杉属

［形态特征］落叶乔木，在原产地高达 50m，胸径可达 2m。树干尖削度大，干基通常膨大，常有屈膝状的呼吸根。树皮棕色，裂成长条片脱落；枝条水平开展。叶条形，扁平，基部扭转在小枝上裂成 2 列，羽状。球果球形或卵圆形，有短梗，向下斜垂，熟时淡褐黄色，有白粉。

［观赏应用］落羽杉枝叶茂盛，秋季落叶较迟，冠形雄伟秀丽，是优美的庭园、道路绿化树种，特别是其独具特色的屈膝状呼吸根，有很高的观赏价值。

39. 高山榕

［学名］*Ficus altissima*

［别名］马榕、鸡榕、大青树、大叶榕

［科属］桑科　榕属

［形态特征］常绿大乔木。树皮灰色，平滑。叶厚革质，广卵形至广卵状椭圆形，先端钝，急尖，基部宽楔形，全缘，两面光滑，无毛，基生侧脉延长。花序顶部有被苞片覆盖的口，为榕小蜂等昆虫进入的通道；花小，着生于封闭囊状的肉质花序轴内壁上形成

图 14-33　落羽杉

聚花果。榕果成对腋生，椭圆状卵圆形。

[观赏应用]高山榕叶厚革质，有光泽，树冠广阔，树姿稳健壮观，是极好的城市绿化树种，非常适合用作园景树和庭荫树。还可以利用其发达的气生根培育"独木成林"的景观。

40. 紫竹

[学名] *Phyllostachys nigra*

[别名] 黑竹、墨竹、竹茹、乌竹

[科属] 禾本科　刚竹属

[形态特征]散生竹类。紫竹秆高4～8m，稀可高达10m，直径可达5cm，幼秆绿色，密被细柔毛及白粉，箨环有毛，1年生以后的竹秆逐渐出现紫斑，最后全部变为紫黑色，无毛；中部节间长25～30cm，壁厚约3mm；秆环与箨环均隆起，且秆环高于箨环或两环等高。箨鞘背面红褐色或更带绿色，无斑点或常具极微小不易观察的深褐色斑点，此斑点在箨鞘上端常密集成片，被微量白粉及较密的淡褐色刺毛；箨耳长圆形至镰形，紫黑色，边缘生有紫黑色繸毛；箨舌拱形至尖拱形，紫色，边缘生有长纤毛；箨片三角形至三角状披针形，绿色，但脉为紫色，舟状，直立或以后稍开展，微皱曲或波状。

[观赏应用]紫竹为传统的观秆竹，竹秆紫黑色，柔和发亮，隐于绿叶之下，甚为绮丽。宜种植于庭院山石之间或书斋、厅堂、小径、池水旁，也可植于盆中，置窗前、几上，别有一番情趣。

41. 孝顺竹（图14-34）

[学名] *Bambusa multiplex*

[别名] 凤尾竹、凤凰竹、蓬莱竹、慈孝竹

[科属] 禾本科　簕竹属

[形态特征]丛生型竹类。秆高4～7m，直径1.5～2.5cm，尾梢近直或略弯，下部挺直，绿色；节间长30～50cm，幼时薄被白蜡粉，并于上半部被棕色至暗棕色小刺毛，后者在近节以下部分尤为密集，老时则光滑无毛，秆壁稍薄；节处稍隆起，无毛；分枝自秆基部第二或第三节即开始，数枝乃至多枝簇生，主枝稍较粗长。秆箨幼时薄被白蜡粉，早落；箨鞘呈梯形，背面无毛，先端稍向外缘一侧倾斜，呈不对称的拱形；箨耳极微小以至不明显，边缘有少许繸毛；叶片线形，长5～16cm，

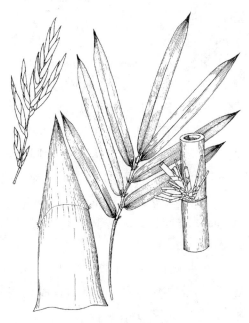

图14-34　孝顺竹

宽7～16mm，上表面无毛，下表面粉绿而密被短柔毛，先端渐尖具粗糙细尖头，基部近圆形或宽楔形。

[观赏应用]孝顺竹竹秆丛生，四季青翠，姿态秀美，宜于宅院、草坪角隅、建筑物前

或河岸种植。若配植于假山旁侧，则竹石相映，更富情趣。

42. 佛肚竹（图14-35）

[学名] *Bambusa ventricosa*

[别名] 佛竹、罗汉竹、密节竹、大肚竹、葫芦竹

[科属] 禾本科　簕竹属

[形态特征] 丛生型竹类。幼秆深绿色，稍被白粉，老时转榄黄色。秆二型，正常圆筒形，高7~10m，节间30~35cm；畸形秆通常25~50cm，节间较正常短。箨叶卵状披针形；箨鞘无毛；箨耳发达，圆形或卵形至镰刀形；箨舌极短。叶片线状披针形至披针形，长9~18cm，宽1~2cm，上表面无毛，下表面密生短柔毛，先端渐尖具钻状尖头，基部近圆形或宽楔形。

[观赏应用] 佛肚竹灌木状丛生，状如佛肚，姿态秀丽，四季翠绿。盆栽数株，扶疏成丛林式，

图14-35　佛肚竹

缀以山石，观赏效果颇佳。也适于庭院、公园、水滨等处种植，与假山、崖石等配置，更显优雅。

43. 箬竹

[学名] *Indocalamus tessellatus*

[别名] 辽叶、辽竹、簝竹、簝叶竹、眉竹、楣竹、粽巴叶

[科属] 禾木科　箬竹属

[形态特征] 散生型竹类。灌木状或小灌木状类。秆高0.75~2m，直径4~7.5mm；节间长约25cm，最长者可达32cm，圆筒形，分枝一侧的基部微扁，一般为绿色，秆壁厚2.5~4mm；节较平坦；秆环较箨环略隆起，节下方有红棕色贴秆的毛环。叶舌高1~4mm，截形；叶片在成长植株上稍下弯，宽披针形或长圆状披针形，长20~46mm，宽4~10.8mm，先端长尖，基部楔形，下表面灰绿色，密被贴伏的短柔毛或无毛，叶缘生有细锯齿。

[观赏应用] 箬竹生长快，叶大，产量高，资源丰富，用途广泛，其秆可用作竹筷、毛笔竿、扫帚柄等，其叶可用作食品包装物。园林中作地被材料，用于河边护岸、公园绿化。

44. 金竹

[学名] *Phyllostachys sulphurea*

[别名] 黄竹、黄皮竹、黄竿、灰金竹等

[科属] 禾本科　刚竹属

[形态特征] 散生型竹类。秆高6~15m，直径4~10cm，幼时无毛，微被白粉，绿色，

成长的秆呈绿色或黄绿色；中部节间长 20~45cm，壁厚约 5mm。秆环在较粗大的秆中于不分枝的各节上不明显；箨环微隆起。箨鞘背面呈乳黄色或绿黄褐色又多少带灰色，有绿色脉纹，有淡褐色或褐色略呈圆形的斑点及斑块；箨耳及鞘口繸毛俱缺；箨舌绿黄色，边缘生淡绿色或白色纤毛；箨片狭三角形至带状，外翻，微皱曲，绿色，但具橘黄色边缘。末级小枝有 2~5 叶；叶片长圆状披针形或披针形。

[观赏应用] 金竹用途广泛，可成片种植成竹林、竹海。也宜植于亭、台、轩、榭、窗台、水边、院旁配景。

技能训练 14-1　调查本地区木本观赏植物的种类及应用方式

1. 目的要求
(1) 熟悉本地区常见木本观赏植物的应用方式。
(2) 掌握本地区常见木本观赏植物的识别要点。

2. 材料准备
调查表、铅笔、手机（带上网和照相功能）等。

3. 方法步骤
(1) 分别选取居住小区、学校校园、公园、工矿企业或街道做路线调查。
(2) 对照实物准确把握木本观赏植物的主要识别特征。
(3) 记录木本观赏植物的种类及应用方式，填写表格。
(4) 拍摄照片，制作电子文档。

4. 成果展示
列表记述本地区常见木本观赏植物的种类及应用方式（表14-1）。

表 14-1　本地区常见木本观赏植物的种类及应用方式调查记录表

序号	调查地点	类别	中名	科名	属名	学名	应用方式
1							
2							
⋮							

练习与思考

1. 名词解释
花相，花式，花韵，终年彩色树，季节性变色树。

2. 填空题
(1) 观赏树木繁殖方式以_____繁殖为主，对于结实少或用于绿篱的观赏树木以_____繁殖和_____繁殖为主，部分枝条柔软的树种可以_____繁殖。
(2) 常绿树通常宜_____移栽；落叶树可_____移栽，但落叶大树移植应_____移栽。
(3) 观赏树木种类繁多，按照观赏特性可分为_____类、_____类、_____类和_____

类等。

(4)按照叶木类观赏植物的观赏特性,大致可以分为_____、_____和_____3类。

3. 问答题

(1)季节性变色树分为哪些类型?

(2)果木类观赏植物常见的观赏果实有哪些类型?

自主学习资源库

(1)园林花木景观应用图册——乔木分册. 林焰. 机械工业出版社,2014.

(2)世界彩叶树木1000种. 徐方. 华中科技大学出版社,2016.

(3)观赏竹与景观. 陈其兵. 中国林业出版社,2016.

(4)中国竹子网. http://bamboo.forestry.gov.cn/

(5)中国花木网. http://www.huamu.com/

单元 15
室内观叶植物

【学习目标】

知识目标：

(1) 了解室内观叶植物的分类。

(2) 熟悉常见室内观叶植物的应用方式。

(3) 掌握常见室内观叶植物的形态识别要点。

技能目标：

(1) 能识别本地区常见的室内观叶植物。

(2) 能根据具体条件和要求合理选用室内观叶植物。

(3) 能栽培繁育本地区常见的室内观叶植物。

【案例导入】

赵老师家里装修好了新房(户型如图)，入住前需要在房中配置一些观叶植物。具体要

求是：每个空间都要有植物，植物与空间和生态环境相匹配，能够吸收甲醛，最好还有文化寓意。

请给赵老师做一个观叶植物配置方案。

15.1 概述

在室内条件下，经过精心养护，能长时间或较长时间正常生长发育，用于室内装饰与造景的植物，称为室内观叶植物。室内观叶植物除具有美化家居的观赏功能之外，还可以吸收二氧化碳、甲醛等有害气体，起到净化室内空气的作用，营造一个良好的生活环境。

室内观叶植物种类繁多，由于原产地自然条件相差悬殊，不同产地的植物种类具有自己独特的生活习性，对光、温、水、土等要求各不相同。同时，室内不同位置的生长环境也存在很大差异，所以室内摆放植物，必须根据具体位置、具体条件选择合适的品种，满足该植物的生态要求，使植物能正常生长，充分显示其固有特征，达到最佳观赏效果。

15.1.1 室内光照与室内观叶植物

(1) 极耐阴观叶植物

极耐阴观叶植物是室内观叶植物中最耐阴的种类，在室内极弱的光线下也能供较长时间观赏，适宜摆放在离窗台较远的区域。如蜘蛛抱蛋、蕨类、白网纹草、虎皮兰、虎耳草等。

(2) 耐半阴观叶植物

耐半阴观叶植物是室内观叶植物中耐阴性较强的种类，适宜摆放在北向窗台或离有直射光的窗户较远的区域。如竹芋、喜林芋、绿萝、凤梨类、巴西木、常春藤、发财树、橡皮树、苏铁、朱蕉、吊兰、文竹、花叶万年青、粗肋草、冷水花、白鹤芋、豆瓣绿、龟背竹、合果芋等。

(3) 中性观叶植物

要求室内光线明亮，每天有部分直射光线，是较喜光的种类，适宜摆放在向有光照射的区域，如彩叶草、花叶芋、蒲葵、龙舌兰、散尾葵、鹅掌柴、榕树、棕竹、一品红、天门冬、仙人掌类、鸭跖草类等。

(4) 喜光观叶植物

要求室内光线充足，如变叶木、短穗鱼尾葵、沙漠玫瑰、铁海棠等。只能在室内短期摆放，一般不超过10d。

15.1.2 室内温度与室内观叶植物

(1) 耐寒观叶植物

能耐冬季夜间室内 3~10℃ 的室内观叶植物,如沿阶草、吊兰、常春藤、波斯顿蕨、虎尾兰、虎耳草等。

(2) 半耐寒观叶植物

能耐冬季夜间室内 10~16℃ 的室内观叶植物,如冷水花、文竹、鱼尾葵、鹅掌柴、喜林芋、朱蕉、旱伞草、莲花掌、球根秋海棠。

(3) 不耐寒观叶植物

室内 16~20℃ 才能正常生长的室内观叶植物,如富贵竹、竹芋类、火鹤花、彩叶草、袖珍椰子、铁线蕨、白网纹草、白鹤芋等。

15.1.3 室内湿度(水分)与室内观叶植物

(1) 耐旱观叶植物

室内空气湿度很低时栽植效果较好。这类植物的叶片或茎干肉质肥厚,细胞内贮存有大量水分,叶面有较厚的蜡质层或角质层,能够抵抗干旱环境。如龙舌兰、芦荟、景天、莲花掌、生石花等。

(2) 半耐旱观叶植物

具有肥胖的肉质根,根内贮存大量水分,或叶片呈革质、蜡质状、针状,蒸腾作用较小,短时间的干旱不会导致叶片萎蔫。如吊兰、文竹、天门冬等。

(3) 中性观叶植物

生长季节需要充足的水分,干旱会造成叶片萎蔫,严重时叶片凋萎、脱落。如巴西铁、蒲葵、棕竹、散尾葵等。

(4) 耐湿观叶植物

需要高空气湿度,根系耐湿性强,植株稍缺水就会枯死,有时需要通过喷雾或组合群植来增加空气湿度。如白网纹草、竹芋类、鸟巢蕨、铁线蕨、白鹤芋等。

15.2 常见室内观叶植物

1. 铁线蕨(图 15-1)

[学名] *Adiantum capillus-veneris*

[别名] 铁丝草、少女的发丝、铁线草

[科属] 铁线蕨科 铁线蕨属

[形态特征] 多年生草本,植株高 15~40cm。因其茎细长且颜色似铁丝,故名铁线蕨。叶片卵状三角形,长 10~25cm,宽 8~16cm,尖头,基部楔形,中部以下多为二回羽状复

叶，中部以上为一回奇数羽状复叶；羽片3~5对，互生，斜向上，有柄（长可达1.5cm），基部1对较大。

[观赏应用]适应性强，栽培容易，适合室内常年盆栽观赏。小盆栽可置于案头、茶几上；较大盆栽可用于布置背阴房间的窗台、过道或客厅。铁线蕨叶片还是良好的切叶及干花材料。

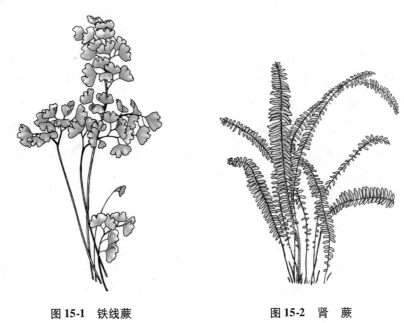

图15-1　铁线蕨　　　　　　图15-2　肾　蕨

2. 肾蕨（图15-2）

[学名]*Nephrolepis auriculata*

[别名]圆羊齿、篦子草、凤凰蛋、蜈蚣草

[科属]肾蕨科　肾蕨属

[形态特征]多年生草本，附生或土生。根状茎直立，被蓬松的淡棕色长钻形鳞片，下部有粗铁丝状的匍匐茎向四方横展，匍匐茎棕褐色，不分枝，疏被鳞片，有纤细的褐棕色须。叶簇生，暗褐色，略有光泽，叶片线状披针形或狭披针形，一回羽状复叶，羽片多数，互生，常密集而呈覆瓦状排列，披针形，叶缘有疏浅的钝锯齿。

[观赏应用]肾蕨盆栽可点缀书桌、茶几、窗台和阳台。也可吊盆悬挂于书房。在园林中可作耐阴地被植物或布置在墙角、假山和水池边。其叶片可作切花、插瓶的陪衬材料。

3. 合果芋

[学名]*Syngonium podophyllum*

[别名]白蝴蝶、剑叶芋、长柄合果芋

[科属]天南星科　合果芋属

[形态特征]多年生蔓性常绿草本植物。茎节具气生根，攀附他物生长。叶片二型，幼叶为单叶，箭形或戟形；老叶呈5~9裂的掌状叶，中间一片叶大型，叶基裂片两侧常着生小型耳状叶片；叶片长15cm，宽10cm，深绿色，叶脉及其周围黄白色。

[观赏应用]合果芋特别耐阴，装饰效果极佳，除作室内观叶盆栽外，还可悬挂用作

吊盆观赏或设立支柱进行造型，大盆支柱式栽培可供厅堂摆设，在温暖地区室外半阴处，可作篱架及边角、背景、攀墙和铺地材料。

4. 白鹤芋

[学名] *Spathiphyllum kochii*

[别名] 苞叶芋、白掌、一帆风顺、百合意图

[科属] 天南星科　苞叶芋属

[形态特征] 多年生草本，具短根茎。叶长椭圆状披针形，两端渐尖，叶脉明显，叶柄长，基部呈鞘状。花葶直立，高出叶丛，佛焰苞直立向上，稍卷，白色，肉穗花序圆柱状，白色。

[观赏应用] 白鹤芋花茎挺拔秀美，清新悦目。盆栽点缀客厅、书房，十分舒雅别致，或列放宾馆大堂、会场前沿、车站出入口、商厦橱窗，显得高雅俊美。其花也是极好的花篮和插花的装饰材料。

5. 绿萝（图 15-3）

[学名] *Epipremnum aureum*

[别名] 魔鬼藤、黄金葛、黄金藤

[科属] 天南星科　麒麟叶属

[形态特征] 大型常绿藤本，缠绕性强。气根发达，可以水培种植。节间具纵槽；多分枝，枝悬垂。叶柄粗壮，长 30~40cm，基部稍扩大，上部关节长 2.5~3cm，稍肥厚，腹面具宽槽，叶鞘长，叶片薄革质，翠绿色，通常（特别是叶面）有多数不规则的纯黄色斑块，全缘，不等侧的卵形或卵状长圆形，先端短渐尖，基部深心形，稍粗，两面略隆起。

图 15-3　绿　萝

[观赏应用] 绿萝茎干细软，叶片娇秀，赏心悦目。除具有很高的观赏价值外，绿萝还有极强的净化空气的功能，能吸收空气中的苯、三氯乙烯、甲醛等，有"绿色净化器"的美名。

6. 金钱树

[学名] *Zamioculcas zamiifolia*

[别名] 雪铁芋、龙凤木、泽米芋、美铁芋

[科属] 天南星科　雪铁芋属

[形态特征] 多年生常绿草本植物，是极为少见的带地下块茎的观叶植物。地上部无主茎，不定芽从块茎萌发形成大型复叶，小叶肉质具短小叶柄，坚挺浓绿，小叶在叶轴上呈对生或近对生。佛焰花苞绿色，船形，肉穗花序较短。

[观赏应用] 因其圆筒形叶轴粗壮而肥腴，其上的小叶呈偶数羽状排列，且叶质厚实、叶色光亮，宛若一串钱币，寓意"招财进宝、荣华富贵"。金钱树具有一种蓬勃向上的生机、葱翠欲滴的活力，观赏价值高。

7. 绒叶肖竹芋（图15-4）

[学名] *Calathea zebrina*

[别名] 天鹅绒竹芋、斑叶肖竹芋

[科属] 竹芋科 肖竹芋属

[形态特征] 中等大草本植物，株高可达1m。叶片长圆状披针形，不等侧，叶面深绿，有黄绿色的条纹，天鹅绒般，叶背幼时浅灰绿色，老时淡紫红色。头状花序，花冠紫堇色或白色，子房无毛。

[观赏应用] 株型美观，叶面颜色五彩斑斓，又具有较强的耐阴性，栽培管理较简单，多用于室内盆栽观赏。大型品种可用于装饰宾馆、商场的厅堂，小型品种能点缀居室的阳台、客厅、卧室等。由于叶色斑斓，具有醒目的斑纹，是高档的切叶材料，可直接作插花或用作插花的衬材。

图15-4 绒叶肖竹芋

8. 富贵竹

[学名] *Dracaena sanderiana*

[别名] 万寿竹、开运竹、富贵塔

[科属] 龙舌兰科 龙血树属

[形态特征] 多年生常绿小乔木，植株细长，直立上部有分枝。根状茎横走，结节状；茎干粗壮、直立，株态玲珑。叶纸质，互生或近对生，叶长披针形，似竹子，有明显的主脉，叶片浓绿色。

[观赏应用] 富贵竹茎叶纤秀，柔美优雅，极富竹韵，主要作为盆栽观赏。

9. 香龙血树

[学名] *Dracaena fragrans*

[别名] 芳香龙血树、花虎斑木、巴西木、巴西铁

[科属] 龙舌兰科 龙血树属

[形态特征] 直立单茎灌木。叶丛生于茎顶，长宽线形，无柄，叶缘具波纹，深绿色。常见品种有'黄边'香龙血树，叶缘淡黄色；'中斑'香龙血树，叶面中央具黄色纵条斑；'金边'香龙血树，叶缘深黄色带白边。

[观赏应用] 株形整齐优美，叶片宽大，富有光泽，苍翠欲滴，是著名的新一代室内观叶植物。中小型植株可点缀书房、客厅和卧室等，显得清雅别致；大中型植株可布置于厅堂、会议室、办公室等处，较长期欣赏，颇具异国情调，尤其是高低错落种植，枝叶生长层次分明，还可给人以"步步高升"之寓意。

10. 马拉巴栗

[学名] *Pachira glabra*

[别名] 发财树、中美木棉、鹅掌钱、瓜栗

［科属］木棉科　瓜栗属

［形态特征］常绿小乔木，高4～5m，树冠较松散，幼枝栗褐色，无毛。基干肥大，肉质状。叶掌状复叶，小叶4～7枚，具短柄或近无柄，长圆形至倒卵状长圆形，渐尖，基部楔形，全缘，上面无毛，背面及叶柄被锈色星状茸毛。

［观赏应用］株形美观，茎干叶片全年青翠，是十分流行的室内观叶植物，幼苗枝条柔软，耐修剪，可加工成各种艺术造型的桩景和盆景。

11. 菜豆树

［学名］*Radermachera sinica*

［别名］辣椒树、山菜豆树、接骨凉伞、绿宝

［科属］紫葳科　菜豆树属

［形态特征］常绿乔木。树皮浅灰色，深纵裂，块状脱落。2～3回羽状复叶，叶轴长约30cm，无毛。叶互生，中叶对生，呈卵形或卵状披针形，长4～7cm，先端尾尖，全缘，两面无毛，叶柄无毛。

［观赏应用］菜豆树树形美观，树姿优雅。花期长，花朵大，花香淡雅，花美且色多，几乎每个枝条都有花序；一个花序轴上的许多花朵往往同时开放，排成一长串金黄色的花带，令人赏心悦目。

12. 文竹（图15-5）

［学名］*Asparagus setaceus*

［别名］云片松、刺天冬、云竹

［科属］百合科　天门冬属

［形态特征］多年生常绿藤本观叶植物。文竹根部稍肉质，茎柔软丛生，细长；茎的分枝极多，近平滑。叶状枝，刚毛状，略具三棱；鳞片状叶基部稍具刺状距或距不明显。

［观赏应用］文竹以盆栽观叶为主，清新淡雅，布置书房更显书卷气息。文竹枝叶纤细，挺拔秀丽，疏密青翠，姿态潇洒，是良好的切花、花束、花篮的陪衬材料。

图15-5　文　竹

图15-6　吊　兰

13. 吊兰（图 15-6）

［学名］*Chlorophytum comosum*

［别名］垂盆草、挂兰、钓兰、兰草、折鹤兰

［科属］百合科　吊兰属

［形态特征］多年生常绿草本植物。根状茎平生或斜生，有多数肥厚的根。叶丛生，线形，叶细长，似兰花。有时中间有绿色或黄色条纹。花茎从叶丛中抽出，长成匍匐茎在顶端抽叶成簇，花白色，常 2～4 朵簇生，排成疏散的总状花序或圆锥花序，内部偶然会出现紫色花瓣。

［观赏应用］吊兰枝条细长下垂，夏季或其他季节温度高时开小白花，花集中于垂下来枝条的末端，花蕊呈黄色，内部小嫩叶有时呈紫色，可供盆栽观赏；吊兰还可吸收室内 80% 以上的有害气体，吸收甲醛的能力超强。

14. 散尾葵（图 15-7）

［学名］*Chrysalidocarpus lutescens*

［别名］黄椰子、紫葵

［科属］棕榈科　散尾葵属

［形态特征］丛生灌木至小乔木，高 3～8m。秆有明显的环状叶痕。叶羽状全裂，裂片披针形，两列排列，先端弯垂；叶轴和叶柄黄绿色，腹面具浅槽，叶鞘初时披白粉。肉穗花序生于叶丛下，多分枝。

［观赏应用］小型棕榈植物，耐阴性强。在家居中摆放散尾葵，能够有效去除空气中的苯、三氯乙烯、甲醛等有挥发性的有害物质。散尾葵还具有蒸发水汽的功能，在家中种植散尾葵，能够将室内的湿度保持在 40%～60%。

图 15-7　散尾葵

15. 袖珍椰子（图 15-8）

［学名］*Chamaedorea elegans*

［别名］好运棕、玲珑椰子、矮生椰子、袖珍棕、袖珍葵、矮棕

［科属］棕榈科　袖珍椰子属

［形态特征］常绿单秆小灌木，高 1～2m。茎纤细，绿色，有环状叶痕。叶羽状全裂，裂片 20～40 枚，平展；叶柄基部扩展成鞘状。

［观赏应用］袖珍椰子植株小巧玲珑，株形优美，姿态秀雅，叶色浓绿光亮，耐阴性强，是优良的室内中小型盆栽观叶植物。叶片平展，成龄株如伞形，端庄凝重，古朴隽秀，叶片潇洒，玉润晶莹，给人以真诚纯朴、生机盎然之感。小株宜用小盆栽植，置于案头桌面，为台上珍品，也宜悬吊于室内，装饰空间。同时还净化空气中的苯、三氯乙烯和甲醛，是植物中的"高效空气净化器"。

图 15-8　袖珍椰子

图 15-9　吊竹梅

16. 吊竹梅（图 15-9）

[学名] *Zebrina pendula*

[别名] 吊竹兰、斑叶鸭跖草、花叶竹夹菜、红莲

[科属] 鸭跖草科　紫露草属

[形态特征] 多年生草木，长约 1m。茎稍柔弱，半肉质，分枝披散或悬垂。叶互生，无柄；叶片椭圆形、椭圆状卵形至长圆形，先端急尖至渐尖或稍钝，基部鞘状抱茎，叶鞘被疏长毛，腹面紫绿色而杂以银白色，中部和边缘有紫色条纹，背面紫色，通常无毛，全缘。

[观赏应用] 吊竹梅茎柔弱质脆，匍匐地面呈蔓性生长。因其叶形似竹、叶片美丽，常以盆栽悬挂室内，观赏其四散柔垂的茎叶。

17. 印度橡皮树

[学名] *Ficus elastica*

[别名] 印度榕树、缅树

[科属] 桑科　榕属

[形态特征] 常绿乔木，树冠卵形。树皮平滑，枝、干上有多数气根，下垂。幼芽红色，具苞片。叶互生，宽大具长柄，厚革质，椭圆形，全缘，表面亮绿色。夏日由枝梢叶腋开花（隐花）。果长椭圆形，无果柄，熟黄色。其观赏变种有：黄边橡皮树，叶片有金黄色边缘，入秋更为明显；白叶黄边橡皮树，叶乳白色，而边缘为黄色，叶面有黄白色斑纹。

[观赏应用] 印度橡皮树叶大光亮，四季葱绿，为常见的观叶树种。盆栽可陈列于客厅、卧室中，作为点缀。

技能训练 15-1　识别和调查室内观叶植物

1. 目的要求

（1）熟悉常见室内观叶植物的应用方式。

(2)掌握常见室内观叶植物的识别要点。

2. 材料准备

调查表、铅笔、手机(带上网和照相功能)等。

3. 方法步骤

(1)分别选取居民家中、学校办公室、学生宿舍等地进行调查。

(2)对照实物准确把握室内观叶植物的主要识别特征。

(3)记录室内观叶植物的种类及应用方式,填写表格。

(4)拍摄照片,制作电子文档。

4. 成果展示

列表记述室内观叶植物的观赏特性及应用方式(表15-1)。

表15-1　校园观叶植物观赏特性及应用方式调查记录表

序号	中名	科名	属名	学名	叶色	叶形	应用
1							
2							
⋮							

练习与思考

1. 名词解释

室内观叶植物。

2. 填空题

(1)室内观叶植物除具有美化家居的观赏功能之外,还可以吸收_____。

(2)富贵竹属于_____科_____属;文竹属于_____科_____属。

(3)金钱树属于_____科_____属;发财树属于_____科_____属。

3. 问答题

(1)根据与室内湿度(水分)的适应性,室内观叶植物可以分为哪些类型?

(2)根据与环境温度的适应性,室内观叶植物可以分为哪些类型?

(3)根据与室内光照的适应性,室内观叶植物可以分为哪些类型?

自主学习资源库

(1)观叶植物栽培百科图鉴. 吴棣飞. 吉林科学技术出版社,2016.

(2)室内观叶植物种植摆放指南. 渡边均. 科学出版社,2013.

(3)浴花谷花卉网. http://www.yuhuagu.com/tupian/ye/

(4)农苗网. http://www.nongmiao.com/baike/guanye/

(5)21苗木网. http://www.21miaomu.com/news/guanyepenzai/

单元 16
仙人掌及多浆植物

【学习目标】

知识目标：

(1) 了解仙人掌及多浆植物的类别。

(2) 熟悉常见仙人掌及多浆植物的生态习性和繁殖方式。

(3) 掌握常见仙人掌及多浆植物的形态识别要点。

技能目标：

(1) 能识别本地区常见的仙人掌及多浆植物。

(2) 能根据具体条件和要求合理选用仙人掌及多浆植物。

(3) 能栽培繁殖本地区常见的仙人掌及多浆植物。

【案例导入】

仙人掌及多浆植物因其独特的观赏价值和生长习性近年来在国内颇受追捧，已然成为年轻人的时尚追求，人们亲昵地将其称为"肉肉"。"肉迷""拼肉"这些名词在网上屡见不鲜，仙人掌及多浆植物仿佛一夜之间进入了我们的生活，成为盆栽新宠。

请在调查访谈的基础上，结合仙人掌及多浆植物的自身特点分析其得以流行的原因。

16.1 概述

多浆植物又称多肉植物，由瑞士植物学家琼·鲍汉（Jean Bauhin）于 1619 年首先提出，指植物营养器官的根、茎、叶的某一部分或两部分具有发达的薄壁组织，用以贮藏水分和养分，在外形上显得肥厚多汁的一类植物。包括仙人掌科、景天科、百合科、番杏科、大戟科、萝藦科、菊科、凤梨科、龙舌兰科、马齿苋科等植物。由于其中仙人掌科就有 140 余属，2000 种以上，为了管理方便，常将仙人掌科植物另列一类，为仙人掌类植物；而将仙人掌科之外的其他科的植物称为多浆植物。

16.1.1 类别

按照贮水组织在多浆植物中的不同部位，可将其分为三大类型。

(1) 叶多浆植物

叶高度肉质化，而茎的肉质化程度较低，部分种类的茎有一定程度的木质化。以番杏科、景天科、百合科和龙舌兰科的多浆植物为代表。

(2) 茎多浆植物

植物的贮水组织主要分布在茎部，部分种类茎分节、有棱和疣突，少数种类具稍带肉质的叶，但一般早落。以大戟科和萝摩科的多浆植物为代表。

(3) 茎干状多浆植物

植物的肉质部分集中在茎基部，而且这一部位特别膨大，以球状或近似球状为主；或者植株基本为乔木，但茎干异常粗大呈纺锤状或佛肚状。以薯蓣科、葫芦科和西番莲科的多浆植物为代表。

16.1.2 生态习性

(1) 对光照的要求

除少数生长在热带丛林中的附生种类外，原产地大多在低纬度高海拔地区的仙人掌及多浆植物，对光照的要求比较高。但不同类型的种类之间也有一定的差别。对光照要求高的种类，如仙人掌科仙人掌属、天轮柱属、龙舌兰科的大型种，大戟科的大部分种类，景天科仙女杯属、石莲花属、风车草属等。光照不足时，圆形球会长成不规整的圆锥状，刺座稀疏，十分难看，或节间拉长，叶上白粉减少，观赏性大为降低。有的种类喜欢充足但不太强烈的阳光，夏季应适当遮阴，如仙人掌科乳突球属、裸萼球属、南国玉属、丽花球属、子孙球属及景天科青锁龙属、百合科十二卷属等。

(2) 对土壤的要求

仙人掌及多浆植物对土壤的基本要求是：疏松透气，排水、保水性好，含一定量的腐殖质，颗粒度适中，没有过细的尘土，呈弱酸性或中性(少数种类可以为微碱性)。不同类型的仙人掌及多浆植物对土壤的具体要求稍有差异，必须根据种类的不同习性和要求来配制最适合它们生长的培养土。如附生类型的仙人掌类，要求疏松透气、腐殖质多呈弱酸性的土壤，最好不要含沙子、石砾和石灰质材料。而一些原产于石灰岩地带的种类，如仙人掌科月华玉属、白虹山属、岩牡丹属、番杏科天女属、肉黄菊属，要求疏松透气、富含钙质的土壤。仙人球(草球)和生长快的仙人掌属、天轮柱属，要求富含腐殖质的土壤。而生石花等小型种类，则要求培养土中不应含过多的腐殖质。

(3) 对水分的要求

虽然仙人掌及多浆植物中的大多数种类都能耐较长时间的干旱，不会因短期无暇照顾而干死，但这绝不是说它们不需要水分。因为这类植物的原产地并非终年无雨的，相反有时候还会下大雨。只是那里旱季比较明显，每年总有一段时间很少下雨或不下雨，此时这类植物就处于休眠状态。而当雨季来临时，它们迅速恢复生长，此时对水分的要求还是较高的。特别是盆栽时植物的根无法伸展得很远，不可能像原产地那样从大范围的土层中吸收水分供其生长需要，因此，必须给盆栽植株经常补充水分，尤其是在生长旺盛期。但在休眠阶段，它们通常对水分的要求较低，适当的干燥还有利于植株抵抗寒冷。根据种类、株形、生长发育阶段的不同，对水分的要求也不同。附生类型的种类对水分的要求比陆生类型的高，幼苗阶段比生长已基本停滞的大球需要更多的水分，叶多、叶大的种类比株形矮小、肉质化程度高的种类需水更多。

除了根部需要吸收水分之外，空气湿度也相当重要。原产于热带雨林的附生类型的种类，需要较高的空气湿度。一些冷性沿岸沙漠降水量不大，但空气湿度很高，原产于这些地区的种类也需要较高的空气湿度。其他大多数种类对空气湿度的要求并不太高。此外，在栽培繁殖的某些特殊阶段，如种子萌芽期、幼苗期、扦插生根期都需要较高的空气湿度。

(4) 对温度的要求

虽然有不少仙人掌及多浆植物生长在沙漠地带，但并不是所有种类都能在极端温度的环境中生存。总的来说，大多数仙人掌及多浆植物在低温环境下都难以生存，所以冬天应该将栽培环境的温度保持在 8 ℃ 以上。而夏天的最高温度最好控制在 35 ℃ 以内，晚间温度尽量控制在 30 ℃ 以下。在种类方面，夏型种(指在夏季不休眠且生长旺盛的品种)的仙人掌科和大戟科可以耐受稍高的温度，而番杏科和部分景季科等冬型种(指夏季休眠，冬、春、秋正常生长)在夏天则需要注意通风降温。

除了少数种类外，大多数仙人掌及多浆植物可以说既怕热又怕冷。最适宜其生长的温度在 15~28 ℃ 之间，所以春季和秋季是其生长最旺盛的季节，夏季防暑和冬季抗寒工作则十分重要。

16.1.3 繁殖方法

仙人掌及多浆植物比较容易繁殖，常用的方法有嫁接、扦插、播种繁殖。

(1) 嫁接繁殖

嫁接繁殖在仙人掌科中应用最多。嫁接应在生长期进行，最适季节是初夏生长旺季，选温度高及湿度大的晴天嫁接，空气干燥时，宜在清晨操作。接后需精心管理 2 周左右，置于阴处，不能接受日光直射，在完全愈合前也不能使接口处沾水。

(2) 扦插繁殖

扦插繁殖具有生长快，开花早，保持原有的品种特性，不易枯萎的特点，不仅扦插成活容易，许多种还能用叶插繁殖。最好在春季开始生长时扦插，从健康成熟的植株或部位取材，并消毒处理。刚刚采下的不易立即扦插，应放在干燥通风、温暖和有散射光照射的地方，使伤口产生愈伤组织封闭后插入基质中。扦插基质应选择通气良好、既保水又具有良好的排水性能的材料，如珍珠岩、蛭石等，扦插后应注意控制基质的湿度，少浇水或不浇水。

(3) 播种繁殖

大多数仙人掌植物的种子细小，宜采用室内盆播。种子的发芽温度，白天为 25~30 ℃，夜间为 15~20 ℃，土壤温度为 24 ℃。一般以 5~6 月播种为好，在温室条件下可提前在 3~4 月播种,夏、秋季采得的种子,可在 9~10 月播种。

  仙人掌及多浆植物播种前要做好播种土的准备,以培养土最好,或用腐叶土或泥炭土加细沙各 1 份的混合土,并经高温消毒。所用播种盆或穴盘应干净清洁。对种壳坚硬或发芽困难的种子,要预先进行催芽。播种后,早晚喷雾,保持盆土湿润和避免强光暴晒。

16.2　常见仙人掌及多浆植物

1. 仙人掌(图 16-1)

[学名] *Opuntia stricta* var. *dillenii*

[别名] 仙巴掌、观音掌、霸王、火掌

[科属] 仙人掌科　仙人掌属

[花期] 5~6 月

[形态特征] 丛生肉质灌木,高 1~3m。上部分枝宽倒卵形、倒卵状椭圆形或近圆形,长 10~40cm,宽 7.5~25cm,厚达 1.2~2cm,先端圆形,边缘通常不规则波状,基部楔形或渐狭,绿色至蓝绿色,无毛;小窠疏生,明显突出;每小窠具 3~20 根刺,密生短绵毛和倒刺刚毛;刺黄色,有淡褐色横纹,粗钻形,多少开展并内弯,基部扁,坚硬;倒刺刚毛暗褐色,直立,多少宿存;短绵毛灰色,短于倒刺刚毛,宿存。花通常呈辐射对称,形状有漏斗状、喇叭状、高脚碟状、杯状等。

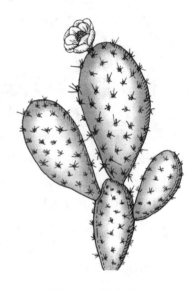

图 16-1　仙人掌

[观赏应用] 仙人掌具有顽强的生命力、坚韧的品格,任凭土壤多么贫瘠,天气多么干旱,它却总是生机勃勃,凌空直上,在翡翠状的掌状茎上却能开出鲜艳、美丽的花朵,是坚强、勇敢、不屈、无畏的象征。常植于置石与假山旁造景。

2. 令箭荷花(图 16-2)

[学名] *Nopalxochia ackermannii*

[别名] 孔雀仙人掌、孔雀兰、荷令箭

[科属] 仙人掌科　令箭荷花属

[花期] 4~6 月

[形态特征] 附生类仙人掌科植物。茎直立,多分枝,群生灌木状,高 50~100cm。植株基部主干细圆,分枝扁平呈令箭状,绿色。茎边缘呈钝齿形。齿凹入部分有刺座,具 0.3~0.5cm 长的细刺,并生有丛状短刺。扁平茎中脉明显突出。花大型,从茎节两侧的刺座中开出,花筒细长,喇叭状,花重瓣或复瓣,白天开花,夜晚闭合,有紫红、大红、粉红、洋红、黄、白、蓝紫色等花色。

图 16-2　令箭荷花

[观赏应用] 令箭荷花花色、品种繁多,以其娇丽轻盈

的姿态、艳丽的色彩和幽郁的香气，深受人们喜爱。以盆栽观赏为主，用来点缀客厅、书房的窗前、阳台、门廊，为色彩、姿态、香气俱佳的室内优良盆栽。

3. 蟹爪兰（图 16-3）

[学名] *Schlumlergera truncata*

[别名] 圣诞仙人掌、蟹爪莲、仙指花、锦上添花

[科属] 仙人掌科　蟹爪兰属

[花期] 10 月~翌年 2 月

[形态特征] 附生肉质植物，常呈灌木状。无叶，茎无刺，多分枝，常悬垂，老茎木质化，稍圆柱形，幼茎及分枝均扁平；每一节间矩圆形至倒卵形，长 3~6cm，宽 1.5~2.5cm，鲜绿色，有时稍带紫色，顶端截形，两

图 16-3　蟹爪兰

侧各有 2~4 粗锯齿，两面中央均有一肥厚中肋；窝孔内有时具少许短刺毛。花单生于枝顶，玫瑰红色，长 6~9cm，两侧对称。

[观赏应用] 蟹爪兰开花时正逢圣诞节、元旦，株形垂挂，适宜装饰窗台、门庭入口处和展览大厅。也常嫁接于量天尺或其他砧木上，以获得长势旺盛的植株。

4. 长寿花

[学名] *Kalanchoe blossfeldiana*

[别名] 圣诞长寿花、矮生伽蓝菜、寿星花、家乐花、伽蓝花

[科属] 景天科　伽蓝菜属

[花期] 2~5 月

[形态特征] 植株小巧，茎直立，株高 10~30cm。叶对生，叶片密集翠绿，长圆状匙形或椭圆形，长 4~8cm，肉质，叶片上部叶缘具波状钝齿，下部全缘，亮绿色，有光泽，叶边略带红色。叶片厚，肉质，密集深绿，有光泽。圆锥状聚伞花序，挺直，深绿色，花序长 7~10cm。花色丰富，有绯红、桃红、橙红、黄、橙黄和白色等。

[观赏应用] 植株小巧玲珑，株型紧凑，叶片翠绿，花朵密集。不开花时可赏叶，是冬春季非常理想的室内盆栽花卉。花期正逢圣诞、元旦和春节，十分适宜布置窗台、书桌、案头。俗称"长寿花"，赠送亲朋好友，寓意大吉大利、长命百岁。

5. 沙漠玫瑰

[学名] *Adenium obesum*

[别名] 天宝花

[科属] 夹竹桃科　天宝花属

[花期] 5~12 月

[形态特征] 多肉灌木或小乔木，树干肿胀。单叶互生，集生枝端，倒卵形至椭圆形，长达 15cm，全缘，先端钝而具短尖，肉质，近无柄。总状花序，顶生，着花 10 多朵，喇叭状，长 6~8cm；花冠 5 裂，有玫红、粉红、白色及复色等。

[观赏应用] 沙漠玫瑰植株矮小，树形古朴苍劲，根茎肥大如酒瓶状。花朵鲜红艳丽，

形似喇叭，极为别致，深受人们喜爱。在南方可地栽布置小庭园，古朴端庄，自然大方。盆栽观赏，装饰室内阳台别具一格。

6. 翡翠珠

[学名] *Senecio rowleyanus*

[别名] 绿之铃、佛珠吊兰、绿铃、珍珠吊兰、佛珠、情人泪

[科属] 菊科　千里光属

[花期] 12月～翌年1月

[形态特征] 茎稍肉质，细长如蔓。叶肉质形状如豌豆，直径0.6～1cm，先端有微尖的刺状突起，绿色，中部有一条透明的纵线。小花白色。

[观赏应用] 一般盆栽吊挂观赏悬垂的珠体，3～4年后长可达1m以上，终年翠绿欲滴，犹如晶莹的珠链，深受家庭养花者的喜爱。

7. 拟石莲花属

[属名] *Echeveria*

[科属] 景天科　拟石莲花属

[种类] 拟石莲花属是景天家庭中的一个大属，约有167种。多数拟石莲花属植物来自高海拔地区，只要能提供良好的空气流通以及早晚的高温差，就能造就它们美丽的色彩。常见栽培种有古紫（*E. affinis*）、东云（*E. agavoides*）、魅惑之宵（*E. agavoides* var. *corderoyi*）、乌木（*E. agavoides* var. *ebony*）、月影（*E. elegans*）、雪莲（*E. lauii*）、红晃星（*E. pulvinata*）、玉蝶（*E. glauca*）等。

[形态特征] 多年生肉质草本或亚灌木，株高可达60cm。植株具短茎，肉质叶排列成标准的莲座状生于短缩茎上，倒卵匙形，被白粉。生长旺盛时其叶盘直径可达20cm，叶片匙形，稍厚，顶端有小尖。聚伞花序，小花红色或紫红色。蓇葖果。

[观赏应用] 拟石莲花属繁殖相对比较容易，在我国也很普及。其花朵般美丽的造型，仿佛一朵永不凋谢的莲花，深受广大花友的喜爱。

8. 青锁龙属

[学名] *Crassula*

[科属] 景天科　青锁龙属

[种类] 青锁龙属是景天科下的一个大属，属内包含200多个原生种，杂交种、栽培变种则更多。常见的有钱串景天（*C. marnieriana*）、落日之雁（*C. obliqua*）、筒叶花月（*C. obliqua*）、青锁龙（*C. lycopodioides*）、'纪之川'（*C.* 'Moonglow'）、茜之塔（*C. tabularis*）、吕千绘（*C. falcata*）、神刀（*C. falcate*）、玉树（*C. arborescens*）等。

[形态特征] 肉质亚灌木，高30cm。茎细，易分枝，具形态大小各异的肉质叶，对生或交互对生，茎和分枝通常垂直向上。叶鳞片一般呈三角形，在茎和分枝上排列成4棱，非常紧密，以致使人误认为其只有绿色4棱的茎枝而无叶。花着生于叶腋部，聚伞花序，小花白、黄或粉红色。夏型种枝繁叶茂，多呈矮小的灌木状；冬型种叶片相对肥厚，多呈半球形或扁平圆盘状。

[观赏应用] 相对于拟石莲花属来说，青锁龙属植物的外观更加千姿百态，不少青锁

龙属植物的花色十分艳丽，球状花序引人注目。青锁龙属植物因其奇特的外观和明艳的花色而受到广大花友的喜爱。

9. 瓦松属

[属名] *Orostachys*

[科属] 景天科　瓦松属

[种类] "瓦松"是国内比较常见，且覆盖范围较大的野生多浆植物，我国有 10 种。常见的有狼爪瓦松（*O. cartilaginea*）、有边瓦松（*O. aliciae*）、塔花瓦松（*O. chanetii*）、钝叶瓦松（*O. malacophylla*）、青凤凰（*O. iwarenge*）等。

[形态特征] 属名由希腊语 oro（山）和 stachys（穗状）组成，意为生长在山地而盛开穗状花序的植物。二年生或多年生草本，高达 60cm。叶第一年呈莲座状，常有软骨质的先端，少有柔软的渐尖头或钝头，线形至卵形，多具暗紫色腺点。第二年自莲座中央长出不分枝的花茎，呈密集的聚伞圆锥花序或聚伞花序伞房状，外表呈狭金字塔形至圆柱形；花 5 基数；萼片基部合生，常较花瓣为短；花瓣黄色、绿色、白色、浅红色或红色，基部稍合生，披针形，直立。

[观赏应用] 丛栽于小盆中，置于阳台上很有情趣。特别是用线扎着，裸露悬吊在室内，非常别致。瓦松在中国传统文化中多是寄居高位的象征。

10. 十二卷属

[属名] *Haworthia*

[科属] 百合科　十二卷属

[种类] 十二卷属原产于南非，共有 150 种以上植物。很多种类习性强健，栽培要求不高且耐半阴，甚至冬天对温度要求都不高，因而家庭栽培很普遍。常见的有条纹十二卷（*H. fasciata*）、点纹十二卷（*H. margaritfera*）、青瞳（*H. glauca* var. *herrei*）、康氏十二卷（*H. comptoniana*）、琉璃殿（*H. limifolia*）、万象（*H. maughanii*）、玉露（*H. tusa* var. *pilifera*）、玉扇（*H. truncata*）等。

[形态特征] 植株矮小，单生或丛生。叶片大多数呈莲座状排列，少有两列叠生或螺旋形排列成圆筒状。总状花序，小花淡绿色。十二卷按其叶质的不同可分为软叶系、硬叶系两类。软叶系：叶质较软，叶片短而肥，通常顶端较肥厚或呈截形，有透明或半透明的"窗"，并有明显的脉纹，光线可透过"窗"，进入植株体内进行光合作用。如玉扇、万象、康平寿等。硬叶系：其叶质较硬，叶片剑形或三角形，大多数品种叶面上有白色疣突，具有反射强烈阳光的生理作用。如青瞳、条纹十二卷、点纹十二卷、龙鳞等。

[观赏应用] 十二卷品种繁多，形态各异，株形小巧玲珑，清秀典雅，非常适合个人栽培观赏。在众多的十二卷中，既有适合普通家庭栽培的条纹十二卷、水晶掌等，用以点缀几案、书桌、电脑桌、窗台等处，效果独特，也有适合高级爱好者收集栽培的玉扇、万象、玉露等。

11. 生石花属

[属名] *Lithops*

[科属] 番杏科　生石花属

[种类] 生石花属约 80 种，原产于南非和纳米比亚。常见的有紫勋（*L. lesliei*）、露美

玉（*L. turbiniformis*）、碧琉璃（*L. terricolor*）、红大内玉（*L. optica*）、橄榄玉（*L. olivacea*）、花纹玉（*L. karasmontana*）等。

[形态特征]生石花植株矮小，非常肉质化，有一对连在一起的肉质叶，形如碎石，顶面中央有裂缝，裂缝深而长，叶顶部截面大。叶表皮硬，色彩多变，特别是顶端截面有各种颜色的花纹和斑点，有些种类顶部透明。

[观赏应用]生石花原生于岩床裂隙或砾石砂土中，在干旱季节植株萎缩并埋覆于砾石沙土之中或仅露出植株顶面，当雨季来临时，又快速恢复原来的株型并长大。若非雨季生长开花，生石花在原产地的砾石中是很难被发现的，这是它为了防止小动物掠食而形成的自我保护，被喻为"有生命的石头"。因其形态独特、色彩斑斓，而成为当下广受欢迎的观赏植物。

技能训练 16-1　识别和调查室内盆栽仙人掌及多浆植物

1. 目的要求

(1)熟悉常见的仙人掌及多浆植物的观赏应用方式。

(2)掌握常见的仙人掌及多浆植物的识别要点。

2. 材料准备

调查表、铅笔、手机(带上网和照相功能)等。

3. 方法步骤

(1)到花卉市场、学生宿舍或绿地调查常见的仙人掌及多浆植物种类。

(2)根据课本上的特征描述，对照实物准确把握仙人掌及多浆植物的主要识别特征。

(3)记录仙人掌及多浆植物的观赏特性及主要应用。

(4)拍摄照片，填写表格，制作电子文档。

4. 成果展示

列表记述仙人掌及多浆植物的观赏特性及应用(表16-1)。

表16-1　常见仙人掌及多浆植物的观赏特性及应用调查记录表

序号	中名	科名	属名	学名	类别	观赏特性	应用
1							
2							
⋮							

练习与思考

1. 名词解释

仙人掌及多浆植物，茎干状多浆植物，茎多浆植物，叶多浆植物。

2. 填空题

(1)按照贮水组织部位不同，可将仙人掌及多浆植物分为＿＿＿＿、＿＿＿＿及＿＿＿＿3类。

(2)仙人掌及多浆植物一般要求土壤_____，排水、保水性好，含一定量的_____，颗粒度适中，没有过细的尘土，呈_____性。

(3)虽然有不少仙人掌及多浆植物生长在沙漠地带，但并不是所有的仙人掌及多浆植物都能在极端温度的环境中生存。总的来说，大多数仙人掌及多浆植物在_____都难以生存，所以冬季应该将栽培环境的温度保持在_____℃以上。而夏季的最高温度最好控制在_____℃以内，晚间尽量控制在_____℃以下。

(4)仙人掌及多浆植物繁殖比较容易，常用的方法有_____、_____和_____3类。

3. 问答题

(1)仙人掌及多浆植物的生态习性具有哪些特点？

(2)怎样繁殖仙人掌及多浆植物？

自主学习资源库

(1)700种多肉植物原色图鉴．王意成．江苏科学技术出版社，2013．

(2)多肉植物栽培与欣赏．张鲁归．上海科学技术出版社，2015．

(3)多肉联盟．http：//www.drlmeng.com/

(4)万象花卉·多肉植物园．http：//www.duorou.com/

(5)多肉大本营．http：//www.rou01.com/

单元 17
草坪草

【学习目标】

知识目标：

(1) 了解草坪草的类别。

(2) 熟悉常见草坪草的生态习性和建植方式。

(3) 掌握常见草坪草的形态识别要点。

技能目标：

(1) 能识别本地区常见的草坪草。

(2) 能根据具体条件和要求合理选用草坪草。

(3) 能建植和养护本地区常见草坪。

【案例导入】

平坦整洁的草坪令人赏心悦目。适时适度的修剪是保持草坪良好外观的重要管理措施。修剪不但可以控制草坪的高度，使草坪经常保持美观，更重要的是，通过修剪还可以促进分蘖，增加草坪的密集度、平整度、弹性和耐性，抑制草坪杂草，延长草坪的使用寿命。但在现实生活中，我们经常看见因修剪过低而造成草坪变黄、斑秃甚至死亡，或因长期不修剪导致草坪草细弱倒伏、下叶枯黄、开花结籽等现象。

在草坪的日常养护管理中，什么时候修剪、剪去多少、如何修剪都是草坪养护的关键，请结合校园草坪实际，编制一个草坪修剪方案。

17.1 概述

草坪是指用多年生矮小草本植株密植，并经修剪的人工草地。凡是适宜建植成草坪的植物都可称为草坪草，草坪草是草坪的基本组成和功能单位。

17.1.1 草坪草的一般特点

草坪草大部分属禾本科草本植物，少数为其他单子叶或双子叶草本植物。大部分草坪草具有以下共同特点：

①植株低矮，分枝力强，根系庞大，生长旺盛，形成以叶为主体的草坪层面。

②生长点位于基部，有坚韧的叶鞘保护，利于分蘖（枝）和不定根的生长，耐修剪、耐践踏。

③一般为多年生植物，寿命在3年以上，若为一、二年生，则具有较强的自繁能力。

④繁殖力强，种子产量和发芽率高，或具有匍匐茎、根状茎等强大的无性繁殖器官，易于成坪，受损后自我修复能力强。

⑤大部分草坪草适应性强、抗逆性强，易于管理。

⑥软硬适度，弹性好，对人畜无害，也没有不良气味和污染衣物的汁液等不良物质。

17.1.2 草坪草的分类

草坪草分类的目的在于帮助人们正确合理地规划和选择草坪草种（品种）。通常根据植物的生产属性从中区分出来的一个特殊化的经济类群，因此在分类上无严格的体系。

(1) 按气候与地域分类

①暖季（地）型草坪草　也称夏型草，主要属于禾本科画眉亚科。最适生长温度为26~32℃，主要分布在长江流域及以南较低海拔地区。它的主要特点是冬季呈休眠状态，早春开始返青，复苏后生长旺盛。进入晚秋，一经霜害，其茎叶枯萎褪绿。

②冷季（地）型草坪草　也称冬型草，主要属于禾本科早熟禾亚科。最适生长温度为15~24℃，主要分布于华北、东北和西北等长江以北地区。它的主要特征是耐寒性较强，在夏季不耐炎热，春、秋两季生长旺盛。

(2) 按草坪草叶宽度分类

①宽叶型草坪草　叶宽4mm以上，生长强健，适应性强，适用于较大面积的草坪。如结缕草、地毯草、假俭草、竹节草、高羊茅等。

②细叶型草坪草　茎叶纤细，叶宽4mm以下，可形成平坦、均一致密的草坪，要求土质良好的条件。如剪股颖、细叶结缕草、早熟禾、细叶羊茅及野牛草等。

(3) 按株体高度分类

①低矮型草坪草　株高一般在20cm以下，可以形成低矮致密草坪，具有发达的匍匐茎和根状茎。耐践踏，管理粗放，大多数采取无性繁殖。如野牛草、狗牙根、地毯草、假俭草。

②高型草坪草　株高通常在20cm以上，一般用播种繁殖，生长较快，能在短期内形成草坪，适用于建植大面积的草坪，其缺点是必须经常刈剪才能形成平整的草坪。如高羊茅、黑麦草、早熟禾、剪股颖类等。

(4) 按草坪草的用途分类

①观赏草坪草　多用于观赏草坪。草种要求平整、低矮、绿色期长、茎叶密集，一般以细叶草类为宜，或具有特殊优美的叶丛、叶面或叶片上具有美丽的斑点、条纹和颜色以及具有美丽的花色和香味的一些植物。如白三叶、多变小冠花、百里香等。

②游憩草坪草　大多数草坪草都可作为游憩草坪草，适应性强，具有优良的坪用性和生长势，多用于休闲性质草坪，没有固定的形状，管理粗放，允许人们入内游憩活动，如

我国南方的细叶结缕草、地毯草、狗牙根，北方的草地早熟禾、白三叶、野牛草。

③固土护坡草坪草　为一些根茎和匍匐茎十分发达的具有很强固土作用和适应性强的草坪草，如结缕草、假俭草、竹节草、无芒雀麦、根茎型偃麦草等。

④点缀草坪草　指具有美丽的色彩，散植于草坪中用来陪衬和点缀的草坪植物，多用于观赏草坪，如小冠花、百脉根等。

(5) 按植物自然系统分类

①禾本科草坪草　占草坪植物的90%以上。早熟禾亚科草坪草为冷季型草，绝大多数分布于温带和亚寒带地区，亚热带地区偶尔有分布，一般为长日照植物；画眉草亚科草坪草属暖季型草，主要分布于热带、亚热带和温带地区，有些种完全适应这些气候带的半干旱地区，一般为短日照植物和日中性植物；黍亚科草坪草也属暖季型草，大多分布于热带、亚热带地区，常为短日照植物和日中性植物。

②非禾本科植物　凡是具有发达的匍匐茎、低矮细密、耐粗放管理、耐践踏、绿期长，易于形成低矮草皮的植物都可以用来铺设草坪。如莎草科的白颖苔草、细叶苔草、异穗苔草和卵穗苔草等，豆科车轴草属的白三叶和红三叶、多变小冠花等，都可用作观花草坪植物，还有其他一些草，如匍匐马蹄金、沿阶草、红花酢浆草等也可用作观赏性草坪植物。

17.1.3　草坪的建植方法

草坪的建植方式有草籽建植、草茎建植和草皮建植3类，选择使用哪种建植方式根据费用、时间要求、能否得到纯种的植物和植物的生长特性而定。

(1) 草籽建植

草籽建植是指利用草坪草的种子建植新草坪。可分为草籽直播、草籽植生带和草籽泥浆喷播3种方式。

①草籽直播　将草坪草种子直接撒播在坪床上，经过一定的养护管理，形成新草坪。这种方式的优点是草坪平整度好，草被整齐均一，建植成本低；缺点是易被雨水冲刷，影响成坪。

②草籽植生带　是在两层很薄的无纺布之间撒上草籽，并混入一定的肥料，经过复合定位，加工制成地毯状的"预植带"。建植时将草籽植生带直接铺在准备好的坪床上，表面撒一层薄土，经过一定的养护管理即可形成新草坪。这种方式的优点是可防雨水冲刷，出苗迅速整齐，成坪快，杂草少，施工方便；缺点是建植成本较草籽直播高。

③草籽泥浆喷播　将草籽、肥料、水、增粘剂、保湿剂、除草剂、防侵蚀剂等均匀混合在一起，形成黏稠性乳浆，再用装有空气压缩机的喷浆设备(俗称喷播机)将其均匀喷洒到草坪建植场上。优点是附着力强，能在复杂斜面和陡坡施工，并能防止雨水冲刷，种子发芽迅速，幼苗生长快；缺点是需要价格昂贵的专用设备，且技术要求高。

(2) 草茎建植

草茎建植是利用草坪草母本的匍匐茎或根茎来建植草坪。可分为草茎撒播、草茎散栽和草茎条栽3种方式。

①草茎撒播　将草坪草的匍匐茎切成约5cm长的小段，均匀地撒播在准备好的坪床上，经过一定的养护管理建成新草坪。草坪撒播仅用于具有匍匐茎的草种，如狗牙根、沟叶结缕草、野牛草等。优点是繁殖系数大，建坪成本低，成坪快；缺点是养护要求高，草茎成活率不如草茎散栽和条栽高。

②草茎散栽　将草坪草的匍匐茎或根茎按一定的株行距均匀地分散栽植在坪床上，经过一定的养护管理形成新草坪。适用于狗牙根、结缕草、野牛草、假俭草等具有匍匐茎的草种。其优点是草茎成活率高，繁殖系数大，建坪成本低；缺点是用工多。

③草茎条栽　将草坪草的匍匐茎或根茎按一定的行距成条地栽植在坪床上，经过一定的养护管理形成新草坪。其优点是草茎成活率高，建坪成本低，建坪初期水土保持效果好；缺点是成坪较慢。

(3) 草皮建植

草皮建植是用成坪的草皮块或草皮卷铺植到准备好的场地上，经养护成活后形成新草坪。可分为草皮块满铺、草坪块散铺和草皮卷铺植3种方式。

①草皮块满铺　将成坪草皮铲切成30cm×30cm或30cm×48cm大小的草块，一块接一块（一般间隙为0.5~1.0cm）地铺植于坪床上。其优点是成坪迅速，养护粗放，但建植成本高。

②草坪块散铺　将成坪草皮铲切成5cm×5cm或10cm×10cm大小的草块，按一定系数分散铺植于坪床上。这种方式比草皮满铺要节约一些，但仅适用于具有匍匐茎的草坪草种。

③草皮卷铺植　将成坪草皮铲切成长条形，卷成草皮卷后运到新的草坪场地进行铺植。这种方式与草坪满铺相似，但铺植速度更快。

17.1.4　草坪的养护管理

(1) 修剪

修剪是草坪养护中最重要的环节。草坪如不及时修剪，其茎上部生长过快，有时结籽，妨碍并影响了下部耐践踏草的生长，使其成为荒地。草坪修剪期一般在3~11月，有时遇暖冬年也要修剪。草坪修剪高度一般遵循1/3原则，第一次修剪在草坪高10~12cm时进行，留茬高度为6~8cm。修剪次数取决于草坪的生长速度，5~6月通常是草坪生长最旺盛的时期，每7~10d修剪1~2次，其他时间10~15d修剪1~2次。草坪经多次修剪，不仅根茎发达，覆盖能力强，而且低矮，叶片变细，观赏价值高。

(2) 施肥

施肥是草坪养护中又一个重要环节。草坪修剪的次数越多，从土壤中带走的营养越多，因此，必须补充足够的营养，以恢复其生长。草坪施肥一般以施氮肥为主，兼施复合肥。高养护草坪一般每年每亩（1亩=667m^2）施肥量以20~30kg为宜，即30~45g/m^2，施肥次数根据草坪种类不同而有差别。一般草坪每年施肥次数为7~8次。施肥时间集中在4~10月，特别是10月的秋肥尤为重要。草坪施肥要均匀。为此可将肥料分半，从两个方向施入。施肥后要及时浇水,使肥料充分溶解,促进根系对养分的吸收。

(3) 浇水

草坪草因品种不同,抗旱性有些差别,其旺盛生长阶段,均需要足够的水分。因此,适时浇水是养护好草坪的又一项措施。一般在高温干旱季节每5~7d早晚各浇1次透水,湿润根部达10~15cm。其他季节浇水以保护土壤根部有一定的湿度为宜,节约用水。

(4) 打孔通气

草坪地每年需打孔通气1~2次,大面积草坪用打孔机。打孔后,在草坪上填盖沙子,然后用齿耙、硬扫帚将沙子堆扫均匀,使沙子深入孔中,持续通气,同时改善深层土壤渗水状况。草面沙层厚度不要超过0.5cm。打孔通气的最佳时间在每年早春。

(5) 清除杂草

在草坪的建植及养护管理中,清除杂草是一项艰巨而长期的任务。在建坪之前,尽量使土壤内的杂草种子、根茎萌发,并加以清除。同时,还要尽量预防新杂草种子的侵入。由于杂草的生长具有季节性变化,应多次清除。清除杂草通常采用人工除草和化学除草2种方式。化学除草是利用除草剂来杀死或抑制杂草的生长。草坪除草剂的种类很多,应根据不同使用阶段、不同草坪和防除对象选用不同的除草剂。

(6) 梳草

草坪生长半年后,一部分底部的草叶被其他草叶覆盖,不参加光合作用,形成的枯草层堆积在草坪上时间一长,会霉变腐烂,其中一部分变成有机肥,一部分会滋生霉菌,导致整个草坪枯萎,因此应将枯草及时梳出。此外,梳草还能适当降低草坪密度,改善草坪通气性,促进草坪健康生长。

(7) 病虫害防治

草坪病害大多属真菌类,如锈病、白粉病、菌核病、炭疽病等。它们常存在于土壤中枯死的植物根茎叶上,遇到适宜的气候条件便侵染危害草坪,使草坪生长受阻,成片、成块枯黄或死亡。防治方法通常是根据病害发生侵染的规律采用杀菌剂预防或治疗。预防常用的杀菌剂有甲基托布津、多菌灵、百菌清等。危害草坪的害虫有夜蛾类幼虫、黏虫、蜗虫、蛴螬、蝼蛄、蚂蚁等食叶和食根害虫,常用的杀虫剂有杀虫双、杀灭菊酯。

(8) 更新复壮和加土滚压

草坪若出现斑秃或局部枯死,需及时更新复壮,即早春或晚秋施肥时,将经过催芽的草籽和肥料混在一起均匀洒在草坪上,或用滚刀将草坪每隔20cm切一道缝,施入堆肥,可促生新根。对经常修剪、浇水、清理枯草层造成的缺土、根系外漏现象,要在草坪萌芽期或修剪后进行加土滚压,一般每年1次,滚压多于早春土壤解冻后进行。

17.2　常见草坪草

1. 草地早熟禾(图17-1)

[学名] *Poa pratensis*

[别名] 六月禾、肯塔基蓝草

[科属] 禾本科　早熟禾属

[形态特征] 多年生草本，冷季型草。茎秆疏丛生，直立，高50~90cm，具2~4节。叶鞘平滑或糙涩，长于其节间，并较其叶片为长；叶舌膜质，长1~2mm，蘖生者较短；叶片线形，扁平或内卷，长30cm，宽3~5mm，渐尖，平滑或边缘与上面微粗糙，蘖生叶片较狭长。在识别时可采下一片完整的叶子，用手指顺着往叶尖端捋，到尖端会自然分叉，呈开口状。花期5~6月，7~9月结实。

[观赏应用] 草地早熟禾叶色诱人，绿期长，抗寒能力强，耐旱性稍差，耐践踏，观赏效果好。适宜在气候冷凉、湿度较大的地区生长。在北方及中部地区、南方部分冷凉地区，可广泛用于公园、机关、学校、居住区、运动场等地的绿化。常与多年生黑麦草、紫羊茅等生长迅速的草种混播。

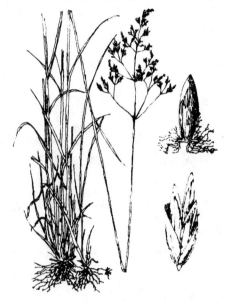

图17-1　草地早熟禾

图17-2　匍匐剪股颖

2. 匍匐剪股颖(图17-2)

[学名] *Agrostis stolonifera*

[别名] 四季青、本特草

[科属] 禾本科　剪股颖属

[形态特征] 多年生草本，冷季型草。具有长的匍匐枝，节着土生有不定根，节上生根。叶片线形，长5~9cm，宽3~4mm；两面均具小刺毛。圆锥花序，卵状矩圆形，长11~20cm，分枝一般两枚，近水平展开，下部裸露；小穗长2mm，含1小花，成熟后呈紫铜色。颖果卵形，细小。

[观赏应用] 匍匐剪股颖低剪时可形成细致、植株密度高、结构良好的毯状草坪，是冷季型地带高尔夫球场果岭区、发球区、球道区草坪建植草种，还广泛应用于足球场、保龄球场等运动场的绿化。

3. 多年生黑麦草(图 17-3)

[学名] *Lolium perenne*

[别名] 宿根黑麦草、黑麦草

[科属] 禾本科　黑麦草属

[形态特征] 多年生草本，冷季型草。根系发达，须根主要分布于 15cm 表土层中；分蘖多，秆扁平直立，高 80~100cm。叶狭长，叶脉明显，芽中幼叶呈折叠状，叶耳小，叶舌小而钝；叶鞘裂开或封闭，长度与节间相等或稍长，近地面叶鞘红色或紫红色。

[观赏应用] 多年生黑麦草能抗二氧化硫等有害气体，多用于工矿区绿地建设，也可用于公园、庭院绿地建设，还可用作运动场草坪、护坡草坪和放牧草坪。

图 17-3　多年生黑麦草

4. 高羊茅(图 17-4)

[学名] *Festuca arundinacea*

[别名] 苇状羊茅、苇状狐草

[科属] 禾本科　羊茅属

[形态特征] 多年生草本，冷季型草。秆成疏丛或单生，直立，高 90~120cm，径 2~2.5mm，具 3~4 节，光滑，上部伸出鞘外的部分长达 30cm。叶鞘光滑，具纵条纹，上部者远短于节间，顶生者长 15~23cm；叶舌膜质，截平，长 2~4mm；叶片线状披针形，先端长渐尖，通常扁平，下面光滑无毛，上面及边缘粗糙，长 10~20cm，宽 3~7mm；叶横切面具维管束 11~23，具泡状细胞，厚壁组织与维管束相对应，上、下表皮内均有。

[观赏应用] 高羊茅叶宽株高，属粗草类型，耐践踏，常用作赛马场、飞机场、路旁的草坪绿化。

图 17-4　高羊茅

图 17-5　结缕草

5. 结缕草（图17-5）

[学名] *Zoysia japonica*

[别名] 老虎皮草、日本结缕草、锥子草、延地青

[科属] 禾本科　结缕草属

[形态特征] 多年生草本，暖季型草。具横走根茎，须根细弱。秆直立，高14～20cm，基部常有宿存枯萎的叶鞘。叶鞘无毛，下部者松弛而互相跨覆，上部者紧密裹茎；叶舌纤毛状，长约1.6mm；叶片扁平或稍内卷，长2.5～5cm，宽2～4mm，表面疏生柔毛，背面近无毛。

[观赏应用] 结缕草具有抗踩踏、弹性良好、再生力强、病虫害少、养护管理容易、寿命长等优点，普遍应用于中国各地的运动场地草坪。

6. 狗牙根（图17-6）

[学名] *Cynodon dactylon*

[别名] 百慕大、绊根草、爬根草、咸沙草、铁线草

[科属] 禾本科　狗牙根属

[形态特征] 多年生草本，暖季型草。具有根状茎和匍匐枝，须根细而坚韧。匍匐茎平铺地面或埋入土中，节上常生不定根，直立部分高10～30cm，直径1～1.5mm，秆壁厚，光滑无毛，有时略两侧压扁。叶鞘微具脊，无毛或有疏柔毛，鞘口常具柔毛；叶舌仅为一轮纤毛；叶片线形，长1～12cm，宽1～3mm，通常两面无毛。

图17-6　狗牙根

[观赏应用] 狗牙根草坪的耐践踏性、侵占性、再生性及抗恶劣环境能力极强，耐粗放管理，且根系发达，常应用于机场景观绿化、堤岸、水库水土保持，高速公路、铁路两侧等处的固土护坡绿化工程，是极好的水土保持植物品种。改良后的草坪型狗牙根可形成苗壮的高密度草坪，侵占性强，叶片质地细腻，可用于高尔夫球道、发球台及公园绿地、别墅区草坪的建植。

7. 地毯草（图17-7）

[学名] *Axonopus compressus*

[别名] 大叶油草

[科属] 禾本科　地毯草属

[形态特征] 多年生草本，暖季型草。具有长匍匐枝。秆压扁，高8～60cm，节密生灰白色柔毛。叶鞘松弛，基部者互相跨复，压扁，呈脊，边缘质较薄，近鞘口处常疏生毛；叶舌长约0.5mm；叶片扁平，质地柔薄，长5～10cm，宽（2）6～12mm，两面无毛或上面被柔毛，近基部边缘疏生纤毛。

[观赏应用] 地毯草匍匐枝蔓延迅速，侵占性强，耐践踏和粗放管理，每节上都生根和抽出新植株，植物体平铺地面成毯状，为优良的固土护坡植物。

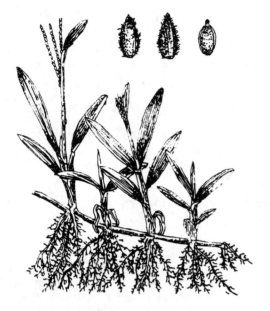 

图 17-7　地毯草　　　　　　　图 17-8　马蹄金

8. 马蹄金（图 17-8）

［学名］*Dichondra repens*

［别名］百慕大、绊根草、爬根草、咸沙草、铁线草

［科属］禾本科　狗牙根属

［形态特征］暖季型草。多年生匍匐小草本，茎细长，被灰色短柔毛，节上生根。叶肾形至圆形，直径 4～25mm，先端宽圆形或微缺，基部阔心形，叶面微被毛，背面被贴生短柔毛，全缘；具长叶柄，叶柄长 1.5～5cm。

［观赏应用］马蹄金适应性强，竞争力和侵占性强，生命力旺盛，而且具有一定的耐践踏能力。低修剪后叶片更加细小，植株更为低矮，观赏性更高。常用于庭院观赏草坪和公路街道及居住区绿化。

技能训练 17-1　识别和调查校园（居住小区）草坪草

1. 目的要求

（1）熟悉常见草坪草的观赏应用方式。

（2）掌握常见草坪草的识别要点和管理措施。

2. 材料准备

调查表、铅笔、手机（带上网和照相功能）等。

3. 方法步骤

（1）调查校园或居住小区的草坪。

（2）根据教材上的特征描述，对照实物准确把握草坪草的主要识别特征。

（3）记录草坪草的观赏特性及主要应用。

(4)访谈园林管护人员，了解草坪草日常管理的关键措施。

(5)拍摄照片，填写表格，制作电子文档。

4. 成果展示

列表记述草坪草的应用和管理技术要点(表 17-1)。

表 17-1　常见草坪草的应用和管理措施调查记录表

序号	中名	科名	属名	学名	功能	应用方式	管理措施
1							
2							
⋮							

练习与思考

1. 名词解释

暖季(地)型草坪草，宽叶型草坪草，细叶型草坪草，草籽直播，草籽植生带，草籽泥浆喷播，草茎撒播，草茎散栽，草茎条栽，草皮块满铺，草坪块散铺，草皮卷铺植。

2. 填空题

(1)利用草坪草的种子建植新草坪的方法称为建植，常可分为_____、_____和_____3 种方式。

(2)利用草坪草母本的匍匐茎或根茎来建植草坪的方法称为建植，常可分为_____、_____和_____3 种方式。

(3)用成坪的草皮块或草皮卷铺植到准备好的场地上，经养护成活后形成新草坪的方法称为建植，常可分为_____、_____和_____3 种方式。

3. 问答题

(1)草坪草一般具有哪些特点？

(2)草坪的养护管理需要注意哪些技术要求？

自主学习资源库

(1)草坪建植与养护. 周兴元. 中国农业出版社，2014.

(2)草坪学实验实习指导. 徐庆国. 中国林业出版社，2015.

(3)园林草坪与地被. 杨秀珍，王兆龙. 中国林业出版社，2015.

(4)苗木地/草坪网. http://caoping.miaomudi.com/

(5)中国草坪科技网. http://www.turfcare.cn/

参考文献

包满珠. 2003. 花卉学[M]. 2版. 北京:中国农业出版社.
曹明君. 2010. 树桩盆景技艺图说[M]. 北京:中国林业出版社.
陈俊愉,程绪珂. 1990. 中国花经[M]. 上海文化出版社.
陈友,孙丹萍. 2016. 园林植物病虫害防治[M]. 3版. 北京:中国林业出版社.
成海钟. 2002. 园林植物栽培与养护[M]. 北京:高等教育出版社.
关继东,向民,王世昌. 2013. 园林植物生长发育与环境[M]. 北京:中国林业出版社.
费砚良,张金政. 1999. 宿根花卉[M]. 北京:中国林业出版社.
胡松华. 2002. 热带兰花[M]. 北京:中国林业出版社.
黄云玲,张君超. 2014. 园林植物栽培养护[M]. 2版. 北京:中国林业出版社.
火树华. 1992. 树木学[M]. 2版. 北京:中国林业出版社.
金为民. 2001. 土壤肥料[M]. 北京:中国农业出版社.
江胜德. 2004. 园林苗木生产[M]. 北京:中国林业出版社.
江世宏. 2007. 园林植物病虫害防治[M]. 重庆:重庆大学出版社.
李光晨. 2003. 园艺学概论[M]. 北京:中国广播电视大学出版社.
李渭华. 2015. 插花艺术[M]. 咸阳:西北农林科技大学出版社.
林大仪. 2002. 土壤学[M]. 北京:中国林业出版社.
刘南清,周兴元. 2015. 草坪建植与养护[M]. 北京:中国林业出版社.
刘仲健. 1999. 中国兰花[M]. 北京:中国林业出版社.
鲁朝辉. 2014. 插花与花艺设计[M]. 重庆:重庆大学出版社.
鲁平. 2006. 园林植物修剪与造型造景[M]. 北京:中国林业出版社.
卢思聪. 1994. 中国兰与洋兰[M]. 北京:金盾出版社.
罗泽榕. 2016. 盆景制作与养护[M]. 北京:机械工业出版社.
罗中岭. 1994. 当代温室气候与花卉[M]. 北京:中国农业科技出版社.
南京林业大学树木组. 1996. 园林树木学[M]. 北京:中国林业出版社.
潘瑞炽. 2004. 植物生理学[M]. 北京:高等教育出版社.
石雷,李东. 2003. 观赏蕨类植物[M]. 合肥:安徽科学技术出版社.
孙光闻,徐晔春. 2011. 一二年生草本花卉[M]. 北京:中国电力出版社.
孙光闻,徐晔春. 2011. 宿根花卉[M]. 北京:中国电力出版社.
王丽萍. 2006. 植物及植物生理[M]. 北京:化学工业出版社.
王立新. 2012. 园林花卉栽培与养护[M]. 北京:中国劳动社会保障出版社.
韦三立. 2001. 花卉无土栽培[M]. 北京:中国林业出版社.
韦三立. 2004. 水生花卉[M]. 北京:中国农业出版社.
韦三立. 2004. 花卉产品采收保鲜[M]. 北京:中国农业出版社.
国际生物科学联盟栽培植物命名委员会. 2006. 国际栽培植物命名法规[M]. 7版. 向其柏,臧德奎,
　译. 北京:中国林业出版社.

谢利娟. 2007. 插花与花艺设计[M]. 北京：中国农业出版社.
徐凌彦. 2016. 草坪建植与养护技术[M]. 北京：化学工业出版社.
薛聪贤. 2000. 观叶植物225种[M]. 郑州：河南科学技术出版社.
薛聪贤. 2000. 球根花卉·多肉植物150种[M]. 郑州：河南科学技术出版社.
严太国. 2013. 插花艺术[M]. 成都：西南财经大学出版社.
义鸣放. 2000. 球根花卉[M]. 北京：中国农业大学出版社.
虞佩珍. 2003. 花期调控原理与技术[M]. 沈阳：辽宁科学技术出版社.
臧德奎. 2002. 攀缘植物造景艺术[M]. 北京：中国林业出版社.
曾斌. 2015. 园林植物生产与经营[M]. 北京：中国林业出版社.
曾宪烨，马文其. 2013. 盆景造型技艺图解[M]. 北京：中国林业出版社.
翟洪武. 2000. 盆景制作[M]. 北京：中国林业出版社.
张树宝，李军. 2013. 园林花卉[M]. 北京：中国林业出版社.
张树宝，李军. 2014. 园林花卉识别彩色图册[M]. 北京：中国林业出版社.
赵九洲. 2014. 园林树木[M]. 重庆：重庆大学出版社.
朱红霞. 2013. 园林植物景观设计[M]. 北京：中国林业出版社.
朱迎迎. 2015. 插花艺术[M]. 3版. 北京：中国林业出版社.
卓丽环，赵锐. 2014. 观赏树木识别手册(南方本)[M]. 北京：中国林业出版社.
卓丽环，王玲. 2014. 观赏树木识别手册(北方本)[M]. 北京：中国林业出版社.
卓丽环. 2014. 观赏树木[M]. 北京：中国林业出版社.